網絡軒轅 H3C **大数据**人才培养规划教材

Python 程序设计基础

Python Programming

蔡永铭 / 主编　熊伟 / 副主编　林子雨 / 主审

人民邮电出版社
北京

图书在版编目（CIP）数据

Python程序设计基础 / 蔡永铭主编. -- 北京 : 人民邮电出版社, 2019.1（2021.5重印）
大数据人才培养规划教材
ISBN 978-7-115-49015-5

Ⅰ. ①P… Ⅱ. ①蔡… Ⅲ. ①软件工具－程序设计－教材 Ⅳ. ①TP311.56

中国版本图书馆CIP数据核字(2018)第174779号

内 容 提 要

本书较为全面地介绍Python程序设计基础。全书共13章，主要包括Python简介、基础语法知识、条件、循环、字符串、文件、列表、元组、函数、字典、异常和异常处理、图形用户界面、面向对象程序设计、数据库支持、程序开发进阶等。每章后面都提供习题和实战作业，通过练习和操作实践，帮助读者巩固所学的内容。

本书可作为普通高等学校、高职高专院校相关专业计算机程序设计基础的教材，也可以作为程序设计培训班教材，并适合计算机编程的专业人员和广大计算机爱好者自学使用。

◆ 主　　编　蔡永铭
　副 主 编　熊　伟
　主　　审　林子雨
　责任编辑　马小霞
　责任印制　马振武

◆ 人民邮电出版社出版发行　　北京市丰台区成寿寺路11号
　邮编　100164　　电子邮件　315@ptpress.com.cn
　网址　http://www.ptpress.com.cn
　山东华立印务有限公司印刷

◆ 开本：787×1092　1/16
　印张：15.5　　　　2019年1月第1版
　字数：398千字　　　2021年5月山东第7次印刷

定价：49.80元

读者服务热线：(010)81055256　印装质量热线：(010)81055316
反盗版热线：(010)81055315
广告经营许可证：京东市监广登字20170147号

丛书编委会

序 Preface

从 2010 年开始，人类正式步入了大数据时代。现在，大数据已经在各行各业得到了广泛的应用，产生了巨大的经济和社会价值。很多企业纷纷部署大数据分析平台，利用数据来驱动企业生产和运营，市场上对数据科学与大数据人才的需求日益旺盛。

为了满足市场对大数据人才的迫切需求，高校肩负起了大数据专业人才培养的重任。清华大学、北京大学、厦门大学、复旦大学、中国人民大学等一批高校在国内率先开设大数据课程；2016 年，北京大学、中南大学、对外经济贸易大学三所高校成为国内首批获得教育部批准设立“数据科学与大数据技术”专业的本科院校。此后，教育部又于 2017 年和 2018 年分别批准 32 所和 248 所本科院校设立“数据科学与大数据技术”专业。与此同时，根据教育部公布的“大数据技术与应用”专业备案和审批结果，截至 2018 年 5 月，已经有累计 208 所职业院校获批“大数据技术与应用”专业。随着大数据专业在国内众多高校的开设，大数据专业人才的培养进入了全新的阶段。

大数据专业的开设，只是吹响了国内高校开展大规模大数据人才培养的冲锋号角。接下来，全国高校的大数据专业建设者，就要面对专业建设中必须要解决的专业建设方案、课程体系、教材、师资等一系列问题。这其中，课程教材和师资队伍的建设，是决定大数据这个新兴专业能否达成预期人才培养目标的关键。

作为全国较早探索大数据教学的教师之一，本人编著了国内高校第一本系统性介绍大数据知识的专业教材《大数据技术原理与应用》，成为国内众多高校的开课教材，同时，带领厦门大学数据库实验室团队建设了国内高校首个大数据课程公共服务平台，为全国高校大数据教学提供一站式服务，平台每年访问量超过 200 万次，成为全国高校大数据教学知名品牌。但是，我们团队的工作放在全国高校大数据专业发展的全局中考量，是微不足道的。为了满足复合型大数据人才的培养要求，在大数据专业课程体系的设计中，包含了数据采集、数据清洗、数据存储与管理、数据挖掘、数据分析、数据可视化等一系列课程。这些课程需要一系列的教材。正是在这样一个大背景之下，本套大数据系列教材应运而生。同时，我也很荣幸，能够成为本套教材编委会的主任。

本套大数据系列教材，在教材选题阶段，就经过了系统、严谨的论证，来自高校、大数据企业、出版社的多位专家学者，多次举行现场论证会和网络沟通会，在教材的目标定位、知识体系和内容编排等方面交换意见，形成共识。通过选题论证，明确了系列教材的总体知识框架，梳理了每本教材的写作大纲和知识要点，为最终形成高质量的系列教材奠定了坚实的基础。在教材写作阶段，本套教材的作者认真遵守系列教材的总体写作规范，努力做到教材知识结构清晰、内容编排合理、写作详略得当。作为本套教材编委会主任，我对每本教材的初稿都进行了认真审核，严把文字质量关，并提出有针对性的修改意见。编委会、教材作者、出版社等多方面的认真、严谨工作，是促成这套高质量大数据教材诞生的重要保证。

作为经过整体规划的系列教材，本套大数据教材非常注重多本教材之间的知识布局，力求做到教材与教材之间的“知识分割不重复”和“知识传承不断层”，从而可以较好地满足高校大数据专业建设过程中对于课程体系中配套教材的需求，让教师教课“有纲可循”，让学生学习“脉络清晰”。

教学工作需要大量的实践，教材水平需要在教学实践的反复检验中不断提升。本套教材的出版，不是教材创作的结束，而是一个新阶段的开始。当本套教材应用到各个高校的教学实践以后，难免会遇到各种各样的问题，但我也相信，有教材使用者积极反馈的意见，有教材编写者的努力认真修改，本套教材的质量和水平会不断得到提升；在全国高校大数据教学工作者的共同努力下，大数据专业的建设与发展会不断迈上新的台阶。

林子雨
于厦门大学数据库实验室
2018 年 8 月

前言 Foreword

随着计算机专业与各个学科的高度交叉发展，高等院校的计算机基础课程已经不能仅仅局限于计算机基础知识与办公软件，而应把计算机作为一种工具，融入各个专业。为此，我们现在上计算机课，更应该在课程中体现出计算机科学的思维和方法，并且在教学的过程中突出对学生计算思维的训练。

Python 语言是一门发展了近 30 年的编程语言，是目前美国大学最受欢迎的程序设计语言之一，目前也越来越受到我国各大院校的重视。Python 语言实际内容是分支、循环、函数等基本的程序逻辑关系及功能强大的函数库应用。该语言只关心计算问题的求解，其轻量级的语法和高层次的语言表示展现了应用计算机解决问题的计算思维理念。它是目前最接近自然语言的通用编程语言。从解决计算问题角度来看，传统的 C、Java 和 VB 语言过分强调语法并不适合非计算机专业学生解决一般的计算问题，而 Python 这种轻语法的程序设计语言，让学生能更好地从语法的学习状态中解放出来，从而有更多的时间来解决所面临的各类计算问题。

全书共 13 章，较为全面地介绍了 Python 这门计算机语言。第 1 章主要对 Python 进行了简单介绍，第 2、3 章主要介绍了 Python 的编程基础知识、顺序、分支、循环结构。第 4、5、6、8、9 章主要介绍了 Python 基本的数据类型及数据结构，包括字符串、文件、列表、元组、字典、异常等。第 7 章是函数，对于读者来说，这一章是比较抽象的，但也是重点。对于学习编程的人来说，没有掌握函数就像没有掌握编程的核心一样。第 10、11、12 章是图形用户界面、面向对象程序设计、数据库支持等内容，主要是针对学有余力的读者的。由于篇幅有限，不可能把这些内容都介绍得很详细，有兴趣的读者可以通过查阅相关资料，进一步深入学习。第 13 章是程序开发进阶，作者设计了几个大的案例，详细讲解了从设计到开发的全过程，让读者全面了解计算机科学的思维与方法，并学习解决面临的实际问题。另外，每章后面都提供了一些习题和实战作业，通过练习和操作实践，帮助读者巩固所学的内容。本书通俗易懂，每一章都有一个引例进行引入，适合普通高等学校、高职高专计算机专业及非计算机专业的学生阅读；对于编程爱好者来说，也是一个不错的选择。

为方便读者使用，本书全部实例的源代码及课件均免费赠送给读者，可登录人民邮电出版社人邮教育社区（www.ryjiaoyu.com）下载。

本书由蔡永铭担任主编，熊伟担任副主编，林子雨担任主审。其他参与编写工作的还有黄国权、王胜、周苏娟、余珊珊、曾小燕、刘珍、郑建华等老师。

由于编者水平和经验有限，书中难免有欠妥和疏漏之处，恳请读者批评指正。

编者 E-mail 为 148157@qq.com。

编　者

2018 年 8 月

目录 Contents

PART01

第1章 Python简介

引例

我开始设计一种语言，使得程序员的效率更高。

——吉多·范罗苏姆（Python 语言设计者）

那么，什么是 Python？为什么要使用它？谁该使用它？让我们带着这些问题一起走进 Python。

1.1 认识 Python

1.1.1 什么是 Python 语言

Python（发音[`paɪθən]），是一种面向对象的解释型计算机程序设计语言，由荷兰人吉多·范罗苏姆（Guido van Rossum）于 1989 年发明。Python 的第一个公开发行版发行于 1991 年。

Python 是纯粹的自由软件，源代码和解释器 CPython 遵循 GPL（GNU General Public License）协议。Python 语法简洁清晰，特色之一是强制用空白符（white space）作为语句缩进。

Python 具有丰富和强大的库。它常被称为胶水语言，能够把用其他语言制作的各种模块（尤其是 C/C++）很轻松地连接在一起。常见的一种应用情形是，使用 Python 快速生成程序的原型（有时甚至是程序的最终界面），然后对其中有特别要求的部分，用更合适的语言改写，比如 3D 游戏中的图形渲染模块，如果性能要求特别高，就可以用 C/C++重写，而后封装为 Python 可以调用的扩展类库。需要注意的是，在使用扩展类库时，可能需要考虑平台问题，某些扩展类库可能不提供跨平台的实现。

IEEE 发布了 2017 年编程语言排行榜，Python 高居首位。2000 年 Python 发布了 2.0 版本，2008 年 Python 发布了 3.0 版本。

1.1.2 Python 语言的优点与缺点

Python 作为一门高级编程语言，虽然诞生的时间并不很长，但是却得到了程序员的喜爱。Python 程序简单易懂，对于初学者而言，Python 很容易入门，而且随着学习的深入，学习者可以使用 Python 语言编写非常复杂的程序。但是，编程语言不可能是完美的，总有自己的优势与劣势，Python 也一样，也有自己的优缺点，下面就来梳理一下 Python 语言的优缺点。

1. Python 语言的优点

（1）可使用多种执行方式

① 可以直接在命令行执行相关命令。

【例 1-1】直接在命令行执行 print 打印命令。

```
>>> print('Hello,Python!')
Hello,Python!
>>> sum=99999*99999
>>> print(sum)
9999800001
```

② 可以用函数的方式执行相关命令。

【例 1-2】自定义加法函数，并应用。

```
>>> def add(num1,num2):
    return num1+num2
>>> add(3,5)
8
```

③ 可以用面向对象的方式执行相关命令。

【例 1-3】使用 turtle 对象画出公切线相同、大小不同的圆，如图 1-1 所示。

```
>>> import turtle
>>> turtle.pensize(2)
>>> turtle.circle(10)
>>> turtle.circle(40)
>>> turtle.circle(80)
>>> turtle.circle(120)
```

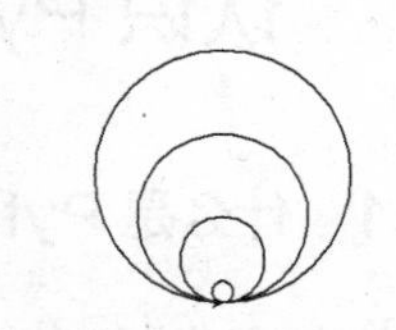

图 1-1　带有公切线的圆

（2）语法简洁，且强制缩格

【例 1-4】编程求 2000 年～2500 年的闰年。

```
1.    i=2000
2.    j=0
3.    while i<=2500:
4.        if i %4==0 and i%100!=0 or i %400==0:
5.            print(i)
6.    j+=1
7.    if j%10==0:
8.        print
9.    i+=1
```

从程序上可以看出，该程序具有可读性及强制缩格的功能。

（3）跨平台

支持多种开发平台，如 Windows、Linux、Mac OS X、Solaris……

（4）开源开放

截至 2018 年，全球有 9 万多个登记的开源库，覆盖各类计算问题，且开源库的数量以 1 万/年左右逐年增加。

（5）面向对象

Python 既支持面向过程，又支持面向对象，这使得其编程更加灵活。在“面向过程”的语言中，程序是由过程或仅仅是可重用代码的函数构建起来的。在“面向对象”的语言中，程序是由数据和功能组合而成的对象构建起来的。与其他主要的语言如 C++和 Java 相比，Python 以一种非常强大又简单的方式实现面向对象编程。

（6）丰富的第三方库

Python 有丰富而且强大的库，而且由于 Python 的开源特性，第三方库非常多，如 Web 开发、爬虫、科学计算等。

2. Python 语言的缺点

Python 虽然有很多优点，但也不是完美的，它也有自身的缺点。

（1）速度慢。由于 Python 是解释型语言，所以它的速度会比 C、C++慢一些，但是不影响使用。由于现在的硬件配置都非常高，基本上没有影响，除非是一些实时性比较强的程序可能会受到一些影响，但是也有解决办法，比如可以嵌入 C 程序。

（2）强制缩进。如果读者有其他语言的编程经验，如 C 语言或者 Java 语言，那么 Python 的强制缩进一开始会让你很不习惯。但是如果读者习惯了 Python 的缩进语法，就会觉得它非常优雅。

（3）单行语句。由于 Python 在行尾可以不写分号，所以一行只能有一条语句。

1.1.3 为什么选择 Python 语言

1. 院校程序类课程的需要

计算机程序设计基础课是各院校类非计算机专业的必修课程。近年来，各大院校也都尝试使用各种程序设计语言来进行授课，其中不乏一些经典的程序设计语言，如 C、C++、VB、Java 等，但是对于教学效果来说，却乏善可陈。Python 语言是一种解释型、面向对象的计算机程序设计语言，广泛用于计算机程序设计教学语言、系统管理编程脚本语言、科学计算等，特别适用于快速的应用程序开发。目前，各大院校已经越来越重视 Python 教学，Python 已经成为最受欢迎的程序设计语言之一。

与计算机专业教学不同，面向非计算机专业的计算机基础类程序设计课程的定位应该是：通过某一编程语言的教学，传授利用计算思维解决一般计算问题的基本方法，并能够通过程序设计更好地利用计算机强大的计算性能。在这个技术时代更应关注问题的求解，超越对程序执行性能、代码高复用性或某一个特殊系统中视窗设计的关注，让学生真正掌握利用计算机解决计算问题的通用方法。

2. 高级语言发展的必然选择

从程序设计语言发展角度来看，高级编程语言的设计一直追求接近人类的自然语言。这样的高级语言也在不断进化，如 C、Java、VB 等，Python 语言则更进一步，提供十分接近人类理解的语法形式。应该说，Python 语言发展了高级语言的表达形式，简化了程序设计过程，提升了程序设计效率。从计算思维培养角度来说，传统 C、Java 和 VB 语言过分强调语法，并不适合非计算机专业的学生。从传统应用技能教育向计算思维培养转变过程中，教学内容变革是重中之重。对于程序设计课程，选择适合技术时代发展的编程语言，是显著提高培养效果的前提和基础。从解决计算问题角度，传统 C、Java 和 VB 语言过分强调语法并不适合非计算机专业学生解决一般计算问题，而 Python 语言作为适应新技术时代的“轻语法”程序设计语言，已经得到大学计算机教育领域的重视。因此，Python 语言相比其他语言具有更高的教学价值。这一技术趋势也得到了国内外众多大学的直接响应。

随着大数据、云计算、网络空间安全等概念的兴起，当代信息社会要求大学生在具备操作计算机的基本技能外，还要具备一定的编程能力，用于解决工作和学习中遇到的各类非通用计算问题，理解并实践计算思维。这种信息时代深入发展的趋势为程序设计课程的内容改革提供了依据。程序设计课程教学内容的变化是一个正常的技术更迭过程。从 20 世纪 90 年代开始，程序设计课程的教学内容经过几次较大变化，曾经广泛用于教学的 Pascal 和 Fortran 语言，被 C、Java 和 VB 等语言取代。然而，随着大数据、云计算、物联网、信息安全等各种计算形态的高速发展，程序设计语言教学内容却还基本没有变化，针对非计算机专业学生主要开设 C 语言、Java 语言和 VB 语言。教学内容近十几年的稳定，并非因为上述教学内容达到了教学预期，而是受制于特定技术时代的历史局限性。

Python 语言的易学易用和丰富的开源库，将会给学生带来一个全新的程序设计认识，改变主观渴望学好编程语言但客观上学不会学不精的状况，有助于帮助学生学会一种终身受用的编程语言，进而帮助他们更好地利用计算机解决所面临的各类计算问题。Python 语言的高编写效率，会进一步加快程序实现和修改节奏，降低程序错误率，缩短计算服务和产品的上市时间，提高国民综合生产效率。在我国全面提高高等教育质量、广泛开展本科教学背景下，Python 语言教学改革将会开启一个全新的程序设计语言教学时代，进一步释放师生活力和创新热情，全面提升教学质量。以 Python 语言教学为手段，将更容易开展计算思维教育教学活动，使学生在思维和技能两方面终身受益。

1.2 Python 的安装

1.2.1 Windows 环境下安装

在开始编程前，需要先安装一些软件。下面简要介绍如何下载和安装 Python。如果想直接跳到安装过程的介绍而不看详细的向导，可以登录官网下载区，选择需要的版本，本书选择的是 3.4 的 Windows 64 位版本。

要在 Windows 下安装 Python，请参考以下步骤。

（1）下载好 Python 软件之后，单击 Python 的安装图标，就会出现图 1-2 所示的界面。

（2）安装时需要配置 Python 环境变量。首先找到 Python 的安装位置，一般系统都是默认在 C 盘安装的，如图 1-3 所示。

（3）用鼠标右键单击计算机图标，选择属性，进入“高级系统设置”界面。

（4）进入高级系统设置，如图 1-4 所示，单击“环境变量”按钮。

（5）在环境变量里的系统变量中，找到 path，选择编辑，在变量值后面添加“c:\python34”路径，注意要在这前面加上英文的分号（;），如图 1-5 所示。

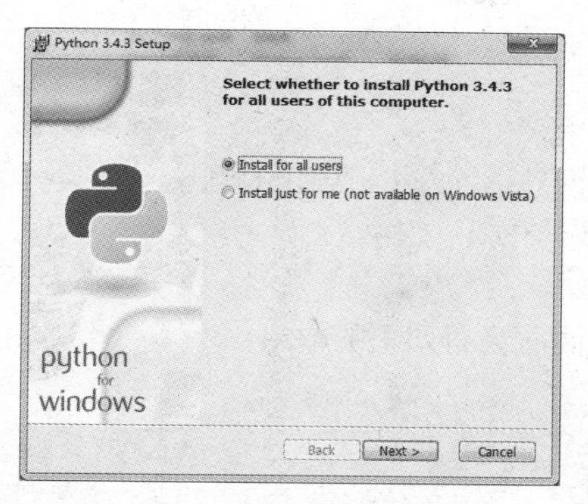

图 1-2　Python 3.4 安装界面

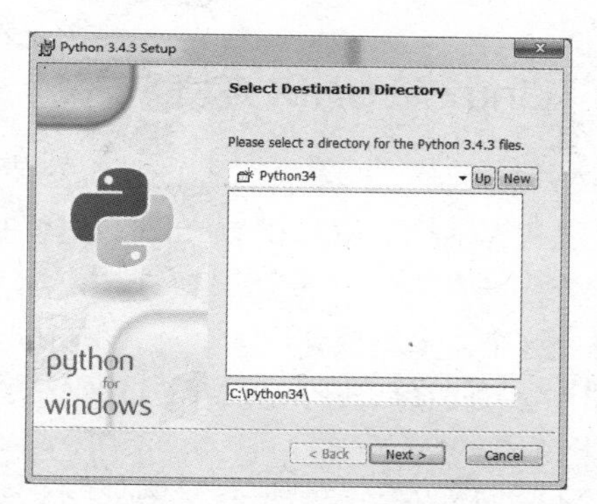

图 1-3　Python 安装路径

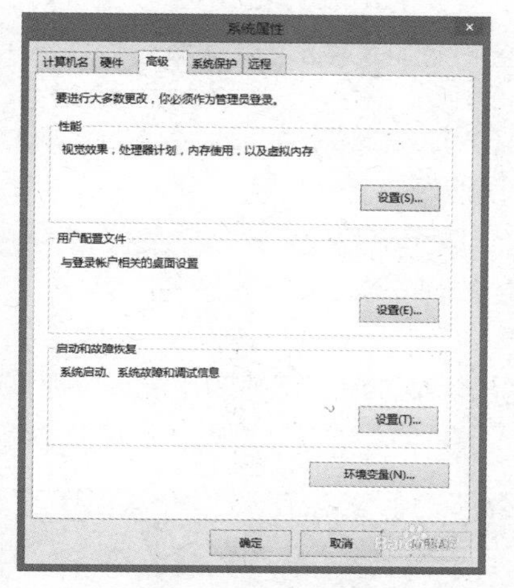

图 1-4　环境变量界面

图 1-5　编辑系统变量

（6）检验 Python 是否装好，应打开命令窗口界面，在命令行输入 python，出现图 1-6 所示的 Python 相关信息，就表示装好了 Python 3.4。

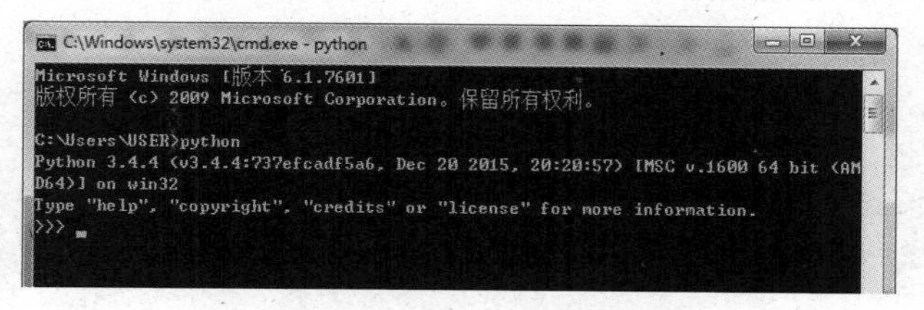

图 1-6　Python 3.4 命令窗口界面

也可以依次选择“开始”→“Python 3.4”→“IDLE”，打开图形界面，如图 1-7 所示。

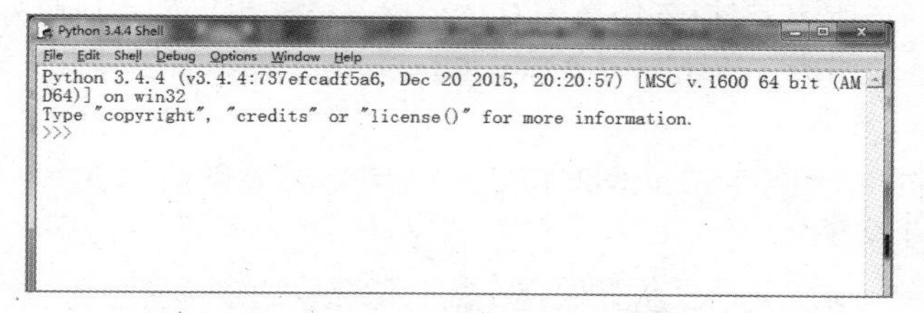

图 1-7　Python 3.4 图形界面

1.2.2 Linux 和 UNIX 环境下安装

在绝大多数 Linux 和 UNIX 的系统安装中（包括 Mac OS X），Python 的解释器就已经存在了。大家可以在提示符下输入 python 命令进行验证，如下例所示：

```
$ python
```

运行这个命令应该会启动交互式 Python 解释器，同时会有如下的输出：

```
Python 3.4.4(r251:54869. Apr 18 2007. 22:08:04)
[GCC 4.0.1 (Apple Computer, Inc. build 5367)] on darwin
Type "help", "copyright", "credits" or "license" for more information.
>>>
```

要退出交互式解释器，可以使用 Ctrl+D 组合键（按住 Ctrl 键的同时按下 D 键）。

如果没有安装 Python 解释器，可能会看到如下的错误信息：

```
bash : python: command not found
```

这时，读者需要自己安装 Python，下面几节将会讲述如何安装 Python 这些内容。

1. 使用包管理器

Linux 有多种包管理系统和安装机制。如果使用的是包含某种包管理器的 Linux，那么可以很轻松地安装 Python。

在 Linux 中使用包管理器安装 Python 可能需要系统管理员（root）权限。

例如，如果使用的操作系统为 Debian Linux，那么可以用下面的命令来安装 Python。

```
$ apt-get install python
```

如果操作系统是 Gentoo Linux，则使用：

```
$ emerge python
```

在上述两例中，$是 bash 的提示符。

许多包管理器都有自动下载的功能，包括 Yum、Synaptic（Ubuntu Linux 专有的包管理器）以及其他 Debian 样式的管理器，可以通过这些管理器获得最新版本的 Python。

2. 从源文件编译

如果没有包管理器，或者不愿意使用，也可以自己编译 Python。如果正在使用 UNIX 系统却没有 root 权限（安装权限），可以选用这个方法。该方法非常灵活，可以让读者在任何位置安装 Python，甚至可以安装在用户的主目录（home directory）内。要编译并安装 Python，可以遵照以下步骤。

（1）访问下载网页（参见在 Windows 上安装 Python 步骤的前两步）。

（2）按照说明下载源代码。

（3）下载扩展名为.tgz 的文件，将其保存在临时位置。假定读者想将 Python 安装在自己的主目录，可以将它放置在类似于~/python 的目录中。进入这个目录（比如使用 cd-/python 命令）。

（4）使用 tar-xzvf Python-3.4.tgz（3.4 是所下载代码的版本号）解压缩文件。如果使用的 tar 版本不支持 z 选项，可以先使用 gunzip 进行解压缩，然后使用 tar-xvf 命令。如果解压缩过程中出错，那么试着重新下载。在下载过程中，有时也会出错。

（5）进入解压缩好的文件夹：

```
$ cd Python-3.4
```

现在可以执行下面的命令：

```
./configure--prefix=$(pwd)
$ mdke
make install
```

最后应该能在当前文件夹内找到一个名为 python 的可执行文件（如果上述步骤没用的话，请参见包含在发布版中的 README 文件）。将当前文件夹的路径放到环境变量 path 中，这样就大功告成了。

要查看其他的配置指令，请执行以下命令：

```
$./configure –help
```

本 章 小 结

本章展示了 Python 语言的优点，即多种执行方式、语法简洁且强制可读、跨平台、开源，不仅支持面向对象也支持面向过程的编程，具有多种图形界面开发工具；分析了院校编程课选择 Python 的原因；最后介绍了在 Windows、Linux 和 UNIX 环境下 Python 的安装。

练 习 题

一、判断题

1. Python 语言是高级程序设计语言。（ ）
2. Python 语言具有多种执行方式、语法简洁等多种优点，因此它是一种最优语言。（ ）
3. Python 语言支持面向过程，同时支持面向对象，支持灵活的编程模式。（ ）
4. 与其他开源软件一样，Python 语言的使用与分发是完全免费的。（ ）

二、简答题

1. 与 C 语言相比，Python 语言的优点是什么？
2. 简单说明如何选择正确的 Python 版本。
3. 在 Python 中导入模块中的对象有哪几种方式？

实 战 作 业

使用 pip 命令安装 numpy、scipy 模块。

PART02

第2章

基础语法知识

引例

我们知道，所有的语言都要有对应的语言基础。例如，学习汉语，就要从学习认字、拼音开始，然后学习语法、造句，接着就可以学习怎么说话、写文章了。所有的语言学习都要经历这样的过程。Python 作为一门计算机语言，也有它的语言基础，只有学好基础知识，才能更好地运用它。

例如，如果 a 大于 b，那么把 a 的值赋值给 max。用 Python 语言表示，格式如下：

```
if a>b:
    max=a
```

很显然，这样的表述与我们的自然语言有一定的区别。本章将学习基础的语法知识。

2.1 数字和表达式

Python 提供了几种数字类型，如整数、浮点数、复数等。在本书后面的几章将用到这些类型，因为它们与我们所熟悉的数字概念相对应。

在 Python 中，整数类型被指定为 int 类型，整数类型对应于数学中的整数概念；可以执行的运算有+（加）、-（减）、*（乘）、/（除）以及其他操作。在 Python 中，整数可以根据需要足够大，而且是精确值。

交互式 Python 解释器可以当作非常强大的计算器使用，试试以下例子：

```
>>>2+2
```

解释器会得出答案为 4。这看起来不是很难，那么看看下面这个例子：

```
>>>53672+235253
288925
```

大家应该用过计算器，并且知道 1+2×3 和(1+2)×3 的区别。在绝大多数情况下，常用算术运算符的功能和计算器的相同。比如说：

```
>>>1/2
0.5
```

在 Python 3.0 以前的版本中，整数除以整数，结果一定是整数。也就是说 1/2 的结果应该是 0。但是，在 Python 3.0 以上的版本中，软件系统会很智能地把整数转化成浮点数来进行运算。这样，即使在编写程序的时候没设定好数据类型，也不用太担心，因为 Python 已经帮我们考虑到了。

实数在 Python 中被称为浮点数（Float，或者 Float-point Number），为 float 类型，浮点型是指非整数、带小数点的数字。浮点数可以通过输入值来创建，如 25.678。如果参与除法的两个数中有一个数为浮点数，结果亦为浮点数：

```
>>> 1.0/2.0
0.5
>>>1/2.0
0.5
>>>1.0/2
0.5
>>>1/2.
0.5
```

有些时候需要整除，Python 则提供了另外一个用于实现整除的操作符——双斜线：

```
>>>1//2
0
```

就算是浮点数，双斜线也会执行整除：

```
>>>1.0//2.0
0.0
```

现在，已经了解了基本的算术运算符了（加、减、乘、除）。除此之外，还有一个非常有用的运算符：

```
>>>1%2
1
```

这是取余（模除）运算符——$x\%y$ 的结果为 x 除以 y 的余数。下面是另外一些例子：

```
>>>>10/3
3
>>>>10 % 3
1
>>>>9/3
3
>>>>9%3
0
>>>2.75 % 0.5
0.25
```

这里 10/3 得 3 是因为结果的小数部分被截除了。而三三得九，所以相应的余数就是 1 了。在计算 9/3 时，结果就是 3，没有小数部分可供截除，因此，余数就是 0 了。如果要进行一些类似“每 10 分钟”检查一次的操作，那么，取余运算就非常有用了，直接检查时间%10 的结果是否为 0 即可。从上述最后一个例子可以看到，取余运算符对浮点数也同样适用。

最后一个运算符就是幂（乘方）运算符：

```
>>> 2**3
8
>>> -3**2
-9
>>> (-3) **2
9
```

幂运算符比取反（一元减运算符）的优先级要高，所以-3**2 等同于-(3**2)。如果想计算(-3)**2，就需要显式说明。

在 Python3.0 以上的版本中，整型不再分一般整形与长整形。所有的类型都是长整形，所有的运算都是不限制数字的长度的，这种新的整型是不依赖运行环境的、无精度限制的（只要内存装得下）。

有的时候为了记忆方便，或者是为了更好地了解机器码，Python 还设定了一些十六进制与八进制的输出方式。当以十六进制或者八进制的方式在命令行上进行输入，软件会以十进制的方式输出。

十六进制数以 0X 开头，也可以是 0x：

```
>>> 0xAF
175
```

八进制数则是以 0O 开头，或者是 0o：

```
>>>0o10
8
```

此外，Python 支持相对复杂的复数类型。复数由两部分组成：实部和虚部。复数的形式为：实部+虚部 *j*，例如 2+3*j*。数末尾的 *j*（大写或小写）表明它是一个复数。

2.2 变量

变量（variable）是另外一个需要熟知的概念。如果数学中的变量让你望而生畏，别担心，Python 中的变量很好理解。变量基本上就是代表（或者引用）某值的名字，用来表示程序中的某些“物体”。“物体”可以是多种实体，例如一个值、运行的另一个程序、一组数据或者一个文件。举例来说，如果希望用 *x* 代表 3，只需执行下面的语句即可。

```
>>> x=3
```

这样的操作称为赋值（assignment），值 3 赋给了变量 *x*，另外一个说法就是：将变量 *x* 绑定到了值（或者对象）3 上面。Python 中的赋值符号是等号（=）。在变量被赋值之后，就可以在表达式中使用变量。

```
>>> x * 2
6
```

请注意，在使用变量之前，需要对其赋值，毕竟使用没有值的变量也没意义。

变量名可以包括字母、数字和下画线（_）。变量不能以数字开头，所以 Plan9 是合法变量名，而 9Plan 不合法。

2.3 语句

到现在为止，我们一直都在讲述表达式，那么，语句是如何描述的呢?

其实，前面已经介绍了两类语句：print 语句和赋值语句。语句能执行各种各样的任务，有些语句可能会设定程序控制语句，而有些语句可能会要求获得一些资源。那么语句和表达式之间有什么区别呢？表达式有值，但语句没有值；表达式是某事，而语句是做某事（换句话说就是告诉计算机做什么）。比如 2×2 是 4，而 print (2*2)打印 4。那么区别在哪里呢？毕竟，它们的功能非常相似。请看下面的例子。

```
>>>2*2
4
>>>print (2*2)
4
```

如果在交互式解释器中执行上述两行代码，结果都是一样的。但这只是因为解释器总是把所有表达式的值打印出来而已（都使用了相同的 repr 函数对结果进行呈现）。一般情况下，Python 并不会那样做。在本章后面，会看到如何抛开交互式提示符来编程。在程序中编写类似 2*2 这样的表达式，并不能做什么有趣的事情，但是，编写 print (2*2)则会打印出 4。

语句和表达式之间的区别在赋值时会表现得更加明显一些。因为语句不是表达式，所以没有值可供交互式解释器打印出来。

```
>>> x=3
>>>
```

可以看到，*x*=3 下面立刻出现了新的提示符。但是，有些东西已经变化了，*x* 现在绑定给了值 3。

这也是语句特性的一般定义：每一句语句都会发生作用，并对事物做出改变。比如，赋值语句改变了变量，print 语句改变了屏幕显示的内容。

赋值语句可能是任何计算机程序设计语言中最重要的语句类型。变量就像临时的“存储器”（就像厨房中的锅碗瓢盆一样），它的强大之处就在于，在操作变量的时候并不需要知道它们存储了什么值。比如，即使不知道 *x* 和 *y* 的值到底是多少，也会知道 *x* 和 *y* 的乘积。所以，可以在程序中通过多种方法来使用变量，而不需要知道在程序运行的时候，最终存储（或引用）的值到底是什么。

2.4 获取用户输入

我们在编写程序的时候，并不需要知道变量的值是多少。但是，在程序运行的过程中，解释器最终还是需要知道变量的值。那么，可以通过什么方法来获得变量的值呢？系统提供了一个 input 内建函数，使用户可以在程序运行的过程中对变量赋值，就像系统提供了一个录入窗口一样，等待你对变量的输入。请看一个例子。

```
>>> x=input("enter x:")
enter x:123
>>> x
'123'
```

从上例可以看出，input 从标准输入中拿到的值是一个字符串，也就是说，无论我们的初衷是得到一个整数、小数或者其他的值，input 都会在我们的输入的值的左右两边加上一对引号（‘’），也就是说对于变量获得的数据，都是一个字符串类型。

那么如何获得数值类型呢？请看下面的内容。

```
>>>x=int( input ("x :"))
x: 34
>>>y=int( input ("y :"))
y: 42
>>> print( x*y)
1428
```

在赋值的过程中，通过 int 函数对输入的数据进行强制改变为整型，那么，变量 x 与 y 得到的数值就不再是字符串类型了，而是整型数据。当 x 与 y 获得输入的值之后，便可以实现整数的乘法运算了。

2.5 函数

Python 函数的概念与数学中使用的函数概念类似。编程语言中的函数具有许多数学函数的特点，特别是 Python 中的函数具有以下特点。

- 代表执行单独的操作。
- 采用零个或多个参数作为输入。
- 返回值（可能是复合对象）作为输出。

函数很重要，因为它代表一种封装。通过封装可以隐藏操作细节，函数可以表示操作的性能，而读者不需要了解操作的具体运行细节。

在前面曾经介绍过使用幂运算符（**）来计算乘方。事实上，可以用函数来代替运算符，这个函数就是 pow：

```
>>>2**3
8
>>> pow (2,3)
8
```

函数就像可以用来实现特定功能的小程序一样。Python 的很多函数都能做很奇妙的事情。事实上，也可以自己定义函数。因此，我们通常会把 pow 等标准函数称为内建函数。

上例中使用函数的方式叫作调用函数。可以给它提供参数（如上例中的数字 2 和 3），它会返回值给用户。因为它返回了值，函数调用也可以简单看作另外一类表达式，就像在本章前面讨论的算数表达式一样。事实上，可以结合使用函数调用和运算符来创建更复杂的表达式：

```
>>>10+pow(2, 3*5)/3.0
10932.666666666666
```

小数点后的位数会因使用的 Python 版本的不同而有所区别。

还有很多类似的内建函数可以用于数值表达式。例如，使用 abs 函数可以得到数的绝对值，round 函数则会把小数四舍五入为最接近的整数值，也可以通过参数实现小数位数的截取。

```
>>> abs(-10)
10
>>> round (2/3)
1
>>> round(2/3,5)
0.66667
```

从 round(2/3,5)可以看到，round 函数中有两个参数，第一个是要截取的数，第二个参数是表示要截取小数后面多少位。第一个参数可以是浮点数，也可以是一个表达式。这里有一个奇怪的现象：

```
>>> round(1/2)
0
>>> round(1.5)
2
```

从上面的两个例子看出，round(1/2)进行四舍五入，应该是 1，而 round(1.5)经过四舍五入的结果是 2。这怎么解释呢？

在 Python 3.0 中对 round 的函数有这样的解释，如果距离两边一样远，会保留到偶数的一边。比如 round(0.5)和 round(−0.5)都会保留到 0，而 round(1.5)会保留到 2。

再如：

```
>>> round(2.675, 2)
2.67
>>> round(2.685, 2)
2.69
```

可以看出，截取两位小数之后，由于 0.005 在 2.67 与 2.68 之间，根据系统的解释，它应该保留在 2.68 这一边，所以，round(2.675,2)为 2.67，而 round(2.685,2) 的结果为 2.69。

出现这种情况的原因，是因为计算机是以二进制进行存储的，会产生一些误差，从而造成这种特殊的缺陷。

2.6 模块

模块是一个包含所有定义的函数和变量的文件，其扩展名是.py。模块可以被别的程序引入，以使用该模块中的函数等功能，这也是使用 python 标准库的方法。

模块用法如下：

```
import module # load the module
```

标准 Python 包带有 200 多个模块，除 math 模块外，还能导入更多模块。可以把模块想象成导入 Python 以增强其功能的扩展。需要使用特殊的命令 import 来导入模块。比如 floor 函数就在名为 math 的模块中：

```
>>> import math
>>> math.floor(32.9)
32
```

它是怎么起作用的？用 import 导入了模块，然后按照“模块.函数”的格式使用这个模块的函数。

还有类似的函数可以将输入数转换为其他类型（比如 long 和 float）。事实上，它们并不完全是普通的函数，而是类型对象（type object）。后面，将会对类型进行详述。与 floor 相对的函数是 ceil（ceiling 的简写），可以将给定的数值转换成为大于或等于它的最小整数。

在确定自己不会导入多个同名函数（从不同模块导入）的情况下，你可能不希望在每次调用函数的时候，都要写上模块的名字。那么，可以使用 import 命令的另外一种形式：

```
>>>from math import sqrt
>>> sqrt (9)
3.0
```

在使用了“from 模块 import 函数”这种形式的 import 命令之后，就可以直接使用函数，而不需要模块名作为前缀。

事实上，可以使用变量来引用函数（或者 Python 之中大多数的对象）。比如，通过 foo=math.sqrt 进行赋值，然后就可以使用 foo 来计算平方根了，如 foo(4)的结果为 2.0。

2.7 程序的运行

Python 程序的运行方式有很多种，主要包括命令窗口键入命令方式和可视化文件运行方式。

2.7.1 通过命令提示符运行 Python 脚本

事实上，运行程序的方法有很多。首先，假定打开了 DOS 窗口或者输入了 UNIX 中的 Shell 提示符，并且进入了某个包含 Python 可执行文件（在 Windows 中是 Python.exe，而 UNIX 中则是 Python）的目录，或者包含了这个可执行文件的目录已经放置在环境变量 PATH 中了（仅适用于 Windows）。同时假设，上一节的脚本文件（hello.py）也在当前的目录中。那么，可以在 Windows 中使用以下命令执行脚本：

```
C:\>python hello.py
```

或者在 UNIX 下：

```
$ python hello.py
```

可以看到，命令是一样的，仅仅是系统提示符不同。

如果不想跟环境变量打交道，可以直接指定 Python 解释器的完整路径。在 Windows 中，可以通过以下命令完成操作：

```
C:\>C:\Python25\python hello.py
```

2.7.2 让脚本像普通程序一样运行

有些时候希望像运行其他程序（如 Web 浏览器、文本编辑器）一样运行 Python 程序（也叫作脚本），而不需要显式使用 Python 解释器。在 UNIX 中有个标准的实现方法：在脚本首行前面加上 #!（叫作 pound bang 或者 shebang），在其后加上用于解释脚本程序的绝对路径（在这里，用于解释代码的程序是 Python）。即使操作者不太明白其中的原理，但又希望自己的代码能够在 UNIX 下顺利执行，那么，只需要把下面的内容放在脚本的首行即可：

```
#!/usr/bin/env python
```

不管 Python 二进制文件在哪里，程序都会自动执行。

在某些操作系统中，如果安装了最新版本的 Python（如 3.0），同时旧版本的 Python（如 1.5.2）仍然存在（因为某些系统程序需要它，所以不能把它卸载），那么在这种情况下，/usr/bin/env 技巧就不好用了，因为旧版本的 Python 可能会运行程序。因此需要找到新版本 Python 可执行文件（可能叫作 Python 或者 Python2）的具体位置，然后在 pound bang 行中使用完整的路径，如 #!/usr/bin/python2。具体的路径会因系统而异。

在实际运行脚本之前，必须让脚本文件具有可执行的属性：

```
$ chmod a+x hello.py
```

现在就能这样运行代码了（假设路径就是当前目录）：

```
$ hello.py
```

如果上述操作不起作用，试试./hello.py。即使当前的目录（.）并不是执行路径的一部分，这样的操作也能够成功。

如果你喜欢，还可以将文件重新命名，去掉.py 扩展名，让它看起来更像个普通的程序。还可以通过双击 Python 图标运行程序。

在 Windows 系统中，让代码像普通程序一样运行的关键在于扩展名.py。试着双击上一节保存好的 hello.py 文件。如果 Python 安装正确，一个 DOS 窗口就会出现，里面有“What is your name”提示。

然而，像这样运行程序可能会碰到一个问题：程序运行完毕，窗口也跟着关闭了。也就是说，输入了名字以后，还没来得及看结果，程序窗口就已经关闭了。试着修改代码，在最后加上以下代码：

```
input("Press <enter>")
```

这样，在运行程序并且输入名字之后，将会出现一个包含以下内容的 DOS 窗口：

```
What is your name? Gumby
Hello, Gumby!
Press <enter>
```

2.7.3 注释

井号(#)在 Python 中有些特殊。在代码中输入它的时候，它右边的一切都会被忽略（这也是之前 Python 解释器不会被/usr/bin/env 行“卡住”的原因了）。例如，

```
    #打印圆的周长：
print (2*pi*radius)
```

这里的第一行称为注释。注释是提高可读性的重要途径，为了让别人能够更容易理解程序，使用注释是非常有效的——即使是自己回头再看旧代码也一样。但注释不利于程序的运行，因此程序员应该确保注释说的都是重要的事情，而不要重复代码中显而易见的内容。无用的、多余的注释还不如没有。例如，下例中的注释就不好：

```
    #获得用户名:
```

```
use_name=input("What is your name?")
```

即使没有注释，也应该让代码本身易于理解。幸好，Python 是一门出色的语言，它能帮助程序员编写易于理解的程序。

2.8 字符串

计算机很多时候都在处理字符串，例如写电子邮件和文章、发送短信或即时消息、发布博客、创建 Facebook 页面、利用 Google 查找信息、浏览网页等。程序设计语言认为可以打印的字符序列就是字符串。事实上，字符串不一定都有意义，例如 ‘xyz’ 也算作字符串。字符序列只是一个序列，不需要有隐含意义。对我们来说，这就是字符串的意义所在。

那么，input 函数和"Hello,"+name+"!"这些内容到底是什么意思？先来了解"Hello"这个部分。

本章的第一个程序很简单：

```
print ("Hello, world!")
```

在编程类图书中，习惯上都会以这样一个程序作为开篇。问题是仍然没有真正解释此程序是如何实现的。前面已经介绍了 print 语句的基本知识，但是"Hello,world!"是什么呢？是字符串（即“一串字符”）。字符串在几乎所有真实可用的 Python 程序中都会存在，并且有多种用法，其中最主要的用法就是表示一些文本，类似这个感叹句"Hello，world!"。

2.8.1 单引号字符串和转义引号

字符串是值，就像数字一样：

```
>>>"Hello,world! "
'Hello, world!'
```

但是，本例中有一个地方可能会让读者疑惑：当 Python 打印出字符串的时候，是用单引号括起来的，但我们在程序中用的是双引号。这有什么区别吗？事实上，没有区别。

```
>>> 'Hello, world! '
'Hello, world! '
```

这里也用了单引号，结果是一样的。那么，为什么两个都可以用呢？因为在某些情况下，它们会派上用场：

```
>>>"Let's go!"
"Let's go!"
>>>'"Hello, world!"she said'
'"Hello, world!" she said'
```

在上面的代码中，第一段字符串包含了单引号（或者叫撇号。根据这里的上下文，应该称之为撇号），这时候就不能用单引号将整个字符串括起来了。如果这么做，解释器会出现如下的错误提示：

```
>>>'Let's go!'
SyntaxError: invalid syntax
```

在这里字符串为'Let"，Python 并不知道如何处理后面的 s（也就是该行余下的内容）。

在第二个字符串中，句子包含了双引号。所以，出于之前所述的原因，就需要用单引号把字符串括起来了。或者，并不一定要这样做，尽管这样做很直观。另外一个选择就是：使用反斜线（\）对字符串中的引号进行转义。

```
>>>'Let\'s go!'
"Let's go!"
```

Python 会明白中间的单引号是字符串中的一个字符，而不是字符串的结束标记（即便如此，Python 也会在打印字符串的时候使用双引号）。有读者可能已经猜到了，对双引号也可以使用相同的方式转义。

```
>>>"\"Hello, world!\" she said"
"Hello. world!"she said
```

像这样转义引号十分有用，有些时候甚至还是必须的。例如，如果希望打印一个包含单双引号的字符串，不用反斜线的话能怎么办呢？比如字符串'Let\'s say "Hello，world!"'？表 2-1 所示给出了 Python 语言中可用的转义字符。

表 2-1　Python 语言中可用的转义字符

转义字符	意　义
\	（在行尾时）续行符
\	反斜杠符号
\'	单引号
\"	双引号
\a	响铃
\b	退格（Backspace）
\e	转义
\000	空
\n	换行
\v	纵向制表符
\t	横向制表符
\r	回车
\f	换页
\oyy	八进制数，yy 代表的字符，例如：\o12 代表换行
\xyy	十六进制数，yy 代表的字符，例如：\x0a 代表换行
\other	其他的字符以普通格式输出

在本章后面的内容中，将会介绍通过使用长字符串和原始字符串（两者可以联合使用）来减少绝大多数反斜线的使用。

编程技巧：最好先决定如何分隔字符串，然后一直坚持这种方式。如果喜欢双引号，就坚持用双引号。一般情况下，双引号麻烦更少，因为双引号面对缩写和所有格的情况更容易编码，如"bill's"或者"can't"。如果用单引号来表示，需要在单引号前使用转义字符（"\"），如'bill\'s'。

2.8.2　拼接字符串

继续探究上文中的例子，我们可以通过另外一种方式输出同样的字符串。

```
>>>"Let's say“ "'Hello. world! "'
'Let\'s say "Hello, world!"'
```

这里只是用一个接着另一个的方式写了两个字符串，Python 就会自动拼接它们（将它们合为一个字符串）。这种机制用得不多，有时却非常有用。不过，它只是在同时写下两个字符串时才有效，而且要一个紧接着另一个。

```
>>>x="Hello."
>>>y="world!"
>>>xy
SyntaxError: invalid syntax
```

换句话说，这仅仅是书写字符串的一种特殊方法，并不是拼接字符串的一般方法。那么，该怎样拼接字符串呢？拼接字符串就和加法运算一样。

```
>>>"Hello,"+"world!"
'Hello, world!'
>>>x="Hello,"
>>>y="world!"
>>>x+y
'Hello,world!'
```

2.8.3 字符串 str 和 repr

通过前面的例子，读者们可能注意到了，所有通过 Python 打印的字符串都是被引号括起来的。这是因为 Python 打印值的时候会保持该值在 Python 代码中的状态，而不是你希望用户所看到的状态。如果使用 print 语句，结果就不一样了。

```
>>>"Hello, world!"
'Hello, world!'
>>>print ("Hello, world!")
Hello, world!
```

我们在这里讨论的实际上是值被转换为字符串的两种机制。可以通过以下两个函数来使用这两种机制：一是通过 str 函数，它会把值转换为合理形式的字符串，以便用户可以理解；而 repr 会创建一个字符串，它以合法的 Python 表达式的形式来表示值。

下面是一些例子：

```
>>> a = 'Hello,kitty!'
>>> str(a)
'Hello,kitty!'          #字符串str会返回本身
>>> repr(a)
"'Hello,kitty!'"
>>> a = 'Hello,kitty!\n'
>>> b = repr(a)
>>> print(b)
'Hello,kitty!\n'
>>> c = str(a)
>>> print(c)
Hello,kitty!
```

str 和 repr 是将 Python 值转换为字符串的两种方法。函数 str 让字符串更易于阅读，而 repr 则把结果字符串转换为合法的 Python 表达式。

2.8.4 input

input 主要是用来实现输入的函数，在 Python 3 中，input 默认接收到的是 str 类型，所以不管你输入的是什么，它都以字符串类型出现。

下面是一个实例：

```
>>> name=input("What is your name?")
What is your name?Gumby
>>> print( "Hello."+name+"!")
Hello,Gumby!
```

通过 input 函数给 name 变量赋值，这时 name 是一个字符串类型。而如果你输入的是 123 和 456，那么它们相加的结果是什么呢？

```
1.    num1=input("Please input num1:")
2.    num2=input("Please input num2:")
3.    print(num1+num2)
```

运行结果为：

```
Please input num1:123
Please input num2:456
123456
```

显然字符串相加，即字符串相连，结果为“123456”。然而想要实现数值型相加，那么就应该加上一个数值转换函数。

```
1.    num1=int(input("Please input num1:"))
2.    num2=int(input("Please input num2:"))
3.    print(num1+num2)
```

运行结果为：

```
Please input num1:123
Please input num2:456
579
```

通过 int 函数转换，把字符类型转换成整型，再相加，结果为 579。

2.8.5 长字符串、原始字符串和 Unicode

在结束本章之前，还会介绍另外两种书写字符串的方法。在需要长达多行的字符串或者包含多种特殊字符的字符串的时候，这些候选的字符串语法就会非常有用。

1. 长字符串

如果需要写一个非常长的字符串，它需要跨多行，那么，可以使用三个引号代替普通引号。

```
1.    print('''This is a very long string.
2.    It continues here.
3.    And it's not over yet.
4.    "Hello, world!"
5.    Still here.''')
```

也可以使用三个双引号，如"""Like This"""。注意，因为引用方式的特殊性，你可以在字符串之中同时使用单引号和双引号，而不需要使用反斜线进行转义。

普通字符串也可以跨行。如果一行之中最后一个字符是反料线，那么，换行符本身就“转义”了，也就是被忽略了，例如：

```
print ("Hello.\
world!")
```

这句会打印Hello. world!。这个用法也适用于表达式和语句：

```
>>>1+2+\
    4+5
12
>>>print(\
        'Hello, world')
Hello, world
```

2. 原始字符串

原始字符串对于反斜线的使用并不会过分挑剔。在某些情况下，这个特性就能派上用场了。在普通字符串中，反斜线有特殊的作用：它会转义，可以在字符串中加入通常情况下不能直接加入的内容。例如，换行符可以写为\n，并可放于字符串中，如下所示：

```
>>> print( 'Hello,\nworld!')
Hello.
world!
```

这看起来不错，但是有时候，这并非是想要的结果。如果希望在字符串中包含反斜线，应该怎么办呢？例如，可能需要像 DOS 路径“C:\nowhere”这样的字符串：

```
>>>path = 'C:\nowhere'
>>>path
'C:\nowhere'
```

这看起来是正确的，但是，在打印该字符串的时候就会发现问题了：

```
>>> print (path)
C:
owhere
```

这并不是期望的结果。此时，可以使用反斜线对其本身进行转义：

```
>>>print( 'C:\\nowhere')
C:\nowhere
```

这看起来不错，但是对于长路径，那么可能需要很多反斜线：

```
path = 'C:\\Program Files\\fnord\\foo\\bar\\baz\\frozz\\bozz'
```

在这样的情况下，原始字符串就派上用场了。原始字符串不会把反斜线当作特殊字符。在原始字符串中输入的每个字符都会与书写的方式保持一致。

```
>>> print (r 'C:\nowhere')
C:\nowhere
>>> print(r 'C:\Program Files\fnord\foo\bar\baz\frozz\bozz')
C:\Program Files\fnord\foo\bar\baz\frozz\bozz
```

可以看到，原始字符串以 r 开头。一般情况下，可以在原始字符串中放入任何字符的说法基本是成立的。当然，我们也要像平常一样对引号进行转义，但是，最后输出的字符串包含了转义所用的反斜线：

```
>>> print( r 'Let\'s go!')
Let\'s go!
```

不能在原始字符串结尾输入反斜线。换句话说，原始字符串最后的一个字符不能是反斜线，除非你对反斜线进行转义（用于转义的反斜线也会成为字符串的一部分）。参照上一个范例，这是一个显而易见的结论。如果最后一个字符（位于结束引号前的那个）是反斜线，Python 就不清楚是否应该结束字符串：

```
>>>print (r "This is illegal\")
SyntaxError: EOL while scanning string literal
```

这样才是合理的，但是如果希望原始字符只以一个反斜线作为结尾，那该怎么办呢？（例如，DOS 路径的最后一个字符有可能是反斜线。）本节已经告诉了你很多解决此类问题的技巧，但本质上就是把反斜线单独作为一个字符串来处理。以下就是一种简单的做法：

```
>>>print (r 'C:\Program Files\foo\bar' '\\')
C:\Program Files\foo\bar\
```

你可以在原始字符串中同时使用单双引号，即使三引号字符串也可以充当原始字符串。

3. Unicode 字符串

字符串常量的最后一种类型就是 Unicode 字符串（或者称为 Unicode 对象——与字符串并不是同一个类型）。如果希望了解更多的信息，可以访问 Unicode 的网站。

Python 中的普通字符串在内部是以 8 位的 ASCII 码形式存储的，而 Unicode 字符串则存储为 16 位 Unicode 字符，这样就能够表示更多的字符集了，包括世界上大多数语言的特殊字符。本节不会详细讲述 Unicode 字符串，仅举以下的例子来做说明：

```
>>>u 'Hello, world!'
u 'Hello, world!'
```

可以看到，Unicode 字符串使用 u 前缀，就像原始字符串使用 r 一样。

在 Python 3.0 中，所有字符串都是 Unicode 字符串。

本 章 小 结

表达式是计算机程序的组成部分，它用于表示值。举例来说，2+2 是表达式，表示数值 4。简单的表达式是通过使用运算符（如+或者%）和函数（如 pow）对字面值（比如 2 或者“Hello”）进行处理而构建起来的。通过联合简单的表达式可以建立更加复杂的表达式（如(2+2) × (3−1)）。表达式也可以包含变量。

变量是一个名字，它表示某个值。通过 x=2 这样的赋值可以为变量赋予新的值。赋值也是一类语句。

语句是告诉计算机做某些事情的指令。它可能涉及改变变量（通过赋值）、向屏幕输出内容（如

print "Hello, world!")、导入模块或者其他大量复杂的操作。

Python 中的函数就像数学中的函数：它们可以带有参数，并且返回值。

模块是扩展，它可以导入 Python 中，从而扩展 Python 的功能。例如，math 模块提供了很多有用的数学函数。

练 习 题

一、判断题

1. 在 Python 语言中，一切皆对象。（ ）
2. 一个汉字在 Python 语言中的长度是一个字。（ ）
3. 浮点数有表达数据的范围，而整数没有表达数据的范围。（ ）
4. 数字的表达范围与数字的数据精度不是一回事。（ ）
5. Python 是一种跨平台、开源、免费的高级动态编程语言。（ ）
6. 在 Windows 平台上编写的 Python 程序无法在 UNIX 平台运行。（ ）
7. Python 变量使用前必须先声明，并且一旦声明就不能在当前作用域内改变其类型。（ ）
8. Python 不允许使用关键字作为变量名，允许使用内置函数名作为变量名，但这会改变函数名的含义。（ ）
9. Python 变量名必须以字母或下画线开头，并且区分字母大小写。（ ）
10. 加法运算符可以用来连接字符串并生成新字符串。（ ）
11. 3+4j 不是合法的 Python 表达式。（ ）
12. pip 命令也支持扩展名为.whl 的文件直接安装 Python 扩展库。（ ）
13. 在 Python 中 0xad 是合法的十六进制数字表示形式。（ ）
14. Python 代码的注释只有一种方式，那就是使用#符号。（ ）
15. Python 使用缩进来体现代码之间的逻辑关系。（ ）

二、简答题

1. Python 中的注释是什么，如何表示注释，有何作用?
2. 设置转义字符的意义何在?
3. 为什么应尽量从列表的尾部进行元素的增加与删除操作?

三、填空题

在 Python 中，字典和集合都是用一对大括号作为定界符，字典的每个元素由两部分组成，即____键和______值，其中______键不允许重复。

PART03

第3章 条件、循环和其他语句

引例

现实生活与工作中，经常可能会遇到这样的问题：需要统计某次考试各个分数段的学生人数。例如，优秀（85 分以上）、及格（60 分以上）和不及格（60 分以下）的学生人数各是多少。

为解决这类问题，首先需要判断优秀、及格和不及格的不同情况，这里要用到条件语句；还需要遍历每个学生的分数，从中分出优秀、及格和不及格的不同情况后，再对每一种情况的人数进行累加统计，需要用到循环语句。

本章主要学习几种语法结构。在深入介绍条件语句和循环语句之前，先来介绍几种基本语句（print 语句、赋值语句等）。

3.1 print 语句的应用

print 语句用于输出一些提示性语句或者结果。用 print()在括号中加上字符串或变量，就可以向屏幕上输出指定的文字或变量值。

例如：

```
>>> a="Hello"
>>>print(a)
Hello
```

事实上，在 Python 中打印输出变量 a 有以下几种方法。

（1）直接使用 print(a)，如上面例子所示。

（2）在 IDLE 里面直接输入 a,例如：

```
>>> a="Hello"
>>>a
```

```
'Hello'
```

可以看到字符串会连同单引号一起输出。

（3）在输入 a 之后，可以使用下画线再次输出，这里下画线表示最后一个表达式的值，因为 Python 会在后台记录下最后一个表达式。例如：

```
>>> a="Hello"
>>> _
'Hello'
```

但是，如果中间隔了一个其他不是表达式的命令，它会直接报错。例如：

```
>>> a="Hello"
>>>print(a)
Hello
>>> _
Traceback (most recent call last):
  File "<pyshell#2>", line 1, in <module>
    _
NameError: name '_' is not defined
```

使用 print 函数时，也可以在语句中添加多个表达式，每个表达式用逗号分隔；在用逗号分隔输出时，print 语句会在每个输出项后面自动添加一个空格。

例如：

```
>>> a="Hello"
>>> b="World"
>>>print(a,",",b)
Hello , World
```

如果想去掉“Hello”和“,”之间的空格，可以使用连接符‘+’。

即：

```
>>>print(a+",",b)
Hello, World
```

print 还可以使用各种格式控制输出显示的格式。

例如：

```
>>>pi=3.1415926
>>>print('%10.3f' % pi)
     3.142
>>>print("%s is circumference ratio" % pi)
3.1415926 is circumference ratio
```

3.2 赋值语句

赋值语句是任何程序设计语言中最基本的语句。赋值语句的作用是计算赋值号“=”右边表达式的值，然后把计算结果赋给左边的变量。

赋值号用“=”表示，关系运算符用“==”表示，注意加以区分。如：

```
if a==b:
    c=d
```

3.2.1 序列解包

Python 有一种一次给多个变量赋值的方法，称为序列解包（sequence unpacking）。使用这种方式赋值，只需要一个表达式就可以完成多个变量赋值操作，可以使操作变得简单。

例如：

```
>>>x, y, z = 1, 2, 3
>>>print(x,y,z)
1 2 3
```

使用这种方式赋值，也可以方便地用于两个变量交换。

例如：

```
>>>x,y=1,2
>>>x,y=y,x
>>>print(x,y)
2 1
```

当函数或者方法返回元组（或者其他序列或可迭代对象）时，这个特性尤其有用。请在后面的学习中关注该用法。

3.2.2 链式赋值

链式赋值就是同时将一个值赋给多个变量。

例如：

```
>>> x=y=z=1   #同时给x,y,z赋值1
>>>x
1
>>>y
1
>>>z
1
```

3.2.3 增量赋值

增量赋值，也就是自增或者自减等操作。基本操作如下。

增强赋值语句	等价于语句
x+=y	x = x+y
x-=y	x = x-y
x*=y	x = x*y
x/=y	x = x/y

还有其他类似结构：$x\&=y$、$x|=y$、$x\hat{}=y$、$x\%=y$、$x>>=y$ $x<<=y$、$x**=y$ 与 $x//=y$ 等。

3.3 代码块与缩进

对于编译型语言，如 Java、C、C++、Delphi 等，缩进对于编译器来说没有任何的意义，它只是使得代码更加容易理解。但是对于解释性语言 Python，不能用括号来表示语句块，也不能用开始、结束标志符来表示，而是靠缩进来表示代码的逻辑。在 Python 中行首的空白称为缩进。在逻辑行首的空白（空格和制表符）用来决定逻辑行的缩进层次，从而用来决定语句的分组。这意味着同一层次的语句必须有相同的缩进。有相同的缩进的代码表示这些代码属于同一代码块。

例如，

代码 1：

```
if a<b:
    print(a)
    print(b)
```

代码 2：

```
if a<b:
    print(a)
print(b)
```

以上代码 1 和代码 2 执行的结果不一定是一样的。只有在 $a<b$ 这个条件成立的情况下，代码 1 中才输出打印 a 和 b；而在代码 2 中无论 $a<b$ 这个条件是否成立，都会输出打印 b，因为 print(b) 这个语句没有缩进，是不受“if $a<b$”这个条件限制的。

3.4 条件语句

Python 中用 if 语句来判断其后面的条件语句是否为真，如果为真，执行 if 后面的语句块，否则不执行。

（1）每个条件后面都要使用冒号（:），表示接下来是满足条件后要执行的语句块。
（2）使用缩进来划分语句块，相同缩进数的语句在一起组成一个语句块。
（3）在 Python 中没有 switch-case 语句。

3.4.1 布尔变量

某一个变量对应的值为布尔值时，称为布尔变量。布尔变量通常用于判定某个条件是否为真。布尔值对应真值和假值。下面列出常见的对应真值和假值的情况

（1）真值：True，所有的非空值。

（2）假值：False，None，所有类型的数字 0，空序列，空字典。

3.4.2 if 语句

最简单的 if 语句形式如下。

```
if 条件表达式:
语句块                #注意语句块的缩进
```

【例 3-1】已知两个整数 x 和 y，按从小到大的顺序输出这两个数的值。

分析：比较两个整数 x 和 y 的大小，如果 x 比 y 小，输出 x,y；反之，则输出 y,x

参考代码：

```
1.  x,y=1,2
2.  if x<y:
3.      print(x,y)  #注意这里要缩进
4.  if x>y:
5.      print(y,x)  #注意这里要缩进
```

思考：如果 x 大于 y，可以互换二者的值，使得 x 小于 y。这样最后直接按 x, y 输出就可以从小到大排列了。代码如下：

```
1.  x,y=1,2
2.  if x>y:
3.      x,y=y,x     #互换x,y的值，注意这里要缩进
4.  print(x,y)      #注意这里没有缩进
```

进一步：如果有三个整数 x, y, z，要求由小到大输出。除了可以用以上方法之外，还可以将输入的数字放置到列表或者元组中，执行排序即可。

```
1.  x=int(input('请输入第一个数字：',))
2.  y=int(input('请输入第二个数字：',))
3.  z=int(input('请输入第三个数字：',))
4.  a=[x,y,z]
5.  a.sort()
6.  print (a[0],a[1],a[2])
```

3.4.3 else 子句

之所以称为子句，是因为 else 必须跟在 if 语句后面，而不能单独使用。其语句形式如下。

```
if 条件表达式1：
    语句块1
else:
    语句块2
```

该语句的作用是当表达式 1 的值为 True 时，执行语句块 1；否则执行 else 后面的语句块 2。

上面【例 3-1】的程序可以改写成以下形式。

```
1.  x,y=1,2
2.  if x<y:
3.      print(x,y)
4.  else:
5.      print(y,x)
```

3.4.4 elif 子句

如果需要更多的判断，可以使用 elif（elif 是 else if 的缩写）。因此，更常见的条件语句的形式如下。

```
if 条件表达式1：
    语句块1
```

```
elif 条件表达式2：
    语句块2
elif 条件表达式m：
    语句块m
else：
    语句块n
```

该语句的作用是根据表达式的值确定执行哪个语句块。if 语句执行有个特点，它是从上往下判断，如果在某个判断上是 True，则执行判断对应的语句后，就忽略剩下的 elif 和 else。

【例 3-2】 输入一个整数 *n*，判断该数是正数、负数还是零。

分析：这里 *n* 可能是正数、负数或者零，因此涉及多种情况的判断，这里需要用到 if…elif…else 语句。

参考代码：

```
1.   n=input("Please enter a number:")
2.   n=int(n)#input()返回的数据类型是str，int函数用于将一个字符串型数字转换为整型
3.   if n>0:
4.       print("%d is a positive number"%n)
5.   elif n<0:
6.       print("%d is a negative number"%n)
7.   else:
8.       print("%d is a zero"%n)
```

运行结果：

```
>>>
Please enter a number:4
4 is a positive number
>>> ====================RESTART =================
>>>
Please enter a number:0
0 is a zero
>>> ====================RESTART =================
>>>
Please enter a number:-6
-6 is a negative number
>>>
```

【例 3-3】 BMI 指数（Body Mass Index）是目前国际上常用来衡量人体胖瘦程度以及是否健康的一个标准。小明身高 1.75m，体重 80.5kg。请根据 BMI 公式（体重公斤数除以身高米数的平方）计算他的 BMI 指数，并根据 BMI 指数判断并打印结果。

低于 18.5：过轻

18.5～25：正常

25～28：过重

28～32：肥胖

高于 32：严重肥胖

分析：首先需要根据身高体重计算出 BMI 指数；然后根据 BMI 指数的范围判断并输出相应的结果。这里显然涉及多种情况的判断，需要用到 if…elif…else 语句。

参考程序：

方法一：

```
1.    height=1.75
2.    weight=80.5
3.    bmi=weight/height**2
4.    print("BMI指数",bmi)
5.    if bmi<18.5:
6.        print("体重过轻")
7.    elif bmi>=18.5 and bmi<25:   #注意，这里也可以写成18.5<=bmi<25
8.        print("体重正常")
9.    elif  25 <=bmi<28:
10.       print("体重过重")
11.   elif bmi>=28 and bmi<32:
12.       print("过于肥胖")
13.   else:
14.       print("严重肥胖")
```

将以上脚本保存在 bmi.py 文件中，并执行该脚本，得到以下运行结果：

```
BMI指数 26.285714285714285
体重过重
```

进一步思考：如果将判定条件改写为以下两种形式，方法二和方法三是否正确？

方法二：

```
1.    if bmi<18.5:
2.        print("体重过轻")
3.    elif bmi<25:
4.        print("体重正常")
5.    elif bmi<28:
6.        print("体重过重")
7.    elif bmi<32:
8.        print("过于肥胖")
9.    else:
10.       print("严重肥胖")
```

方法三：

```
1.    if bmi>18.5:
2.        print("体重正常")
3.    elif bmi>25:
4.        print("体重过重")
5.    elif bmi>28:
6.        print("过于肥胖")
7.    elif bmi>=32:
8.        print("严重肥胖")
9.    else:
10.       print("体重过轻")
```

3.4.5 嵌套条件语句

在 if 条件语句中又包含一个或多个 if 条件语句称为嵌套条件语句。一般形式如下：

if 条件表达式 1：

通常在 if 判断后，还需要进一步进行判断就可以使用嵌套语句的形式。书写时要注意同一层的嵌套缩进对齐。

【例 3-4】 写一程序，判断某一年是否闰年。

闰年的条件是：(1) 能被 4 整除，但不能被 100 整除的年份都是闰年，如 1996 年、2004 年是闰年；(2) 能被 100 整除，又能被 400 整除的年份是闰年；如 2000 年是闰年。不符合这两个条件的年份不是闰年。

分析：这里引入一个变量 flag 来代表是否闰年的信息。若是闰年，令 flag=1；不是闰年，令 flag=0。最后判断 flag 是否为 1，若是，则输出"闰年"信息。

参考代码：

```
1.  y=int(input("请输入年份："))
2.  if y%4==0:
3.      if y%100==0:
4.          if y%400==0:
5.              flag=1
6.          else:
7.              flag=0
8.      else:
9.          flag=1
10. else:
11.     flag=0
12. if flag==1:
13.     print(y,"is leap year")
14. else:
15.     print(y,"is not leap year")
```

运行结果：

```
>>>
请输入年份： 2017
2017 is not leap year
>>> ============== RESTART ===================
>>>
请输入年份： 2000
2000 is leap year
>>>===================RESTART =================
>>>
请输入年份： 1996
1996 is leap year
>>>
```

3.5 循环语句

计算机可以按规定的条件，重复执行某些操作。例如，要输入全校学生成绩；求若干数之和；迭代求根等。这类问题都可以通过循环来实现。Python 中的循环语句有 while 和 for 两种形式。

引例：求 1+2+3+…+10000 的和。

思考：要计算 1+2+3，我们可以直接写表达式：

```
>>> 1 + 2 + 3
6
```

要计算 1+2+3+...+10，勉强也能写出来。

但是，要计算 1+2+3+...+10000，直接写表达式就不可能了。为了让计算机能计算成千上万次的重复运算，我们就需要循环语句。

3.5.1 while 循环

Python 中 while 语句的一般形式如下。

while 判断条件：

```
    statements
```

用 while 循环实现计算 1+2+3+⋯+10000 的和，代码如下：

```
1.  n=1
2.  sum=0
3.  while(n<=10000):
4.      sum+=n
5.      n+=1
6.  print(sum)
```

【例 3-5】 用 $\frac{\pi}{4}=1-\frac{1}{3}+\frac{1}{5}-\frac{1}{7}+\ldots$ 公式求 π 的近似值，直到某一项的绝对值小于 10^{-6} 为止。

分析：先要想办法表示出公式中的通项。观察每一项的规律，可以看出分子为 1，分母为递增的奇数 1、3、5、7，同时每一项是正负号交错。

参考代码：

```
1.  pi=0
2.  a=1
3.  n=1
4.  while abs(a)>=10** (-6):
5.      pi+=a
6.      a=(-1) **n/(2*n+1)
7.      n+=1
8.  print("pi=",4*pi)

运行结果为：pi= 3.141590653589692
```

【例 3-6】 求两个整数 m 和 n 的最大公约数。

求最大公约数可以用辗转相除法，该方法是古希腊数学家欧几里得在公元前 4 世纪给出的。该算法的思想是：

① 对于已知两数 m,n，使得 $m>n$；

② m 除以 n 得余数 r；

③ 若 $r\neq 0$，则令 $m\leftarrow n$，$n\leftarrow r$，继续相除得新的 r；直到 $r=0$ 求得最大公约数，结束。

参考代码：

```
1.    m=int(input("m="))
2.    n=int(input("n="))
3.    m1=m #为了不改变m,n的初值，这里引入m1,n1方便后面的交换及辗转相除
4.    n1=n
5.    if m1<n1:
6.        m1,n1=n1,m1 #保证m1>n1
7.    r=m1%n1
8.    while r!=0:
9.        m1=n1
10.       n1=r
11.       r=m1%n1
12.   print(m,n,"的最大公约数是",n1)
```

运行结果：

```
>>>
m=12
n=8
12 8 的最大公约数是 4
```

3.5.2 for 循环

for 循环可以遍历任何序列的项目，如一个列表或者一个字符串。for 循环的一般形式如下。

```
for<variable> in <sequence>:
    <statements>
else:
    <statements>
```

用 for 循环实现计算 1+2+3+…+10000 的和，代码如下：

```
1.    sum=0
2.    for n in range(1,10001):    #range(1,10001)用于生成1到10001（不包括10001）的整数
3.        sum+=n
4.    print(sum)
```

说明：

Python 内置 range()函数能返回一系列连续增加的整数。range 函数大多数时常出现在 for 循环中，在 for 循环中可作为索引使用。

函数原型：range(start,end,scan):

参数含义如下。

start:计数从 start 开始。默认是从 0 开始。例如，range（5）等价于 range（0,5）。

end:计数到 end 结束，但不包括 end。例如，range（0,5）是[0, 1, 2, 3, 4]没有 5。

scan：每次跳跃的间距，默认为 1。例如，range（0,5）等价于 range(0, 5, 1)。

【例 3-7】 输出所有的“水仙花数”。所谓“水仙花数”是指一个 3 位数，其各位数字立方和等于该数本身。例如，153 是一个水仙花数，因为 $153=1^3+5^3+3^3$。

分析：如何从一个 3 位数中提取各位数字是关键。这里借助%（取模 - 返回除法的余数）和//（取整除 - 返回商的整数部分）来完成。

参考代码：

```
1.    for i in range(100,1000):
2.        a=i%10 #个位数
3.        b=i//10%10 #十位数
4.        c=i//100 #百位数
5.        if(i==a**3+b**3+c**3):
6.            print(i)
```

运行结果：

```
>>>
153
370
371
407
>>>
```

【例 3-8】 判断 m 是否素数。

分析：判断素数的算法是：让 m 被 2 到 $\sqrt{m}$ 除，如果 m 能被 2 到 $\sqrt{m}$ 之间任何一个整数整除，则由此可以判断 m 不是素数；如果 m 不能被 2 到 $\sqrt{m}$ 之间任何一个整数整除，则可以判断 m 是素数。这里引入一个变量 prime 来代表是否素数的信息。若是素数，令 prime=1；不是素数，令 prime=0。最后判断 prime 是否为 1，若是，则输出“素数”信息。

参考代码：

```
1.    import math
2.    #由于程序中要用到sqrt() 方法返回数字x的平方根，sqrt()是不能直接访问的，需要导入math模块，通过静态对象调用
该方法
3.    m=int(input("输入一个数m："))
4.    n=int(math.sqrt(m))
5.    prime=1
6.    for i in range(2,n+1):
7.        if m%i==0:
8.            prime=0
9.    if(prime==1):
10.       print(m,"是素数")
11.   else:
12.       print(m,"不是素数")
```

运行结果：

```
>>>
输入一个数m：12
12 不是素数
>>>=====================RESTART=================
>>>
输入一个数m：23
23 是素数
>>>
```

3.5.3 Python 循环嵌套

Python 语言允许在一个循环体里面嵌入另一个循环。

Python for 循环嵌套语法：

```
for iterating_var in sequence:
    for iterating_var in sequence:
        statements(s)
    statements(s)
```

Python while 循环嵌套语法：

```
while expression:
    while expression:
        statement(s)
    statement(s)
```

【例 3-9】用循环的嵌套完成【例 3-7】。

分析：由于水仙花数是一个 3 位数，用 a,b,c 分别表示这个三位数的个位、十位和百位。个位数的范围是 0~9；十位数的范围是 0~9；百位数的范围是 1~9，然后可以用三层 for 循环嵌套实现。

参考程序：

```
1.  for a in range(10): #个位数的范围是0~9
2.      for b in range(10): #十位数的范围是0~9
3.          for c in range(1,10): #百位数的范围是1~9
4.              if(a+10*b+100*c==a**3+b**3+c**3):
5.                  print(a+10*b+100*c)
```

3.5.4 跳出循环（break 与 continue）

在循环中，有时候可以用 break 或 continue 来提前跳出循环，即循环条件没有满足 False 时或者序列还没被完全递归完，也会停止执行循环语句。其中，continue 语句用于跳出本次循环，而 break 用于跳出整个循环。流程图分别如图 3-1 所示。

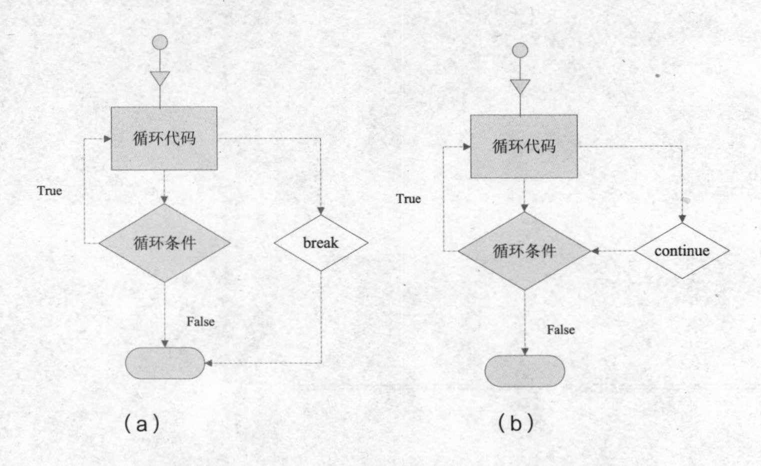

图 3-1 break 与 continue 流程图

以上求素数的程序中，只要在 2~$\sqrt{m}$ 之间找到一个能被 m 整除的数，就可以退出循环，直接判定该数为素数。这样可以减少循环次数，提高程序的运行效率。因此，改写以下程序段：

```
1.  for i in range(2,n+1):
2.      if m%i==0:
3.          prime=0
4.          break       #增加这一句，退出循环
```

例如，将 100~200 不能被 3 整除的数输出。

```
1.  for i in range(100,200):
2.      if(i%3==0):
3.          continue
4.      print(i)
```

当 i 能被 3 整除时，执行 continue 语句，结束本次循环（即跳过 print 语句），只有 i 不能被 3 整除时才执行 print 语句。

当然，该题中循环体也可以改为：

```
1.  if i%3!=0:
2.      print(i)
```

在程序中使用 continue 语句是为了说明 continue 语句的作用。

3.5.5 循环中的 else 子句

在 Python 中，for...else 表示这样的意思：for 中的语句和普通的没有区别，else 中的语句会在循环正常执行完（即 for 不是通过 break 跳出而中断的）的情况下执行，while … else 也是一样。

【例 3-10】输出 10～30 之间的所有素数。

分析：这里用 for ... else 子句来完成。

参考代码：

```
1.  print('10-30之间的素数是: ')
2.  for num in range(10,31):  # 迭代 10 到 30 之间的数字
3.      for i in range(2,num): # 根据因子迭代
4.          if num%i == 0:      # 确定第一个因子
5.              break             # 跳出当前循环
6.      else:                   # 循环的 else 部分
7.          print(num)
```

运行结果：

```
>>>
10-30之间的素数是:
11
13
17
19
23
29
>>>
```

3.5.6 综合应用

【例 3-11】 输入行数（必须是奇数，例如输入行数“7”），输出类似以下有规律的图形：

```
   *
  ***
 *****
*******
 *****
  ***
   *
```

分析：观察图形的规律，可以看出图形由上下两个三角形组成：以中间行（第 4 行）为界，上半部分（1~4 行）是一个正立的三角形，每行打印“*”的个数及打印“*”前的空格数与行数有一定关系；下半部分（4~7 行）是一个倒立的三角形。

参考程序：

```
1.  rows = int(input('输入行数（奇数）：'))
2.  if rows%2!=0:
3.      for i in range(0, rows//2+1):
4.          for j in range(rows-i,0,-1):
5.              print(" ",end='')
6.          for k in range(0, 2 * i + 1):
7.              print("*",end='')
8.          print("")
9.      for i in range(rows//2,0,-1):
10.         for j in range(rows-i+1,0,-1):
11.             print(" ",end='')
12.         for k in range(2*i-1,0,-1):
13.             print("*",end='')
14.         print("")
```

运行结果：

```
>>>
输入行数（奇数）：5
      *
     ***
    *****
     ***
      *
>>>
```

【例 3-12】 猜数字游戏，包含以下功能。

（1）由程序取随机数。

（2）用户输入数字猜数。

（3）程序根据输入判断大小，然后给出相应提示。

（4）用户不断尝试，直到猜中或者猜中的次数大于预设值的次数。

（5）如果猜中，玩家获胜；猜错了，重来，最多只能猜6次。

分析：该题主要是将随机数产生、if条件语句、循环语句等综合应用。

参考代码：

```
1.  import  random
2.  secret=random.randint(1,100)#生成随机数
3.  #print (secret)
4.  time=6#猜数字的次数
5.  guess=0#输入的数字
6.  minNum=0#最小随机数
7.  maxNum=100#最大随机数
8.  print("----------欢迎来到猜数字的地方，请开始----------")
9.  while guess!=secret and time>=0:#条件
10.     guess=int(input("*数字区间0-100，请输入你猜的数字:"))
11.     print("你输入数字是：",guess)
12.     if guess==secret:
13.         print("猜对了，真厉害")
14.     else:
15. #当不等于的时候，还需要打印出相应的区间，让用户更容易使用
16.     if guess<secret:
17.         minNum=guess
18.         print("你的猜数小于正确答案")
19.         print("现在的数字区间是：",minNum,"-",maxNum)
20.     else:
21.         maxNum=guess
22.         print("你的猜数大于正确答案")
23.         print("数字区间是：",minNum,"-",maxNum)
24.         print("太遗憾了，你猜错了，你还有",time,"次机会")
25.     time-=1
26. print("游戏结束")
```

运行结果：

```
>>>
----------欢迎来到猜数字的地方，请开始----------
*数字区间0-100，请输入你猜的数字:66
你输入数字是： 66
你的猜数小于正确答案
现在的数字区间是： 66 - 100
太遗憾了，你猜错了，你还有 6 次机会
*数字区间0-100，请输入你猜的数字:88
你输入数字是： 88
你的猜数小于正确答案
```

```
现在的数字区间是： 88 - 100
太遗憾了，你猜错了，你还有 5 次机会
*数字区间0-100，请输入你猜的数字:95
你输入数字是： 95
你的猜数小于正确答案
现在的数字区间是： 95 - 100
太遗憾了，你猜错了，你还有 4 次机会
*数字区间0-100，请输入你猜的数字:98
你输入数字是： 98
你的猜数大于正确答案
数字区间是： 95 - 98
太遗憾了，你猜错了，你还有 3 次机会
*数字区间0-100，请输入你猜的数字:96
你输入数字是： 96
你的猜数小于正确答案
现在的数字区间是： 96 - 98
太遗憾了，你猜错了，你还有 2 次机会
*数字区间0-100，请输入你猜的数字:97
你输入数字是： 97
猜对了，真厉害
游戏结束
>>>
```

本章小结

赋值、条件、循环等语句是程序中应用非常广泛的基本语句，需要熟练掌握。赋值语句有序列解包、链式赋值、增量赋值等方式，视具体情况选用不同的赋值方式。print 语句用于一些提示性语句或者结果的输出。条件语句用 if 语句来判断其后面的条件语句是否为真，如果为真，执行 if 后面的语句块，否则继续判断 elif 后面的条件，所有条件都不满足的情况下执行最后的 else 语句（如果有该语句的话）。循环语句用于执行一些需要重复的命令，有 while 和 for 两种形式。range 函数时常出现在 for 循环中，在 for 循环中可作为索引使用。

以上语句的书写要注意代码块的缩进。因为对于解释性语言 Python，不能用括号来表示语句块，也不能用开始/结束标志符来表示，而是靠缩进来表示代码的逻辑。同一层次的语句必须有相同的缩进。有相同的缩进的代码表示这些代码属于同一代码块。

练 习 题

一、选择题

1. 执行下列语句后的显示结果是什么？（　　）

```
>>>world="world"
```

```
>>>print("hello"+world)
```

A. helloworld　　B. “hello” world
C. hello world　　D. 语法错

2. 以下哪项是不合法的布尔表达式？（　　）

A. x in range(6)　　B. 3=a
C. e>5 and 4==f　　D. (x−6)>5

3. 设有如下程序段：

```
li=['alex','eric','rain']
print(len(li))
```

程序运行后，输出结果为（　　）。

A. 3　　B. 12　　C. 4　　D. 18

4. 设有如下程序段：

```
sum = 0
n = 0
for i in range(1,5):
    x = n / i
    n = n + 1
sum = sum + x
```

该程序通过 for 循环计算一个表达式的值，这个表达式是（　　）。

A. 1+1/2+2/3+3/4　　B. 1/2+2/3+3/4
C. 1/2+2/3+3/4+4/5　　D. 1+1/2+1/3+1/4+1/5

5. 设有如下程序段：

```
i=2
total_1=0
total_2=0
while i<=10:
if i%2==0:
        total_1+=i
else:
total_2+=-i
    i+=1
total=total_1+total_2
print(total)
```

程序运行后，输出结果为（　　）。

A. 5　　B. 6　　C. 7　　D. 8

二、简答题

1. 简要说明循环中 break 和 continue 的作用。分析以下程序的功能，并说明此程序段中 break 语句的作用。

```
count=0
while True:
    username = input("username:")
```

```
    passwd = input("passwd:")
    if username=="seven" and passwd=="123":
        print("登录成功！")
        break
    count += 1
    if count==3:
        print("登录失败！")
break
```

2. 简述 Python 语句代码缩进的书写原则，并分析以下两段代码输出的异同。

代码段 1：

```
sum=0
for i in range(10):
    sum+=i
print(sum)
```

代码段 2：

```
sum=0
for i in range(10):
    sum+=i
print(sum)
```

3. 以下代码段用于判断 1、2、3、4 四个数字能组成多少个互不相同且无重复数字的三位数。请分析该代码并指出其中可能存在的错误，同时改正之。

```
for i in range(1,4):
    for j in range(1,4):
        for k in range(1,4):
        if( i!=j!=k):
                print i,j,k
```

4. 分析以下程序段输出的结果：

```
i = 1
while i + 1:
    if i > 4:
        print("%d\n"%i)
      i+=1
        break
print("%d\n"%i)
    i+=1
    i+=1
```

5. 企业发放的奖金根据利润提成。利润（I）低于或等于 10 万元时，奖金可提 10%；利润高于 10 万元，低于 20 万元时，低于 10 万元的部分按 10%提成，高于 10 万元的部分，可提成 7.5%；20 万到 40 万之间时，高于 20 万元的部分，可提成 5%；40 万到 60 万之间时高于 40 万元的部分，可提成 3%；60 万到 100 万之间时，高于 60 万元的部分，可提成 1.5%，高于 100 万元时，超过 100 万元的部分按 1%提成，从键盘输入当月利润 I，求应发放奖金总数。

6. 利用条件运算符的嵌套来完成此题：学习成绩≥90 分的同学用 A 表示，60～89 分的用 B 表示，60 分以下的用 C 表示。

7. 输入一行字符，分别统计出其中英文字母、空格、数字和其他字符的个数。

8. 有一分数序列：2/1，3/2，5/3，8/5，13/8，21/13...求出这个数列的前 20 项之和。

9. 给一个不多于5位的正整数，要求：(1) 求它是几位数，(2) 逆序打印出各位数字。

10. 编写程序，找出7的倍数中十位数为2的所有3位数。

11. 编写程序用print语句输出2000年至2500年间的所有闰年，要求每行输出8个。

12. 编写程序解决爱因斯坦台阶问题：有人走一台阶，若以每步走两级则最后剩下一级；若每步走三级则剩两级；若每步走四级则剩三级；若每步走五级则剩四级；若每步走六级则剩五级；若每步走七级则刚好不剩。问台阶至少共有多少级？

13. 我国有13亿人口，如果按人口年增长0.8%计算，多少年后将达到26亿？

14. 输入一个数，判断其是否是素数（素数，是指只能被1和自己整除的数），试编程实现。

15. 编程实现求1~1000中所有的素数并打印，要求每行打印10个元素。

16. 输入3个数a,b,c，按大小顺序输出。

实 战 作 业

1. 输入两个正整数 m 和 n，求其最小公倍数。

提示：参考下图求最小公倍数的算法。最小公倍数为 m 和 n 的乘积除以 m 和 n 的最大公约数

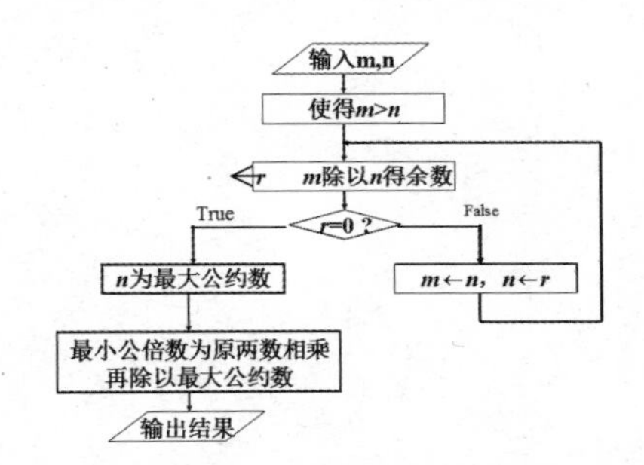

2. 求1!+2!+3!+…+20!

3. 斐波那契数列（Fibonacci sequence），又称黄金分割数列、因数学家列昂纳多·斐波那契（Leonardoda Fibonacci）以兔子繁殖为例而引入，故又称为“兔子数列”，指的是这样一个数列：1、1、2、3、5、8、13、21、34……这个数列从第3项开始，每一项都等于前两项之和。在数学上，斐波纳契数列以如下方法定义：

$$F(n)=\begin{cases}0, & n=0\\ 1, & n=1,n=2\\ F(n-1)+F(n-2), & n>2\end{cases}$$

编程输出斐波那契数列的前20项。

4. 一个数如果恰好等于它的因子之和，这个数就被称为“完数”。一个数的因子是指除了该数本身以外能够被其整除的数。例如6是一个完数，因为6=1+2+3。编程找出1000之内的所有完数，并输出其因子。

5. 写程序，输出以下九九乘法表。

```
>>>
1*1=1
1*2=2 2*2=4
1*3=3 2*3=6 3*3=9
1*4=4 2*4=8 3*4=12 4*4=16
1*5=5 2*5=10 3*5=15 4*5=20 5*5=25
1*6=6 2*6=12 3*6=18 4*6=24 5*6=30 6*6=36
1*7=7 2*7=14 3*7=21 4*7=28 5*7=35 6*7=42 7*7=49
1*8=8 2*8=16 3*8=24 4*8=32 5*8=40 6*8=48 7*8=56 8*8=64
1*9=9 2*9=18 3*9=27 4*9=36 5*9=45 6*9=54 7*9=63 8*9=72 9*9=81
```

6. 输入一系列数字，并求和与求平均数。

要求：（1）可以进行多次输入，并以“0“作为输入结束的标志。

（2）有容错功能，当输入非数字时，提示错误，并可以等待进行下一次的输入。

（3）输入完成后可以进行求和与求平均数，并打印。

PART04

第4章 字符串

引例

字符串在任何编程语言中都是不可或缺的，而且都占有非常重要的地位。为了让大家能从感性上认识到字符串数据的作用，不妨来看看这个简单的例子。当我们在利用 QQ 等通信工具向好友发送消息时，所发送的消息就是由一系列字符串组成的。我们发送的消息会通过服务器中转，然后再发送到目的地。在这个过程中，服务器就是将消息的内容当成字符串来处理的。

上述只是一个简单的字符串应用实例，通过后面部分内容的学习，我们将会逐渐体会到字符串的作用和重要性所在。

在 Python 中，字符串是除数字之外最重要的数据类型。字符串类型是 Python 中一类特殊的数据集对象。字符串无处不在：将字符串输出到屏幕上；从用户的键盘输入读取字符串等。从功能的角度来看，字符串可以被用于实现任何可以作为文本编码的数据：字母、数字和其他特殊符号的集合以及载入读入内存中的文本文件的内容等。

4.1 字符串的基本操作

4.1.1 字符串的表示

我们可以使用两个单引号（'）或两个双引号（"）括起来创建字符串，例如：

```
>>> str='how are you'
>>> print (str)
how are you
>>> str="how are you"
>>> print (str)
```

```
how are you
```

从上述例子可以看出，单引号和双引号的作用是一样的。

另外，在 Python 中还可以使用三引号。三引号的用法是 Python 中特有的语法，三引号中可以输入单引号、双引号或者换行等字符。三引号的形式用来输入多行文本，也就是说在三引号之间输入的内容将被原样保留，之中的单引号和双引号不用转义，其中的不可见字符（比如换行、回车等字符）都会被保留，这样的好处是可以替换一些多行的文本。下面来看一些对比的例子：

```
>>> #单引号中使用双引号
str2='"python"'
>>> #双引号中使用单引号
str3="'python'"
>>> #三单引号
str4='''python'''
>>> #三单引号中间使用双引号
str5='''"python"'''
>>> #三单引号中有换行符
str6='''hello
python'''
>>> #三双引号中有换行符
str7="""hello
python"""
>>> print (str2)
"python"
>>> print (str3)
'python'
>>> print (str4)
python
>>> print (str5)
"python"
>>> print (str6)
hello
python
>>> print (str7)
hello
python
```

结果分析：

（1）单引号中可以使用双引号，中间的会当作字符串输出。

（2）双引号中可以使用单引号，中间的会当作字符串输出。

（3）三单引号和三双引号中间的字符串在输出时保持原来的格式。

4.1.2 索引

字符串对象是一个字符序列。例如，‘how are you’是一个包含 11 个字符的序列（其中的空格也是一个字符）。序列是有顺序的，可以根据字符在序列中的位置将其编号，字符在字符串中的位置称为“索引”。在 Python 中，字符串中的字符是通过索引来提取的，索引从 0 开始。索引可以取负值，表示从末尾提取，最后一个为-1，倒数第二个为-2，即程序认为可以从结束处反向计数。在

Python 中，不仅可以对单个字符建立索引，而且还可以对字符串中的子串建立索引。如图 4-1 所示，字符串 S 为'how are you'。

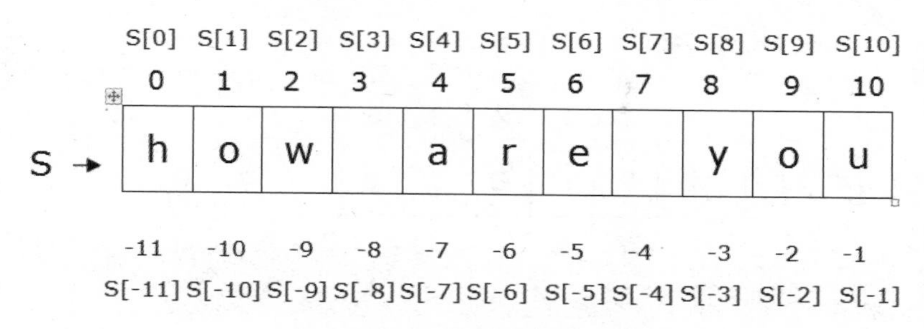

图 4-1 字符串索引

Python 中用索引运算符“[]”来提取字符串中的字符。例如，“how are you”[0]，方括号中的整数指的是字符串中字符的索引，在索引 0 位置的字符指的是字符'h'。Python 也可以从字符串的尾端开始建立索引，计数从-1 开始。图 4-1 中的-1 指的是字符串中的最后一个字符'u'，-2 指的是倒数第二个字符'o'，依次类推。

下面是使用索引的例子，其中还有索引超出字符串范围时出错的情况。若存取范围超过范围的索引位置（或空字符串中的索引位置）会产生 index out of range 异常。

```
>>> s='how are you'
>>> s[0]   #取字符串'how are you'的第1个字符
'h'
>>> s[3]   #取字符串'how are you'的第4个字符
' '
>>> s[5]    #取字符串'how are you'的第6个字符
'r'
>>> s[-1]  #取字符串'how are you'的倒数第一个字符，负索引
'u'
>>> s[-2]  #取字符串'how are you'的倒数第二个字符，负索引
'o'
>>> s[11]     # 索引超出字符串范围
Traceback (most recent call last):
  File "<pyshell#41>", line 1, in <module>
    s[11]
IndexError: string index out of range
```

4.1.3 分片

与使用索引访问单个元素类似，可以使用分片操作来访问一定范围内的元素。分片是实际应用中经常使用的技术，被截取的部分称为“子串”或“子序列”。索引运算符冒号（:）指出子序列的范围。注意，此过程不会改变原来的字符串。

1. 分片格式：S[i:j]

表示选择 S 字符串中从索引位置 *i* 到索引位置 *j*-1 的子序列。

我们还是以上节的字符串'how are you'为例，'how are you'[4:7]选中的是字符串'how are you’中的’are’子序列。Python 采用的是半开区间，半开区间包含范围的起始值，而不包含结束值。因此在‘how are you’[4:7]中，子序列包含原来字符串中位于 4、5 和 6 位置的字符，如图 4-2 所示。

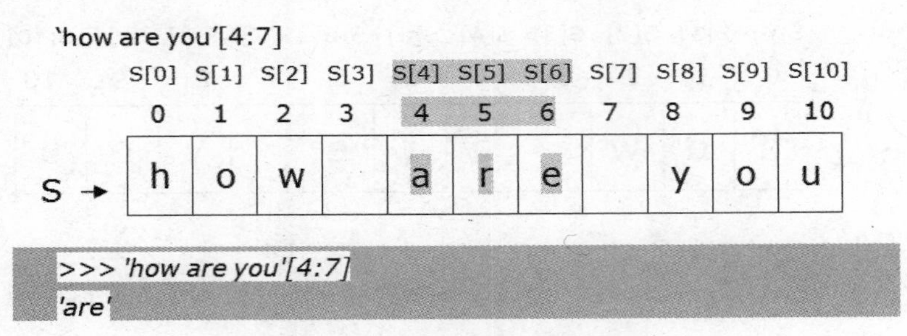

图 4-2　子序列索引分片 1

请看图 4-3 中的示例。'how are you'[4:]表达式指定的子序列从‘how are you’中索引为 4 的位置开始，到字符串结尾处为止。'how are you'[4:11]表达式也能得到同样结果。得到的子序列为’are you’。

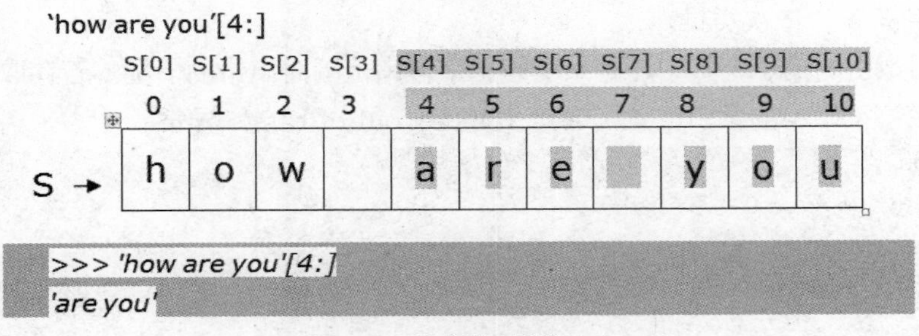

图 4-3　子序列索引分片 2

对比一下图 4-4 中的示例。'how are you'[:4]表达式指定的子序列从‘how are you’中索引为 0 的位置开始，到字符串索引为 4 的位置为止，但不包括索引值为 4 的字符。'how are you'[0:4]表达式也能得到同样结果。得到的子序列为’ how ’。

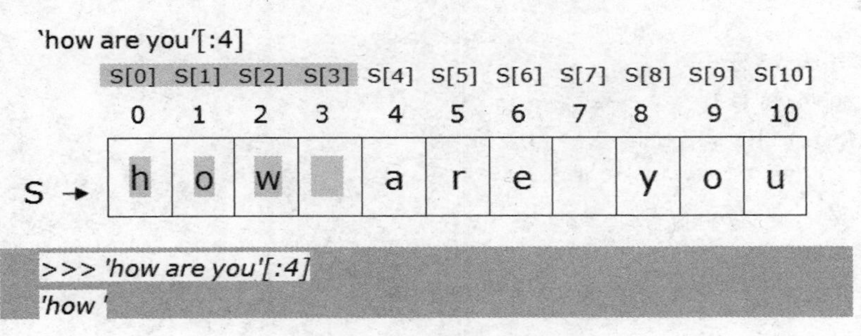

图 4-4　子序列索引分片 3

考虑负分片的例子，'how are you'[-1]表达式指定了原字符串最后一个字符，如图 4-5 所示。

考虑'how are you'[4：-2]，指定的是从原字符串索引为 4 的位置开始，到原字符串倒数第 3 个位置结束的子串，即为’ are y’，如图 4-6 所示。

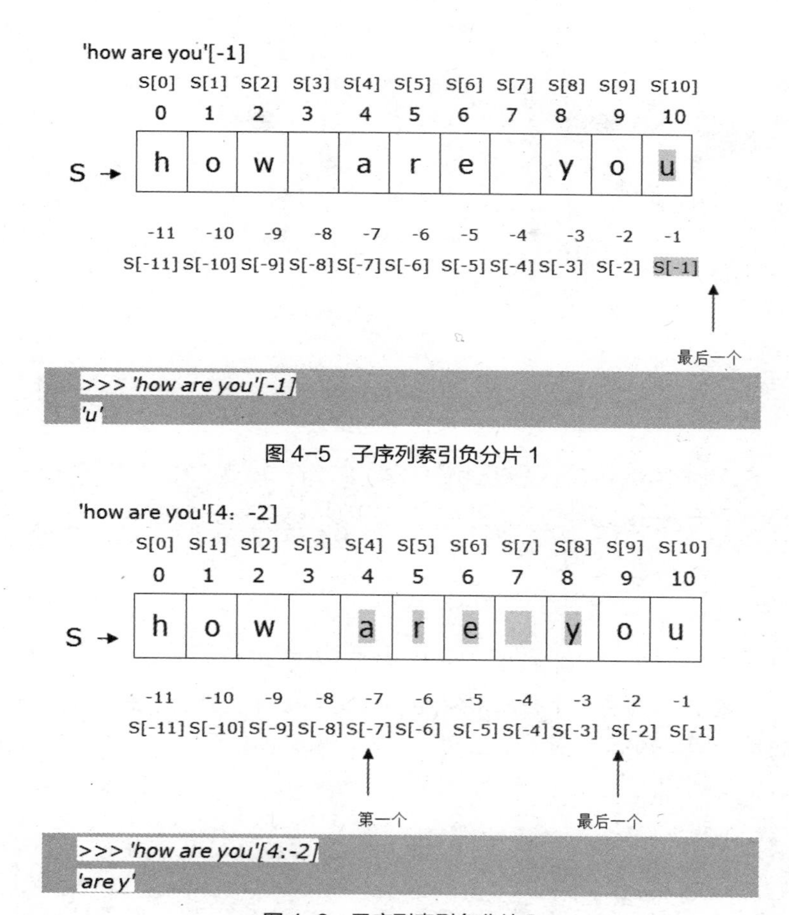

图 4-5　子序列索引负分片 1

图 4-6　子序列索引负分片 2

2. 分片格式：S[i:j:k]

表示选择 S 字符串中的字符，从索引位置 *i* 直到索引位置 *j*-1，每隔 *k* 个字符索引一次，*k* 为步长，默认为 1。若省略 *i*，则表示从起始位置开始索引；若省略 *j*，则表示到结束位置为止。步长值指出了从原字符串中每隔多少个字符就取出值到子串中。也可以使用负数作为步长，步长-1 表示分片将会从右至左进行而不是通常的从左至右，实际效果主是将序列反转。

例如，'how are you'[::2]表达式，表示子串是从原字符串的起始位置开始，到结束位置为止，步长为 2（每隔 1 个元素）。这个表达式得到的新串为'hwaeyu'，如图 4-7 所示。

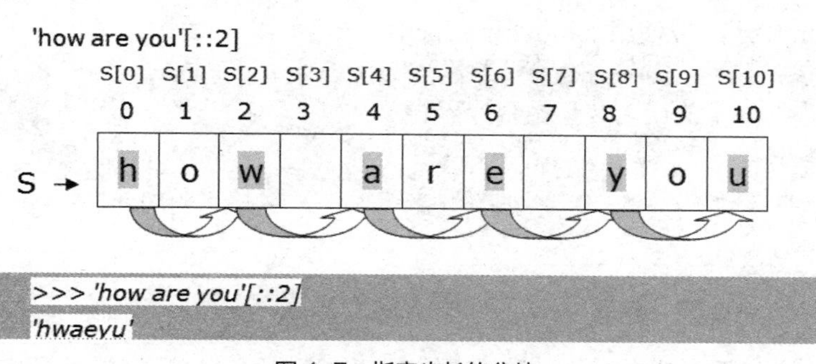

图 4-7　指定步长的分片

更多的例子：

```
>>> 'how are you'[::3]
'h eo'
>>> 'how are you'[::-1]
'uoy era woh'
>>> 'how are you'[::-2]
'uyeawh'
>>> 'how are you'[1:5:2]
'o '
>>> 'how are you'[-2::-2]
'o r o'
```

Python 不支持字符类型；字符会被视为长度为 1 的字符串，因此也被认为是一个子字符串。要访问子串，请使用方括号的切片加上索引或直接使用索引来获取子字符串。

4.1.4 合并

Python 使用“+”连接不同的字符串。“+”运算符需要两个字符串对象，得到一个新的字符串对象。新的字符串对象由前面两个字符串对象连接而成（将第 2 个字符串的开始连接到第 1 个字符串的末尾）。下面是一些示例：

```
>>> str1='Hello'
>>> str2='Guangzhou'
>>> str1+str2
'HelloGuangzhou'
>>> str2+str1
'GuangzhouHello'
>>> str1+' '+str2
'Hello Guangzhou'
```

我们知道“+”运算符也可以作为加法运算符使用。当出现“+”运算符时，Python 是怎么知道该做连接运算还是加法运算呢？答案是操作数的类型决定将执行的运算类型。如果“+”两侧都是字符串类型，则进行连接操作；如果“+”两侧都是数字类型，则进行加法运算；如果“+”两侧是不同的类型，Python 解释器将提示出错。

此外，Python 中还可以使用 join()连接字符串：

```
>>> strs=['Hello ','China ','Hello ','Guangzhou ']   #多个字符串存放在列表中
>>> result=''.join(strs)     #调用join()，依次连接列表中的元素
>>> print (result)
Hello China Hello Guangzhou
```

4.1.5 复制

在 Python 中，我们可以使用重复运算符“*”实现字符串的复制。“*”需要一个字符串对象和一个整数，产生 1 个新的字符串对象。新的字符串对象是由原字符串复制而成，复制的次数为给出

的整数值，而复制字符串时，字符串和整数的顺序无关。下面是一些示例：

```
>>> str='Guangzhou'
>>> str*3          # str 3次复制
'GuangzhouGuangzhouGuangzhou'
>>> 3*str          # str 3次复制
'GuangzhouGuangzhouGuangzhou'
>>> (str+' ') *3
'Guangzhou Guangzhou Guangzhou '
>>> str*str   #复制操作只能1个字符串和1个整数，其他任何类型组合均会报错
Traceback (most recent call last):
  File "<pyshell#83>", line 1, in <module>
    str*str
TypeError: can't multiply sequence by non-int of type 'str'
```

4.1.6 截取

字符串的截取是经常用到的技术。我们可以使用前面介绍的“索引”“切片”来截取字符串获取子串，也可以使用 split()来获取子串。split()的语法如下：

```
split([char][,num])[n]
```

参数 char 表示用于分割的字符，默认的分割字符是空格。参数 num 表示分割的次数。默认情况下，将根据字符 char 在字符串中出现的个数来分割子串。函数的返回值是由子串组成的列表。参数 n 表示取第几个分片。split()就是将一个字符串分裂成多个字符串组成的列表。下面我们来看一个使用 split()获取子串的例子：

```
>>> sentence="Jane said: one, two, three, four"
>>> print (sentence.split())     #使用空格获取子串
['Jane', 'said:', 'one,', 'two,', 'three,', 'four']
```

分析：字符串 sentence 中有 5 个空格，将返回由 6 个子串组成的列表。输出结果为：['Jane', 'said:', 'one,', 'two,', 'three,', 'four'] 。

对比下面示例：

```
>>> sentence="Jane said: one, two, three, four"
>>> print (sentence.split(","))     #使用逗号获取子串
['Jane said: one', ' two', ' three', ' four']
>>> print (sentence.split(",",2))  #使用逗号获取子串，num值为2
['Jane said: one', ' two', ' three, four']
```

分析：上面的例子均是使用逗号获取子串。字符串 sentence 中有 3 个逗号，使用 sentence.split(",")将返回由 4 个子串组成的列表。而 sentence.split(",",2)中的 num 值为 2，含义是将字符串 sentence 根据逗号分割为 3 个子串。

更多的例子：

```
>>> sentence="Jane said: one, two, three, four"
>>> print (sentence.split(",")[2])  #使用逗号获取索引为2的分片
 three
>>> print (sentence.split(",")[0])  #使用逗号获取索引为0的分片
Jane said: one
```

```
>>> print (sentence.split()[0])  #使用空格获取索引为0的分片
Jane
```

4.1.7 比较

1. 使用“==”“! =”“<”“>”运算符

（1）单字符字符串的比较

要比较两个单字符字符串是否相同，使用“==”运算符。如果两个字符相同，则表达式返回真。“! =”运算符用于比较两个字符是否不同。而“<”“>”运算符比较两个字符串的内容则会转化为对应的 ASCII 值之间的比较。请看一些例子：

```
>>> 'a'=='a'    #两个字符相同，返回真
True
>>> 'a'=='A'   #两个字符不相同，返回假
False
>>> 'a'!='A'       # ord(a)=97, ord(A)=65, 97!=65返回真
True
>>> 'a'>'A'         # ord(a)=97, ord(A)=65, 97>65返回真
True
>>> '1'<"2"
True
```

（2）多字符字符串的比较

当字符串中的字符多于 1 个时，比较的过程还是基于字符的 ASCII 值进行。基本思路是：从两个字符串中索引为 0 的位置开始,从左到右同步推进并行检查两个字符串中位于同一个位置的字符。比较位于当前位置的两个单字符。如果两个字符不相等，则返回这两个字符的比较结果作为字符串比较的结果。如果两个字符相等，则继续同步推进，直到找到两个不同的字符或其中一个字符串结束。如果两个字符串到一个字符串结束时都相等，那么较长的字符串更大。特别的，空字符串(‘’)比其他字符串都小，其长度为 0。请看更多的例子：

```
>>> 'abs'<'cde'       #索引位置0的'a'<'c'
True
>>> 'abc'<'abd'       #索引位置2的'c'<'d'
True
>>> 'abc'>'abcd'      # 'abc'都相等，较长的字符串更大
False
>>> ''<'a'            #空字符串比其他字符串都小
True
```

2. 使用 startswith()、endswith()

startswith()声明为： startswith(substr,[start [,end]])

参数 substr 是与源字符串开头部分比较的子串。参数 start 表示开始比较的位置。参数 end 表示比较结束的位置。即在“start : end”范围内搜索子串 substr。如果字符串以 substr 开头，则返回 True，否则返回 False。endswith()的参数与返回值与 startswith()类似，不同的是 endswith()从源字符串的尾部开始搜索。请看示例：

```
>>> str="How are you"
```

```
>>> print (str.startswith("How"))   #比较str的开头部分"How"
True
```

对比下面的例子：

```
>>> str="How are you"
>>> print(str.endswith("you",6))
True
>>> print(str.endswith("you",6,10))
False
>>> print(str.endswith("you",6,len(str)))
True
```

分析：str.endswith("you",6)是从 str 结尾到 str[6]之间搜索子串“you”，输出结果为 True。str.endswith("you",6,10)是从分片 str[6:10]中搜索子串"you"，而 str[6:10]实际上是“e yo”，所以输出结果为 False。str.endswith("you",6,len(str))是从分片 str[6:len(str)] 中搜索子串"you"，len(str)值为 11，输出结果为 True。

startswith()、endswith()不能用于比较源字符串中任意部分的子串。

4.1.8 长度与最值

字符串是一种序列，所有序列都有如下基本操作：求序列长度 len()、返回最大值 max()和返回最小值 min()。如果求单个字符串的最值，那么我们知道每个字符在计算机内都是有 ASCII 编码的，也就是对应着一个数值，max()和 min()就是根据 ASCII 编码值的比较获得其中的最大值和最小值，然后对应出相应的最大字符和最小字符。max()和 min()若用于多个字符串求最值，则要用到前面我们介绍的多字符串比较的知识了。下面，我们来看几个例子：

```
>>> str="HelloWorld"
>>> len(str)              #求字符串str的长度
10
>>> max(str)              #求字符串str中最大的字符
'r'
>>> min(str)              #求字符串str中最小的字符
'H'
>>> max('bcd','fig','abcd','xyz','abab')      #求多个字符串中最大的字符串
'xyz'
>>> min('bcd','fig','abcd','xyz','abab')      #求多个字符串中最小的字符串
'abab'
```

4.1.9 in 运算符

in 运算符用于检查集合的成员，需要两个参数：测试字符串和可能包含测试字符串的字符串。形式如下：

```
str1 in str2
```

如果测试字符串 str1 包含在 str2 中，且测试字符串序列必须完全相同则返回 True，否则返回

False。下面是一个示例：

```
>>> word="China"
>>> 'h' in word
True
>>> 'b' in word
False
>>> 'na' in word
True
>>> 'an' in word      #测试字符串序列不相同
False
```

4.2 字符串格式化

4.2.1 字符串的格式化输出

在 C 语言中 print()、sprintf()格式化输出结果， Python 中字符串的格式化也类似。Python 支持格式化字符串的输出。尽管这样可能会用到非常复杂的表达式，但最基本的用法是将一个值插入一个有字符串格式符%s 的字符串中。先来看一个实例：

```
>>> print ( "My name is %s and weight is %d kg!" % ('Zara', 21) )
My name is Zara and weight is 21 kg!
```

格式化字符串中的信息和其他任何字符串一样进行显示。特殊情况是，用百分号（%）开头的特殊字符序列表明在字符串中出现%的位置，将会做一次替换。用命令结尾处圆括号中的数据来替换%。上面的实例中，用“%s”替代格式化字符串中的字符串，用“%d”替代格式化字符串中的数字（“d”为十进制整数）。格式化指令与数据项，按顺序由左到右进行匹配，第一条格式命令对应第一个数据项，依次类推。字符串的格式化语法如下所示：

```
“%s” % str1
“%s %s… ” % (str1,str2…)
```

如果要格式化多个值，元组中元素的顺序必须与格式化字符串中替代符的顺序一致，否则可能出现类型不匹配的问题。如果将上例中的%s 和%d 调换位置，将抛出如下异常：*TypeError: %d format: a number is required, not str*。

使用%f 可以格式化浮点数的精度，根据指定的精度四舍五入。例子如下：

```
>>> print ("浮点型数字:%f"% 1.23)   #默认情况下输出小数点后6位数字
浮点型数字:1.230000
>>> print ("浮点型数字:%.1f"% 1.23)   #四舍五入后的结果为1.2
浮点型数字:1.2
>>> print ("浮点型数字:%.3f"% 1.2355)   #格式化小数点后3位并四舍五入
浮点型数字:1.236
```

此外，Python 还提供了其他更多格式化的替代符。表 4-1 列出了 Python 格式化字符串的替代符及其含义。

表 4-1　Python 格式化字符串的替代符及其含义

符　号	含　义
%c	格式化字符及其 ASCII 码
%s	格式化字符串
%d	格式化整数
%u	格式化无符号整型
%o	格式化无符号八进制数
%x	格式化无符号十六进制数
%X	格式化无符号十六进制数（大写）
%f	格式化浮点数字，可指定小数点后的精度
%e	用科学计数法格式化浮点数
%E	作用同%e，用科学计数法格式化浮点数
%g	根据值的大小决定使用%f 或%e
%G	作用同%g，根据值的大小决定使用%f 或%e
%p	用十六进制数格式化变量的地址

如果要在字符串中输出“%”，则需要使用“%%”。

4.2.2　宽度和精度

根据需要，我们可以为每个数据项指定字段显示的宽度（即数据占据的空格数）。如果宽度值为正值，则是在指定的宽度内右对齐；若指定了负值，则数据在指定的宽度内左对齐。下面的例子对比显示了没有指定字段宽度和指定字段宽度的两种情况。

```
>>> print("%s is %d years old." %("Ben",30))
Ben is 30 years old.
>>> print("%10s is %-10d years old." %("Ben",30))
       Ben is 30         years old.
```

分析：print("%10s is %-10d years old." %("Ben",30))这一句要求在打印字符串时，字符串“Ben”在 10 个空格的宽度内右对齐，数字 30 在 10 个空格的宽度内左对齐，如图 4-8 所示。

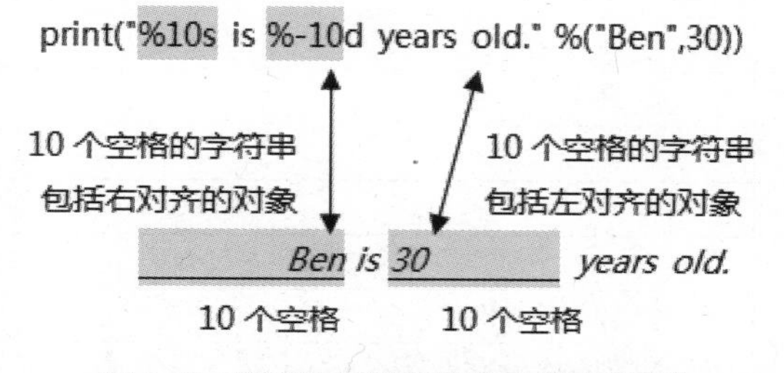

图 4-8　使用宽度描述符进行字符串格式化

另外，我们可以使用“%f”来控制浮点值的小数点右侧的位数，即精度。例如，“%.2f”指在输出时，小数点右边有 2 位数字（采用四舍五入的方法）。对比一下下面的例子。

```
>>> import math
>>> print (math.pi)                    #未指定精度
3.141592653589793
>>> print ("Pi is %.2f" %(math.pi))        #保留小数点后2位
Pi is 3.14
>>> print ("Pi is %8.2f" %(math.pi))  #指定宽度和精度，保留小数点后2位
Pi is       3.14
>>> print ("Pi is %8.4f" %(math.pi))  #指定宽度和精度，保留小数点后4位
Pi is     3.1416
```

4.2.3 字符串转义字符

计算机中存在可见字符和不可见字符。可见字符指的是键盘上的字母、数字和符号。不可见字符指的是换行、回车等字符。对于不可见字符可以使用转义字符来表示。Python 中转义字符的用法和 Java 相同都是使用“\”作为转义字符。下面的例子说明在显示字符时使用“\n”和“\t”的效果。

```
>>> print ("first line \nsecond line")
first line
second line
>>> print ("firstword \tsecondword")
firstword     secondword
```

Python 的制表符只占一个字符，而不是 2 个或 4 个字符的位置。

Python 支持的转义字符如表 4-2 所示。

表 4-2 Python 的转义字符及其含义

符　号	描 述 说 明
\\	反斜线
\’	单引号
\”	双引号
\a	发出系统响铃声
\b	退格符
\n	换行符
\t	横向制表符
\v	纵向制表符
\r	回车符
\f	换页符
\o	八进制数代表的字符
\x	十六进制数代表的字符
\000	终止符，其后的字符串全部忽略

Python 还提供了函数 strip()、lstrip()、rstrip()去除字符串中的转义字符。再来看个例子：

```
>>> str="\thello world\n"
```

```
>>> print ("直接输出:",str)
直接输出:    hello world

>>> print("strip()后输出:",str.strip())
strip()后输出: hello world
>>> print("lstrip()后输出:",str.lstrip())
lstrip()后输出: hello world

>>> print("rstrip()后输出:",str.rstrip())
rstrip()后输出:     hello world
```

分析：print ("直接输出:",str)这一句，直接输出字符串 str，包括横向制表符和换行；print("strip()后输出:",str.strip())这一句，调用 strip()去除转义字符；print("lstrip()后输出:",str.lstrip())这一句，调用 lstrip()去除字符串前面的转移字符“\t”，字符串末尾的“\n”依然存在；print("rstrip()后输出:",str.rstrip())这一句，调用 rstrip()去除字符串末尾的转义字符“\n”，字符串前面的“\t”依然存在。

4.3 常用字符串函数和方法

与许多 Python 的内置类型类似，字符串也带有函数和方法。由于采用了良好的命名方法，可以通过名字猜测出其中大部分的意思。注意，方括号表示可选的参数。可以使用这些方法，实现字符串的大小写转换、回文、查找、替换等诸多操作。虽没必要准确记住所有方法，但最好有个大致了解，这样有益于需要时去查询具体使用。详细介绍可参阅其文档字符串或 Python 在线文档。

下面介绍常用的字符串函数和方法。

1. 字符串测试

字符串测试用于检测字符串是否为特定格式，主要通过一些特定的函数来实现，如果测试的结果为真，返回 True，否则返回 False。具体的检测函数如表 4-3 所示。

表 4-3　Python 用于字符串测试的方法

函数或方法	描　述
s.endswith(t)	s 以字符串 t 结尾时返回 True，否则返回 False
s.startswith(t)	s 以字符串 t 打头时返回 True，否则返回 False
s.isalnum()	s 只包含字母和数字时返回 True，否则返回 False
s.isalpha()	s 只包含字母时返回 True，否则返回 False
s.isdecimal()	s 只包含表示十进制数字的字符时返回 True，否则返回 False
s.isdigit()	s 只包含数字字符时返回 True，否则返回 False
s.isidentifier()	s 是合法的标识符时返回 True，否则返回 False
s.islower()	s 只包含小写字母时返回 True，否则返回 False
s.isnumeric()	s 只包含数字时返回 True，否则返回 False
s.isprintable()	s 只包含可打印字符时返回 True，否则返回 False
s.isspace()	s 只包含空白字符时返回 True，否则返回 False
s.istitle()	s 是个大小写符合标题要求的字符串时返回 True，否则返回 False
s.isupper()	s 只包含大写字母时返回 True，否则返回 False
t in s	s 包含字符串 t 时返回 True，否则返回 False

示例如下：

```
>>> s="Hello world"
>>> s.startswith('h')          #测试字符串s是否以'h'开头
False
>>> s.endswith("d")            #测试字符串s是否以'd'结尾
True
>>> s.isupper()                #测试字符串s是否只包含大写字母
False
>>> s.islower()                #测试字符串s是否只包含小写字母
False
>>> s.isprintable()            #测试字符串s是否只包含可打印字符
True
```

2. 字符串查找

具体如表 4-4 所示。

表 4-4 Python 用于字符串查找的方法

函 数 或 方 法	描　述
s.find(t)	若未找到字符串 t，则返回-1；否则返回 t 在 s 中的起始位置
s.rfind(t)	与 find 相同，但从右往左查找
s.index(t)	与 find 相同，但如果在 s 中找不到 t，则引发 ValueError 异常
s.rindex(t)	与 index 相同，但从右往左查找

示例如下：

```
>>> s="Hello China"
>>> print(s.find("H"))         #在字符串s中查找"H"
0
>>> print(s.index("H"))        #在字符串s中查找"H"
0
>>> print(s.rfind("H"))        #在字符串s中从右往左查找"H"
0
>>> print(s.find("an"))        #在字符串s中查找" an "
-1
>>> print(s.index("an"))                #在字符串s中查找" an "
Traceback (most recent call last):
  File "<pyshell#44>", line 1, in <module>
    print(s.index("an"))
ValueError: substring not found
```

3. 字符串替换

使用替换函数可轻松地删除字符串中的子串。Python 字符串自带了两个替换函数，如表 4-5 所示。

表 4-5 Python 用于字符串替换的方法

函数或方法	描　述
s.replace(old,new)	将 s 中的每个 old 替换为 new
s.expandtabs(n)	将 s 中的每个制表符扩展为空格，空格宽度为 n

示例如下：

```
>>> s='one, two and three'
>>> s1='one, \ttwo\tand\tthree'
>>> print(s)
one, two and three
>>> print(s.replace('one','1'))          #将字符串s中的每个'one'替换为'1'
1, two and three
>>> print(s.replace('one',' '))          #将字符串s中的每个'one'替换为' '
 , two and three
>>> print (s1)
one,  two   and   three
>>> print(s1.expandtabs(8))       #将字符串s中制表符扩展为空格，宽度为8
one,        two         and         three
>>> print(s1.expandtabs(10))      #将字符串s中制表符扩展为空格，宽度为10
one,          two           and           three
```

replace()和 expandtabs()并不改变源字符串。

4. 字符串合并

之前介绍过，Python 可使用“+”连接不同的字符串。除此之外，还可以使用 join()和函数 reduce()实现字符串的合并，具体参见表 4-6。

表 4-6　Python 用于字符串合并的函数与方法

函数或方法	描　　述
s.join(seq)	将序列 seq 中的元素以字符串表示合并到具有分隔符字符串 s 的字符串中
reduce (func，seq[, init()])	每一次迭代，都将上一次的迭代结果（注：第一次为 init 元素，如果没有指定 init 则为 seq 的第一个元素）与下一个元素一同传入二元 func 函数中去执行。在 reduce()函数中，init 是可选的，如果指定，则作为第一次迭代的第一个元素使用，如果没有指定，就取 seq 中的第一个元素

下面的例子使用了 join()合并字符串：

```
>>> strs=['hello','China','hello','Guangzhou']
>>> result=" ".join(strs)          #合并的串用空格分隔
>>> print (result)
hello  China  hello  Guangzhou
>>> seq=['123','456','789']
>>> sep='+'                        #合并的串用'+'分隔
>>> print (sep.join(seq))
123+456+789
```

再来看一个使用 reduce()合并字符串的例子：

```
>>> from functools import reduce
>>> import operator      #导入模块operator，利用add()方法实现累计连接
>>> strs=['hello','China','hello','Guangzhou']
```

```
>>> result=reduce(operator.add,strs,"")
>>> print (result)
helloChinahelloGuangzhou
```

分析：result=reduce(operator.add,strs,"")这一句，是用 reduce()实现对空字符串""的累计连接，每次连接列表 strs 中的一个元素。

5. 字符串拆分

字符串的拆分可以使用表 4-7 中的方法。

表 4-7　Python 用于字符串拆分的方法

函数或方法	描　述
s.partition(t)	将 s 拆分为三个字符串（head、t 和 tail），其中 head 为 t 前面的子串，tail 为 t 后面的子串。返回值为元组
s.rpartition(t)	与 partition 相同，但从 s 的右端开始搜索 t。返回值为元组
s.split(t)	以 t 为分隔符，将 s 划分成一系列子串，并返回一个由这些子串组成的列表
s.rsplit(t)	与 split 相同，但从 s 的右端开始搜索 t
s.splitlines()	返回一个由 s 中的各行组成的列表

示例如下：

```
>>> url='www.ptpress.com.cn'
>>> print(url.partition('.'))
('www', '.', ' ptpress.com.cn')
>>> print (url.rpartition('.'))
('www.ptpress.com', '.', 'cn')
>>> print (url.split('.'))
['www', 'ptpress', 'com', 'cn']
>>> sentence='My name is Bob'
>>> print (sentence.split())
['My', 'name', 'is', 'Bob']
```

6. 字符串与日期的转换

实际应用中，经常需要将日期类型与字符串类型互相转换。Python 提供了 time 模块处理日期和时间。格式化日期的常用标记详见表 4-8。

表 4-8　格式化日期的常用标记

符　号	说　明	符　号	说　明
%a	英文星期的简写	%M	分钟数，取值在 01 ~ 59 之间
%A	英文星期的完整拼写	%j	显示从本年第 1 天开始到当天的天数
%b	英文月份的简写	%w	显示今天是星期几，0 表示星期天
%B	英文月份的完整拼写	%W	显示当天属于本年的第几周，以星期一作为一周的第一天进行计算
%c	显示本地的日期和时间	%x	本地的当天日期
%d	日期数，取值在 1 ~ 31 之间	%X	本地的当天时间
%H	小时数，取值在 00 ~ 23 之间	%y	年份，取值在 00 ~ 99 之间
%I	小时数，取值在 01 ~ 12 之间	%Y	年份的完整数字
%m	月份，取值在 01 ~ 12 之间		

（1）时间到字符串的转换

函数 strftime()可以实现从时间到字符串的转换。strftime() 的声明如下：

strftime(format[, tuple])->string

说明：参数 format 表示格式化日期的特殊字符。例如，“%Y-%m-%d”相当于“yyyy-MM-dd”。参数 tuple 表示需要转换的时间，用元组存储。元组中的元素分别表示年、月、日、时、分、秒。函数返回一个表示时间的字符串。

（2）字符串到时间的转换

字符串到时间的转换要进行两次转换，需要使用 time 模块和 datetime 类。转换的步骤分为：① 调用函数 strptime() 将字符串转换为一个元组。其声明为：strptime(string, format)->struct_time 。函数返回一个存放时间的元组。② 将表示年、月、日的 3 个变量传递给函数 datetime()。datetime 类的 datetime()函数格式为：datetime(year, month, day[, hour[, minute[, second[, microsecond[,tzinfo]]]])。函数返回一个 date 类型的变量。

下面演示时间到字符串、字符串到时间的转换过程：

```
>>> import time,datetime
>>> print (time.strftime("%Y-%m-%d%X",time.localtime()))
2017-10-2116:09:24
>>> t=time.strptime("2017-09-08","%Y-%m-%d")
>>> y,m,d=t[0:3]
>>> print (datetime.datetime(y,m,d))
2017-09-08 00:00:00
```

分析：函数 localtime()返回当前的时间，strftime 把当前的时间格式化为字符串类型。t=time.strptime("2017-09-08","%Y-%m-%d")把字符串"2017-09-08"转换为一个元组返回。y,m,d=t[0:3]把元组中前3个表示年、月、日的元素赋给3个变量。print (datetime.datetime(y,m,d)) 调用 datetime()返回时间类型。

7. 字符串大小写

用于改变字符串大小写的方法如表 4-9 所示。在以下方法中，Python 都创建并返回一个新字符串，Python 不会真正修改原字符串。

表 4-9　Python 用于字符串大小写的方法

函数或方法	描　述
s.capitalize()	将 s[0]改为大写，其余小写
s.lower()	让 s 的所有字母都小写
s.upper()	让 s 的所有字母都大写
s.swapcase()	将小写字母改为大写，并将大写字母改为小写
s.title()	让 s 的大小写符合标题的要求

示例如下：

```
>>> s='Beginning Python: Using Python3.4.4 and Python 3.5'
>>> s.lower()
'beginning python: using python3.4.4 and python 3.5'
>>> s.upper()
'BEGINNING PYTHON: USING PYTHON3.4.4 AND PYTHON 3.5'
```

```
>>> s.capitalize()
'Beginning python: using python3.4.4 and python 3.5'
>>> s.title()
'Beginning Python: Using Python3.4.4 And Python 3.5'
```

8. 字符串格式设置

常用的方法如表 4-10 所示。

表 4-10　Python 用于字符串设置格式的方法

函数或方法	描　述
s.center(n,ch)	返回包含 n 个字符的字符串，其中 s 位于中间，两边用字符 ch 填充
s.ljust(n,ch)	返回包含 n 个字符的字符串，其中 s 位于左边，右边用字符 ch 填充
s.rjust(n,ch)	返回包含 n 个字符的字符串，其中 s 位于右边，左边用字符 ch 填充
s.format(vars)	返回包含用于设置字符串格式的微型语言

示例如下：

```
>>> s='Python'
>>> ch='*'
>>> print (s.center(10))
  Python
>>> print(s.center(10,ch))
**Python**
>>> print(s.ljust(10))
Python
>>> print(s.ljust(10,ch))
Python****
>>> print(s.rjust(10,ch))
****Python
>>> print(s.ljust(10))
Python
```

9. 字符串剥除

剥除函数用于删除字符串开头或末尾多余的字符，如表 4-11 所示。默认情况下，剥除空白字符；如果指定了字符串参数，则剥除该字符串中的字符。

表 4-11　Python 用于字符串剥除的方法

函 数 或 方 法	描　述
s.strip(ch)	返回从 s 开头和末尾删除所有包含在字符串 ch 中的字符
s.lstrip(ch)	返回从 s 开头（左端）删除所有包含在字符串 ch 中的字符
s.rstrip(ch)	返回从 s 末尾（右端）删除所有包含在字符串 ch 中的字符

示例如下：

```
>>> name="   John Smith   "
>>> print(name.lstrip())
John Smith
>>> print(name.rstrip())
  John Smith
```

```
>>> print(name.strip())
John Smith
>>> title="*#Good Luck! *#*#"
>>> print (title.strip())
*#Good Luck! *#*#
>>> print (title.strip('*#'))
Good Luck!
```

本 章 小 结

字符串是程序开发中的常用数据类型，字符串的处理是实际应用中经常面对的问题。本章讲解了 Python 中字符串的表示与操作，包括字符串的索引与分片、合并、复制、截取、比较、格式化等。重点介绍了字符串的常用函数与方法。

练 习 题

一、填空题

1. Python 语句'/'.join(list('hello world!'))执行的结果是__________。
2. 转义字符'\n'的含义是__________。
3. 表达式 'ab' in 'acbed' 的值为__________。
4. str='abcdefghijklmnopqrstuvwxyz'

（1）打印逆序 str__________；

（2）把 str 变成大写__________；

（3）截取“fghijkl”__________；

（4）打印“acegikmoqsuwy”__________；

（5）__________命令的结果是'a/b/c/d/e/f/g/h/i/j/k/l/m/n/o/p/q/r/s/t/u/v/w/x/y/z'；

（6）把 www.ptpress.www.ryjiaoyu 中的所有“www”转换成“万维网”的命令是__________。

5. 已知 path = r'c:\test.html'，那么表达式 path[:-4]+'htm' 的值为__________。
6. 表达式 'apple.peach,banana,pear'.find('p') 的值为__________。
7. 表达式 'Hello world'.upper() 的值为__________。
8. 表达式 r'c:\windows\notepad.exe'.endswith('.exe') 的值为__________。
9. 已知 x = '123' 和 y = '456'，那么表达式 x + y 的值为__________。
10. 表达式 'C:\\Windows\\notepad.exe'.startswith('C:') 的值为__________。

二、简答题

1. 假设有一段英文，其中有单词中间的字母“i”误写为“I”，请编写程序进行纠正。

2. 有一段英文文本，其中有单词连续重复了 2 次，编写程序检查重复的单词并只保留一个。例如文本内容为“This is is a desk.”，程序输出为“This is a desk.”

3. 编写程序，用户输入一段英文，然后输出这段英文中所有长度为 3 个字母的单词。

4. 求 s=a+aa+aaa+aaaa+aa...a 的值，其中 a 是一个数字。例如 2+22+222+2222+22222(此时共有 5 个数相加)，几个数相加由键盘控制。

5. 一个数如果恰好等于它的因子之和，这个数就称为完整。例如 6=1+2+3 编程。找出 1000 以内的所有完数。

6. 打印出以下图案。

```
        1                9*9+7=88
       222               98*9+6=888
      33333              987*9+5=8888
     4444444             9876*9+4=88888
    555555555            98765*9+3=888888
   66666666666           987654*9+2=8888888
  7777777777777          9876543*9+1=88888888
 888888888888888         98765432*9+0=888888888
99999999999999999
```

实战作业

1. 输入一串字符串，判断它是不是回文数，如 Madam,I'mAdam 是回文数。

提示：要把一串字符中所有的标点符号去除，并把所有的大写字符变成小写字符再进行比较。如“Madam,I'mAdam”，转化后变成“madamimadam”，正读与逆读是一样的，为回文。

```
import string #导入字符串函数库
string.punctuation='!"#$%&\'()*+,-./:;<=>?@[\\]^_`{|}~'
string.whitespace='\t\n\x0b\x0c\r '
```

2. 计算 Poker 中出现各种手数的概率，现给出 Poker-hand-testing.data 文件，其中有 **1000000** 条记录，要求读出每一条记录，并统计以下问题。

以下是每条记录的格式：

3, 10, 1, 7, 2, 12, 4, 2 , 2, 1, 0

4, 9, 4, 12, 4, 13, 2, 6 , 3, 4, 0

3, 2, 2, 2, 3, 12, 3, 1 , 4, 2, 3

4, 11, 2, 8, 1, 13, 4, 7 , 1, 7, 1

4, 8, 3, 8, 1, 3, 1, 4 , 3, 7, 1

2, 7, 2, 5, 3, 10, 4, 13 , 3, 7, 1

1, 4, 3, 4, 3, 5, 4, 10 , 2, 10, 2

图 4-9 所示是各种类型的牌的编号。

Rank	Name	Description
9	Royal flush	{Ace, king, queen, jack, ten} + flush
8	Straight flush	Straight + flush
7	Four of a kind	Four equal ranks within five cards
6	Full house	Pair + different rank three of a kind
5	Flush	Five cards with the same suit
4	Straight	Five cards, sequentially ranked with no gaps
3	Three of a kind	Three equal ranks within five cards
2	Two pairs	Two pairs of equal ranks within five cards
1	One pair	One pair of equal ranks within five cards
0	Nothing in hand	

图 4-9 牌的类型

要求：(1) 计算 Poker 有多少行；

(2) 计算包含 1 对牌的总手数与出现的概率；

(3) 计算所有牌类型出现的手数及概率。

3. 智多星游戏。计算机随机产生 4 种不相同的颜色序列，玩家不知道，让玩家输入四种颜色，与计算机随机产生的序列做比较，如果全部相同则显示猜对了，否则重新输入，设定总的输入次数，超过总次数，则失败。

要求：(1) 设定总的尝试次数；

(2) 如果输入的颜色与随机序列在位置与颜色都相符，则打印“★”；

(3) 如果输入的颜色与随机序列的颜色相符，但是位置上不相符，则打印“☆”；

(4) 如果输入的颜色与位置都不对，则打印“●”；

(5) 当输入的颜色与位置都对了，就显示猜对了；

(6) 如果超过总的输入次数，就显示失败。

PART 05

第5章 文件

引例

程序员经常要进行目录和文件的操作，例如建立、删除目录，建立、删除文件，读写文件等。下面的代码是在当前目录“d:\Python34”下创建一个名为 temp 的目录，然后修改系统当前目录为 temp 目录。接着创建一个名为 ws.txt 的新文件，向里面写入一个 “hello\nworld”字符串（字符串中的\n 表示换行），关闭此文件后再创建一个名为 ws1.txt 的新文件，然后打开 ws.txt 文件，读取里面 5 个字符（即“hello”），再写入 ws1.txt 文件。最后删除 ws.txt 文件，则当前目录 temp 下只留下 ws1.txt 文件。

```
>>> import os
>>> os.getcwd()
#以上语句获取当前工作目录
'd:\\Python34'
>>> os.mkdir("temp")
#以上语句在当前目录下创建一个子目录temp
>>> os.chdir("temp")
#以上语句切换当前目录（即工作目录）到temp子目录下
>>> os.getcwd()
'd:\\Python34\\temp'
>>> tempFile=open("ws.txt","w")
#以上语句以写方式打开一个文件，如果这个文件不存在就创建它
>>> str="hello\nworld"
#创建一个字符串，以备写入文件
>>> tempFile.write(str)
#将str写入文件
>>> tempFile.close()
```

```
#关闭文件
>>> newFile=open("ws1.txt","w")
#新创建一个文件
>>> tempFile=open("ws.txt","r")
#打开ws.txt文件
>>> str=tempFile.read(5)
#读取5个字符
>>> newFile.write(str)
#将这5个字符写入新文件ws1.txt
>>> tempFile.close()
>>> newFile.close()
#以上两行关闭两个打开的文件
>>> os.remove("ws.txt")
#删除ws.txt文件
```

计算机存储数据主要有几种形式。一是通过程序中的变量名存储。这种方式存储的数据是易逝的，因为存储在计算机主存中，断电时数据自动消失，程序退出时数据也自动消失；二是通过数据库存储，如流行的 MySQL、SQL Server、DB2 等数据库系统。通过将数据结构化，将一条条数据记录存储于数据库中，不会因机器断电而消失，也非常易于进行增删查改等各种数据操作，这是一种非常重要的持久化存储方式；三是通过文件存储，既可存储结构化数据，例如学生记录，也可以存储非结构化数据，比如文本数据。文件中的数据亦可长久保存，因为文件存储于磁盘上。文件适用于存储数据量不是特别大、增删查改不太频繁的情况。

由于实际工作中经常处理 CSV 文件（Comma-Separated Values，CSV，逗号分隔值），所以本章会介绍如何操作 CSV 文件。

5.1 文件和文件路径

操作系统组织文件的方式是采用倒立树形结构，从“根目录”开始，根目录下存放文件，亦可以创建若干一级子目录，各一级子目录下又可以存放文件，或创建二级子目录，如此反复，目录的深度可以在操作系统限定的范围内（比如 256 级）任意扩展。图 5-1 所示为一文件目录结构。

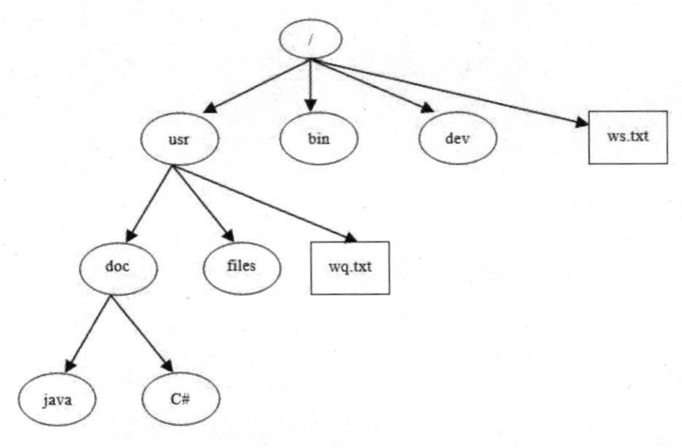

图 5-1 目录结构示意图

一个文件有两个属性，一是文件名，一是路径。路径指明了文件在计算机上的位置，它由目录及目录分隔符组成。例如，在 Windows 7 系统下，“D:\programs\java\myprogram.java”路径指明了文件 myprogram.java 的位置，它位于 D 盘 programs 目录下的 java 目录下，programs 和 java 均为目录，Windows 系统下目录分隔符为\。文件的扩展名为 java，说明它是一个 java 源程序文件。目录下可以包含文件和其他目录。路径 D:\部分是根目录。在 Linux 或 OS X 中，根目录是/（与 Windows 相反），目录分隔符是/，请注意不同操作系统下的区别。

5.1.1 os.path.join()和 os.mkdir()

在 Windows 上，目录分隔符为“\”，而在 Linux 或 OS X 中为“/”，如果想要程序正常运行在所有的操作系统上，在编写 Python 程序时，必须处理这两种情况。

一个好的办法就是在程序中不使用“/”或“\”做路径分隔符，而用 os.path.join()函数来处理路径。将单个文件和路径上的目录名称的字符串传递给 os.path.join()，不管是什么操作系统，os.path.join()都返回一个与此操作系统相对应的文件路径的字符串。如：

```
>>>import os
>>> os.path.join('usr','bin','ws')
'usr\\bin\\ws'
```

在使用 os 模块前需要导入该模块。返回的字符串中的反斜杠有两个，因为每个反斜杠需要由另一个反斜杠来转义（请参照转义字符知识点）。如果是在 OS X 或 Linux 上，该返回字符串就会是'usr/bin/ws'。

下面是一段可通用于任何操作系统的代码：

```
>>> path=os.path.join("ws","doc")
>>> os.mkdir(path)
```

以上代码第一行用 path.join()处理路径，不管在何种操作系统下，path 的值都能匹配该操作系统，然后用 os.mkdir(path)创建相应的目录（此处表示在当前目录下创建 ws 子目录，然后又在 ws 目录下创建 doc 子目录）。所以如果你的程序要运行在不同的操作系统下，请用 os.path.join()来处理路径，这样就避免了不同操作系统下路径分隔符不同带来的问题。

os.mkdir()一次只能创建一级目录，如果想一次性创建多级目录，需要用 os.makedirs()，比如：os.makedirs(“ws\\java\\sources”)可以在当前目录不存在 ws 和 java 目录的情况下一次性创建 ws\java\sources 三级目录。

5.1.2 绝对路径和相对路径

绝对路径总是从根目录开始，通过一个绝对路径能唯一定位到一个确定的目录下，比如：“D:\programs\java”一个绝对路径，“D:\”表示 Windows 系统下 D 盘根目录，“programs”是该根目录下的一个子目录，“java”是“programs”目录下的一个子目录，因此该路径定位到 D 盘根目录下的 programs 目录下的 java 目录下。再比如在 Linux 系统中：“/home/ws”表示根目录下的子目录“home”下的“ws”目录（注意：Linux 系统中没有 C 盘、D 盘这样的概念，整个系统只有一个根目标/，根目录下有 home、usr、bin、dev、mnt 等子目录，硬盘上所有的逻辑分区都挂载到根目录下的某个层级的子目录上，关于 Linux 文件系统请参考 Linux 书籍。所以一旦一个路径从根目录开始，它就是绝对路径，可以唯一定位，没有二义性。

但相对路径则不能唯一确定一个路径。根据当前目录的不同，相对路径代表的真实路径不同。相对路径相对于当前工作目录，如果当前工作目录是“D:\Python34”，则相对路径“doc”表示的绝对路径是 D:\Python34\doc，这时你用 os.mkdir(“doc”)创建一个子目录“doc”，则会创建绝对路径“D:\Python34\doc”。如果你当前目录是“E:\ws”，则上述命令创建的目录实际上是“E:\ws\doc”，这显然是完全不同的另一个路径。

5.1.3 查看当前目录 os.getcwd()

在涉及目录操作的过程中，始终要有“当前工作目录（又叫工作目录）”这个概念，知道所有相对路径都基于当前工作目录。有时我们不清楚当前目录或忘记了当前目录是什么，若要进行目录和文件的创建，则要搞清楚当前目录是什么，可用 os.getcwd()查看当前目录。

例如：

```
>>> os.getcwd()
'D:\\Python34'
```

5.1.4 改变当前目录 os.chdir()

我们可以在一个目录下操作其他目录，这个时候可以用绝对路径的方式，但如果涉及的操作很频繁，为了避免输入较长的绝对路径，可以把要操作的路径设置为“当前路径”。比如现在 D:\Python34 目录下，但要在 D:\ws\doc 目录下进行各种操作，这个时候可以用以下方式将此目录设为当前目录。

```
>>>os.chdir("D:\\ws\\doc")
```

此代码运行后没有任何提示，可以用 os.getcwd()查看是否更改成功。

5.1.5 os.remove()及 os.rmdir()

os.remove()为删除指定文件，比如 os.remove(“ws.txt”)删除当前目录下的 ws.txt 文件；os.rmdir()为删除指定目录，比如 os.rmdir(“ws\\doc”)删除当前目录下的 ws 子目录下的 doc 子目录。

5.1.6 rename()函数

rename()函数需要两个参数，当前的文件名和新文件名。

语法：os.rename(current_file_name, new_file_name)

例如：将 ws.txt 重命名 ws1.txt。

```
>>> import os
>>> os.rename("ws.txt","ws1.txt")
```

回到操作系统下，查看当前文件夹，文件名已被更改。

5.1.7 表示当前目录的“.”和表示上级目录的“..”

“.”和“..”分别代表当前目录和上一级目录。

例如，在 D:\Python34\ws 目录下，使用 os.mkdir(".\\doc")表示在当前目录下创建一个子目录 doc。不过当前目录通过可以省略，默认情况下你使用的每一条涉及路径的指令都是相对于当前目录的，所以上述语句可以改为 os.mkdir("doc")。

我们还是假定当前目录为 D:\Python34\ws，使用 os.chdir("..\\..")可以切换当前目录到 D 盘根目录下。路径 "..\\.." 中第一个 ".." 代表 D:\Python34（即 D:\Python34\ws 的上一级目录），第二个 ".." 代表 D:\（即 D:\Python34 的上一级目录）。

5.1.8 os.walk()方法

此方法用于在目录树中游走输出在目录中的文件名，向上或者向下。

在 UNIX、Windows 中有效。

walk()方法语法格式如下：

```
os.walk(top[, topdown=True[, onerror=None[, followlinks=False]]])
```

各参数含义如下。

top——根目录下的每一个文件夹（包含它自己），产生 3-元组（dirpath，dirnames，filenames）【文件夹路径，文件夹名字，文件名】。

topdown——可选，若为 True 或者没有指定，则一个目录的 3-元组将比它的任何子文件夹的 3-元组先产生（目录自上而下）。如果 topdown 为 False，则一个目录的 3-元组将比它的任何子文件夹的 3-元组后产生（目录自下而上）。

onerror——可选，是一个函数；它调用时有一个参数，一个 OSError 实例。报告这错误后，继续 walk，或者抛出 exception 终止 walk。

followlinks——设置为 True，则通过软链接访问目录。

以下代码列出所有在 ws 目录下的文件及目录。在 Windows 文件系统中查看 ws 目录下的内容如图 5-2 所示。

名称	修改日期	类型	大小
doc	2017/10/18 10:27	文件夹	
ws1	2017/10/17 14:02	文件夹	
scores.csv	2017/10/10 20:05	Microsoft Office...	1 KB
scores.xls	2017/10/10 14:34	Microsoft Excel ...	14 KB
scores1.xls	2017/10/10 16:16	Microsoft Excel ...	14 KB
scores1.xls.csv	2017/10/10 15:19	Microsoft Office...	1 KB

图 5-2　ws 目录下的文件及目录

以下是程序代码（具体源码请参考下载的文件 "第 5 章/example5-1.py"）：

```
1.    import os
2.    os.chdir("ws")
3.    os.getcwd()
4.    # 输出 'D:\\Python34\\ws'
5.    #切换当前工作目录到d:\Python34\ws
6.    for dirName,dirs,files in os.walk("."):
7.    #注意上面代码行中walk（ ）参数中的"."表示从当前目录开始
8.        for f in files:
```

```
9.          print(f)
10.     for dir in dirs:
11.          print(dir)
  #以下输出为当前目录下所有的文件及目录列表
  scores.CSV
  scores.xls
  scores1.xls
  scores1.xls.CSV
  doc
  ws1
```

5.2 文件的读写

现在来看看怎么读写实际的数据文件。Python 提供了必要的函数进行文件读写操作。可以用 file 对象完成大部分的操作。

5.2.1 open()函数

用 Python 内置的 open()函数打开一个文件，创建一个 file 对象，相关的函数就可以调用它进行读写。

语法：

file object = open(file_name [, access_mode][, buffering])

各个参数的细节如下：

- file_name：file_name 变量是一个包含了你要访问的文件名称的字符串值。
- access_mode：access_mode 决定了打开文件的模式，r 为只读，w 为写入，a 为追加等。这个参数不是必需的，默认文件访问模式为只读（r）。常用的打开模式如表 5-1 所示。

表 5-1 常用的文件打开模式

文件模式	操　作
r	以读模式打开
rU 或者 U	以读模式打开，同时提供通用换行符支持
w	以写模式打开，必要时清空
a	以追加模式打开，从 EOF 开始，必要时创建新的文件
r+	以读写模式打开
w+	以读写模式打开
a+	以读写模式打开
rb	以二进制读模式打开
wb	以二进制写模式打开
ab	以二进制追加模式打开

假如，temp.txt 中有两行内容：

"hello"

"world"

以下代码打开文件 temp.txt 并逐一打印出文件中的各行内容,然后调用 close()关闭文件:

```
1.  testFile=open("temp.txt","r")
2.  for line in testFile:
3.      print(line)
4.  testFile.close()
```

输出如下:

```
hello
world
```

通过文件对象遍历时，每次读取一行。记得最后务必调用 close()关闭文件，这是一个良好的习惯。文件调用 open()打开后，对数据的读写操作实际上是在内存缓冲区中进行的，在关闭文件时才真正把数据写回文件，如果不关闭文件而结束程序，缓冲区中的数据可能没有真正写入文件中，会导致严重的问题。

5.2.2 read()方法

read()从一个打开的文件中读取一个字符串。需要重点注意的是，Python 字符串可以是二进制数据，而不仅仅是文本。

语法:

```
fileObject.read([count]);
```

在这里，参数 count 是要从已打开文件中读取的字节计数。该函数从文件的开头开始读入，如果没有传入 count，它会尝试尽可能多地读取更多的内容，很可能是直到文件的末尾。

以读方式打开文件，如果文件不存在于磁盘上（或因其他原因找不到该文件），会产生错误。

例如，这里我们用到以上创建的 temp.txt 文件。

```
1.  fi=open("temp.txt","r")
2.  str=fi.read(10)
3.  print(str)
```

输出如下:

```
hello
world
```

以上输出只有 9 个字符，因为换行符占了一个字符。

5.2.3 write()方法

write()可将任何字符串写入一个打开的文件。需要注意的是，Python 字符串可以是二进制数据，而不仅仅是文本。

write()函数不会在字符串的结尾添加换行符（'\n'）:

语法:

```
fileObject.write(string);
```

在这里，被传递的参数是要写入已打开文件的内容。

以写方式打开文件，如果文件不存在，将在当前文件夹中创建文件。

例如，当前文件夹中无 ws.txt 这个文件，下面的代码将自动新建该文件，然后将数据写入。

```
1.    fo=open("ws.txt","w")
2.    s=" I like your style "
3.    fo.write(s)
4.    fo.close()
```

输出如下：

```
11
```

打开文件 ws.txt 查看，其内容为：

```
I like your style
```

如果以 w 方式打开文件，该文件已存在，则清除原文件内容，将新内容添加到空文件中。

```
1.    fo=open("ws.txt","w")
2.    s="\nalthough i don't like you"
3.    fo.write(s)
4.    fo.close()
```

以上代码覆盖掉原来的内容，打开 ws.txt 文件，发现里面的内容变为了"although i don't like you"。

如果希望文件原来的内容不被新写入的内容覆盖，可以追加模式（a）打开文件。例如：

```
1.    fo=open("ws.txt","a")
2.    s="\nalthough I don't like you"
3.    fo.write(s)
4.    fo.close()
```

现在打开 ws.txt 文件查看，内容为：

```
I like your style
although I don't like you
```

下面通过一个例子来说明以上方法的使用。

【例 5-1】 将文件 ws.txt 中的字符串前加上序号 1,2,3……后，写到另一个文件 ws1.txt 中。文件 ws.txt 中的内容如图 5-3 所示。

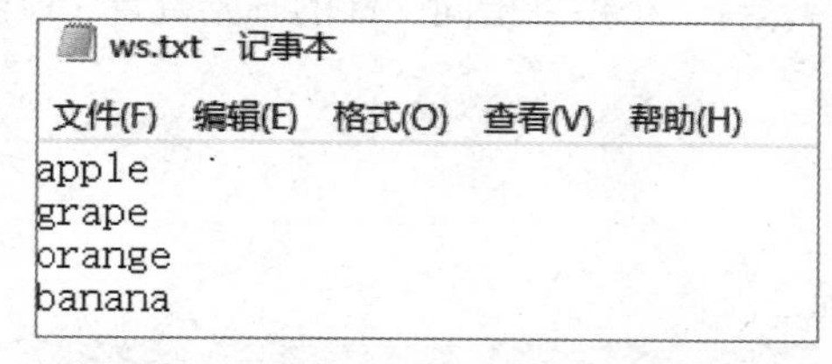

图 5-3　文本原内容

```
1.    f1=open(".\\ws\\ws.txt",'r')
2.    fruitNames=f1.readlines()
3.    for i in range(0,len(fruitNames)):
4.        fruitNames[i]=str(i+1)+' '+fruitNames[i]
5.    f1.close()
```

```
6.      f2=open(".\\ws\\ws1.txt",'w')
7.      f2.writelines(fruitNames)
8.      f2.close()
```

程序运行后，新创建的文件内容如图 5-4 所示。

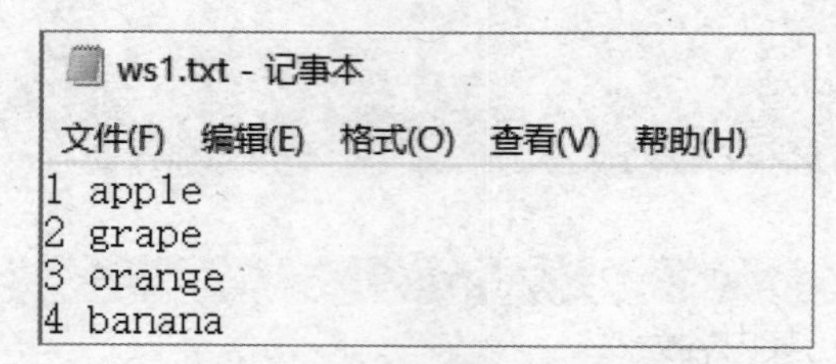

图 5-4 新写入的文本内容

5.2.4 通用新行格式

文件的输入和输出修饰符为 U 修饰符，这个符号特别有用。在不同的操作系统中，某些特殊字符或字符集在写入文件时会发生变化。其中一个特殊字符是换行符，它位于字符串尾，表示下一个字符从文本的下一行开始。在操作系统发展过程中，有多种方法来表示另一行的开始，比如“\n”和“\r”，表 5-2 所示是常用的一些行结束符号。

表 5-2 行结束符号

操作系统	字符组合
UNIX, Mac OS X	\n
MS Windows	\r\n
Mac(pre OS X)	\r

不同的表示形式让情况复杂化，为了避免此问题，Python 提供了“U”修饰符来打开文件并解决此问题。如 fo=open("file.txt","rU")为打开文件进行读取，并且 Python 会处理文件中出现的换行问题。

5.3 文件定位

用 open()打开一个文件后，有一个指针指向文件的开始位置，read()函数读取一个文件后，指针将向后移动相应的数目。

假设 ws.txt 中的内容为：

hello world

请看下面的代码执行情况：

```
>>> fo=open("ws.txt")
>>> str=fo.read(2)
>>> print(str)
he              # 此处输出两个字符，文件指针向后移动两个位置。
>>> str=fo.read(2)
>>> print(str)
ll              # 此处输出两个字符，文件指针再次向后移动两个位置。
```

```
>>> str=fo.read(3)
>>> print(str)
o w        # 此处输出三个字符（注意o与w间有一个空格），文件指针向后移动三个位置。
>>> fo.close()
```

从上面可以看出，每次读取内容后文件指针向后移动相应的数量，下次读取从新的位置开始。

5.3.1 tell()函数

tell()函数告诉你文件内的当前位置；换句话说，下一次的读写会发生在文件开头这么多字节之后。例如：

```
>>> fo=open("ws.txt")
>>> fo.tell()
0                  ←文件刚打开，指针指向文件开始位置。
>>> str=fo.read(2)
>>> fo.tell()
2              ←读取2个字符后的指针位置
>>> str=fo.read(3)
>>> fo.tell()
5            ←读取5个字符后的指针位置
>>> fo.close()
```

5.3.2 seek()函数

seek（offset [,from]）函数改变当前文件的位置，offset 变量表示要移动的字节数，from 变量指定开始移动字节的参考位置。

如果 from 被设为 0，这意味着将文件的开头作为移动字节的参考位置。如果设为 1，则使用当前的位置作为参考位置。如果它被设为 2，那么该文件的末尾将作为参考位置。

例如：

```
>>> fo=open("ws.txt","r")
>>> fo.seek(3)
3
>>> str=fo.read()
>>> print(str)
lo world     ←从位置3开始输出（因为位置是从0开始，所以位置3是第四个字符）
>>> fo.close()
```

5.4 文件、目录相关的函数及综合应用示例

下面将一些常用的文件及目录相关的函数进行简单的介绍，然后通过例子演示常用函数的使用方法。

5.4.1 file 对象函数

file 对象使用 open 函数来创建，下面列出了 file 对象常用的函数。

（1）file.close()

关闭文件。关闭后文件不能再进行读写操作。

（2）file.flush()

刷新文件内部缓冲，直接把内部缓冲区的数据立刻写入文件，而不是被动地等待输出缓冲区写入。

（3）file.fileno()

返回一个整型的文件描述符(file descriptor FD 整型)，可以用在如 os 模块的 read 函数等一些底层操作上。

（4）file.isatty()

如果文件连接到一个终端设备返回 True，否则返回 False。

（5）file.next()

返回文件下一行。

（6）file.read([size])

从文件读取指定的字节数，如果未给定或为负则读取所有。

（7）file.readline([size])

读取整行，包括 "\n" 字符。

（8）file.readlines([sizeint])

读取所有行并返回列表，若给定 sizeint>0，返回总和大约为 sizeint 字节的行，实际读取值可能比 sizeint 较大，因为需要填充缓冲区。

（9）file.seek(offset[, whence])

设置文件当前位置。

（10）file.tell()

返回文件当前位置。

（11）file.truncate([size])

截取文件，截取的字节通过 size 指定，默认为当前文件位置。

（12）file.write(str)

将字符串写入文件，没有返回值。

（13）file.writelines(sequence)

向文件写入一个序列字符串列表，如果需要换行则要自己加入每行的换行符。

5.4.2 目录常用函数

下面是常用的目录操作函数。

（1）os.getcwd()

得到当前工作目录，即当前 Python 脚本工作的目录路径。

（2）os.listdir()

返回指定目录下的所有文件和目录名。

（3）os.remove(filename)

删除文件 filename。

（4）os.removedirs ( )

删除多个目录。

（5）os.path.isfile()

检验给出的路径是否是一个文件。

（6）os.path.isdir()

检验给出的路径是否是一个目录。

（7）os.path.isabs()

判断是否是绝对路径。

（8）os.path.exists()

检验给出的路径是否存在。

（9）os.path.split()

将参数指定的路径分割成目录和文件名二元组返回。

5.4.3 os 模块综合应用示例

下面通过一个综合例子来熟悉 os 模块中的函数功能。

编写一个程序，在目录树中搜索包含指定字符串的文本文件，并建立文件列表及文件所在目录的列表。搜索从当前目录开始，沿着目录树向下搜索，直到全部搜索完成。思路如下：在每一个目录中，检查该目录下的每个文件，判断其是否为文本文件（在 Windows 系统中，扩展名为.txt）。如果是文本文件，则打开，读取其中的内容，然后搜索指定字符串，如果找到，则将文件添加至文件列表，同时将所在目录添加到目录列表。完成搜索后，输出找到的内容。

我们首先定义一个函数 check(searchStr,count,fileList,dirList)。

此函数各参数含义如下。

- searchStr：待查找的字符串。
- count：用于统计目录树中所有的文本文件数量。
- fileList：用于保存包含 searchStr 字符串的文件列表。
- dirList：用于保存包含 searchStr 字符串的文件所在的目录的列表。

该函数返回整数值 count。

此函数功能是：从当前目录开始，沿目录树向下搜索。

对目录中的每个文件，如果是文本文件，则进行如下操作：

（1）已检查文本文件计数加 1；

（2）打开文件，将文件内容读入一个字符串；

（3）如果 searchStr 在 file 字符串中，则进一步做如下操作：

A. 创建文件的路径；

B. 把文件添加到含有 searchStr 的文件列表中；

C. 在目录列表中添加目录。

程序提示用户输入搜索字符串，初始化计数和列表，然后调用函数，输出信息。

下面是完整代码（具体源码请参考下载的文件“第 5 章/example5-2.py”）：

```
1.  import os
2.  def check(searchStr,count,fileList,dirList):
3.      for dirName,dirs,files in os.walk("."):
4.          for f in files:
```

```
5.                  if os.path.split(f)[1].split(".")[1]=="txt":
6.                      count=count+1
7.                      aFile=open(os.path.join(dirName,f),"r")
8.                      fileStr=aFile.read()
9.                      if searchStr in fileStr:
10.                         fileName=os.path.join(dirName,f)
11.                         fileList.append(fileName)
12.                         if dirName not in dirList:
13.                             dirList.append(dirName)
14.                         aFile.close()
15.         return count
16.     print(os.getcwd())
17.     theStr=input("what are you looking for? ")
18.     fileList=[]
19.     dirList=[]
20.     count=0
21.     count=check(theStr,count,fileList,dirList)
22.     print("looked at %d text files"%(count))
23.     print("found %d directories containing text files"%(len(dirList)))
24.     print("found %d files containing string :%s"%(len(fileList),theStr))
25.     print("\n****Direcotries List****")
26.     for dirs in dirList:
27.         print(dirs)
28.     print("\n****File List*****")
29.     for f in fileList:
30.         print(os.path.split(f)[1])
```

5.5 CSV 文件操作

CSV 文件不是一种独立的文件类型，而是一种有特殊格式的文本文件，可以使用文本文件函数和方法。CSV 文件用于纯文本存储表格数据。纯文本意味着该文件是一个字符序列，不含必须像二进制数字那样被解读的数据。CSV 文件由任意数目的记录组成，记录间以某种换行符分隔；每条记录由字段组成，字段间的分隔符是其他字符或字符串，最常见的是逗号或制表符。通常，所有记录都有完全相同的字段序列。可以使用 WORDPAD 或是记事本（NOTE）来编辑处理，由于数字表格大量使用 Excel 进行处理，所以也经常用 Excel 处理 CSV 文件。这种文件格式在绝大多数计算机平台上都通用，所以很有必要掌握 CSV 文件的处理。由于 CSV 文件中的数据按特殊方式组织，所以使用起来非常方便，程序中很容易读取或更改 CSV 文件的内容。

5.5.1 CSV 模块

Python 提供了 CSV 模块来解决处理 CSV 文件中的各种问题，CSV 模块能够兼容多种来源并且以简单的方式读写 CSV 文件。CSV.reader 对象读取文件，CSV.writer 则写文件。

我们以简单的例子来说明读写操作。先用 Excel 创建一个简单的电子表格，如图 5-5 所示。

name	math	physics	english	average
wang	85	80	87	84
li	71	70	78	73
zhang	95	90	94	93
average for all				83.33333

图 5-5　Excel 中的表格

要将以上 Excel 表格转换成一个 CSV 格式的文件，具体操作如下。

（1）单击“文件”菜单，选取“另存为”选项。

（2）在“保存类型”中找到“CSV(逗号分隔)(*.csv)”。

（3）保存，如图 5-6 所示。

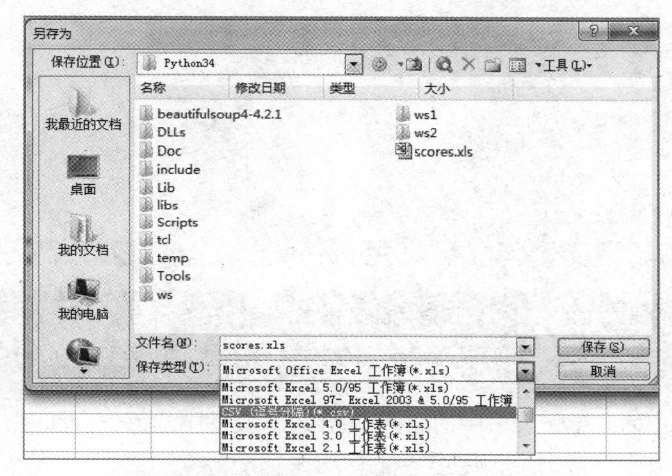

图 5-6　保存 Excel 文件为 CSV 格式

单击“保存”按钮后可能会弹出图 5-7 所示的提示信息，这时单击“是(Y)”即可，回到工作目录，可以看到转换好的 CSV 文件。

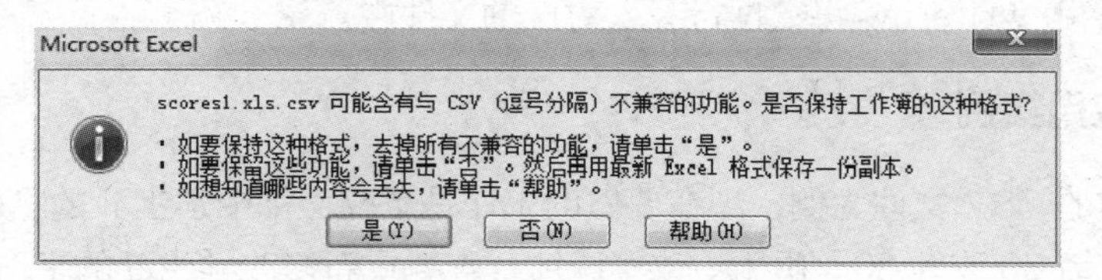

图 5-7　提示信息

对应的 CSV 文件如下：

```
name,math,physics,English,average
wang,85,80,87,84
li,71,70,78,73
zhang,95,90,94,93

average for all,,,,83.33333
```

可以看出 CSV 文件中只保留了值，而没有保留 Excel 的格式，也就是说这是一个纯文本文件。

5.5.2 CSV Reader

我们用 reader 构造函数方法创建 CSV.reader 对象。需要注意的是，reader 方法的参数是文件对象，也就是说，必须以只读方式打开文件并创建文件对象。reader 构造函数返回 reader 对象，该对象可以用来遍历文件。与文件对象相似，可以用于遍历文本文件的内容，不过不同之处在于 CSV.reader 每次循环返回文件中的一行。并且从循环返回的值不是字符串，而是字符串列表，列表中每个元素代表行中的一个字段。下面的代码为读取文件中的内容，并打印出来。

```
>>> myfile=open("scores.CSV","rU")
>>> CSVReader=CSV.reader(myfile)
>>> for row in CSVReader:
        print(row)
['name', 'math', 'physics', 'english', 'average']
['wang', '85', '80', '87', '84']
['li', '71', '70', '78', '73']
['zhang', '95', '90', '94', '93']
[]
['average for all', '', '', '', '83.33333333']
>>> myfile.close()
```

以上打开文件的方式中的“U”表示通用新行模式，因为在不同的操作系统中，换行符的表示有所不同，为了解决这个问题，我们以通用新行的方式打开文件，以避免麻烦。

从输出结果看得出来，电子表格中的空行以[]出现。文件中的每一行都由 reader 对象返回，包括空行；如果某行中某个字段为空，用空字符串表示。

5.5.3 CSV Writer

与 reader 一样，使用 writer 的构造函数来创建 CSV.writer 对象，参数是以写方式打开的文件对象。CSV.writer 用 writerow 将数据行写入对应的文件中。

5.5.4 CSV 应用实例

我们仍以前面的 CSV 文件为例，现在要做的工作是更改文件中学生 li 的物理成绩为 80，即将第三行第三列的成绩 70 改为 80。由于更改了成绩，需要重新修改学生 li 的平均成绩，即第三行第五列，然后还要修改总的平均成绩，即第四行五列（具体源码请参考下载的文件“第 5 章/example5-3.py”）。

```
myfile=open("scores.CSV","rU")
CSVReader=CSV.reader(myfile)
sheet=[]
for row in CSVReader:
    sheet.append(row) #将CSV文件中的各行读取到sheet列表中
myfile.close()
```

```
sheet[2][2]="80" #将sheet中第二行第二列的数据改为80，即将
#学生li的物理成绩改为80。
sum=0
for score in sheet[2][1:4]:
    sum=sum+float(score)
    # 以上两行计算学生li的各科成绩总和。
avg=sum/3                  #算出li的平均成绩
sheet[2][4]='%.2f'%avg
sum=0
for row in sheet[1:4]:
    sum=sum+float(row[4])
#以上两行计算全部学生的平均成绩总和
avg=sum/3          #算出全部平均成绩
sheet[-1][-1]="%.2f"%avg
writeObj=open("scores.CSV","w")
writer=CSV.writer(writeObj)
for row in sheet:
    writer.writerow(row)
#以上代码将更新后的sheet列表内容逐行全部写入scores.CSV文件中
writeObj.close()
```

这里对代码 sheet[2][4]='%.2f'%avg 做一些说明。这句写入代表平均成绩的字符串（浮点数），并且需要保留两位小数，所以我们用字符串格式化来实现。

代码中用了多次分片操作。例如语句：

```
for score in sheet[2][1:4]:
```

要注意的一个细节是 sheet[2][1:4]中的[1:4]实际上只取了 1、2、3 三个列位置，并没有取第 4 列。即上面语句实际上是遍历 sheet[2][1]、sheet[2][2]、sheet[2][3]三个位置，并没有遍历到 sheet[2][4]。

以上程序执行完成后，成绩更改了 CSV 文件中的数据，打开 CSV 文件显示如图 5-8 所示。

name	math	physics	english	average
wang	85	80	87	84
li	71	80	78	76.33
zhang	95	90	94	93
average for all				84.44

图 5-8　更改后的数据

将更新后的 CSV 文件转变为 Excel 文件非常简单，打开该 CSV 文件，在主菜单中选择“文件”，再选择“另存为”，在“保存类型”中选择“Microsoft Office Excel 工作簿工作簿（*.xls）”，如图 5-9 所示。

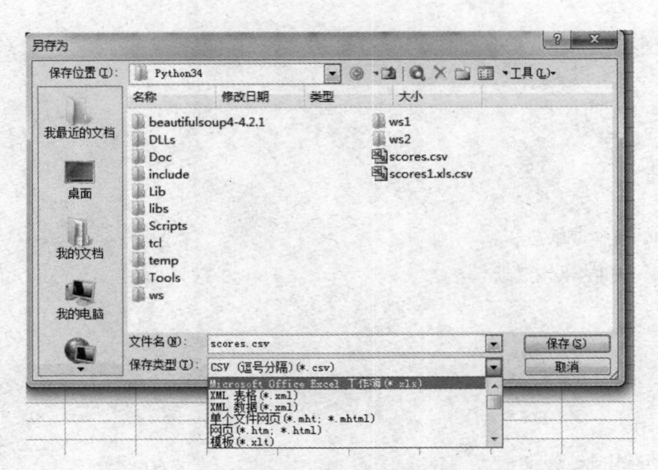

图 5-9　将 CSV 文件另存为 Excel 文件

本 章 小 结

文件被组织在目录（文件夹）中，路径描述了一个文件的位置。运行在计算机上的每个程序都有一个当前工作目录，它让你相对于当前的位置指定文件路径，而并不是总需要绝对路径。os.path 模块包含许多函数，用于操作文件路径。

我们编写的程序可以直接操作文本文件的内容。open()函数打开这些文件，将它们的内容读取为一个大字符串[read()]，或读取为字符串的列表[readlines()]。open()函数可以将文件以写模式或添加模式打开，分别创建新的文本文件或在原来的文本文件中添加内容。

本章介绍了许多操作文件及文件夹的函数，还有大量的相关函数未提及，需要时可查阅帮助文档或手册。

练　习　题

一、选择题

1. 用哪个函数可以检查是否为文件（　　）。

　A. open()　　B. exists()　　C. isfile()　　D. copy()

2. 用哪个函数可以删除目录（　　）。

　A. remove()　　B. rmdir()　　C. replace()　　D. chdir()

3. read()函数一次读取多少个字符（　　）。

　A. 1 个　　B. 1 行　　C. 尽可能多

　D. 必须指定读取个数

4. open()函数打开一个文件有几种基本模式（　　）。

　A. 2　　B. 3　　C. 4　　D. 5

5. 依次执行如下两行代码。

```
open("ws.txt","r")
read(2)
```

然后执行 tell()，结果为（　　）。

A. 0　　B. 1　　C. 2　　D. 3

6. 为了打开文件：c:\scores.txt 进行读取，使用（　　）。

A. infile=open("c:\scores.txt","r")

B. infile=open("c:\\scores.txt","r")

C. infile=open(file="c:\scores.txt","r")

D. infile=open(file="c:\\scores.txt","r")

7. 为了从文件对象 infile 中读取两个字符，使用（　　）。

A. infile.read(2)　　B. infile.read()

C. infile.readline()　　D. infile.readlines()

二、简答题

1. 相对路径是相对于什么?
2. 绝对路径从什么开始?
3. os.getcwd()和 os.chdir()分别是什么?
4. 可以传递给 open()函数的 3 种模式参数是什么?
5. read()和 readlines()之间的区别是什么?

实 战 作 业

1. 在当前目录中创建一个子目录 mydir，然后创建一个文件 mydoc.txt，该文件保存用户键盘输入的内容，直到用户输入"exit"这个字符串时退出。

2. 在当前工作目录中创建一个 mydir 目录，并在该目录下创建一个文本文件 myfile.txt，里面的内容为"I love programming with Python"，然后再在当前目录下创建另一个文件 myfileback.txt 文件，将 myfile.txt 中的内容完整复制到这个新文件中，并删除原来的文件 myfile.txt。

3. 编写程序统计一个文件中的字符数、单词数以及行数。单词由空格分隔。程序应当提示用户输入一个文件名。下面是一个运行示例：

```
>>>Enter a filename:test.txt
1800 字符
200 单词
71  行
```

4. 处理文本文件中的分数。假定一个文本文件中包含未指定个数的分数。编写一个程序，从文件读入分数，然后显示它们的和以及平均值。分数之间用空格分开。程序应当提示用户输入一个文件名。下面是一个运行示例：

```
>>>Enter a filename:test1.txt
There are 70 scores
The total is 800
The average is 33.3
```

5. 电子表格操作

电子表单程序（比如 Microsoft Excel）都有一个选项，可以将数据导出为 CSV 格式。在本练习中，创建程序，读取电子表格（CSV 格式）并操作它。程序应具有以下功能：

（1）显示数据；

（2）删除行或列；

（3）插入行或列；

（4）更改指定单元格中的数据；

（5）输出 CSV 格式的数据。

其中要考虑的问题如下。

使用 CSV 模块，读取电子表格，选择恰当的数据结构来存储数据。该用列表、元组还是字典？

在程序中使用循环，提示输入上述操作的名字。接口方式是用单个字母来表示相关操作，例如，“d”表格删除。

PART06

第6章 列表和元组

引例

表 6-1 所示是联想计算机某年在各地区的销售情况。

表 6-1　联想计算机的销售情况表（单位：台）

地　　区	联想计算机
广州	123333
深圳	94564
珠海	85677
中山	67777
佛山	45646
北京	96786
上海	120078
海南	35555
成都	23445

现在问题是：（1）编程求出各地区的销售总量及销售的平均数量；

（2）求出所有大于平均数的那些数值。

相信大家一看这个题目，对于（1）题的求解会觉得比较简单，利用我们前面学过的知识可以很快编程求解。

以下是（1）题算法思路：设置四个变量，num、sum、average 与 count。其中 num 用于接收每一个地区的联想计算机的销售额；sum 为一个累加器，用于累加所有地区联想计算机的销售额；average 用来求销售的平均数量；count 用于记录有多少个地区。通过循环赋值的方法，把所有的地区联想计算机的销售额相加，再除以地区数，就可以算出各地区的销售总量及销售的平均数量。

程序如下：

```
1.  sum=0              #销售总额
2.  count=0            #销售地区数
3.  average=0.0        #销售平均值
4.  while True:
5.      num=int(input('请输入数据，直到0结束!'))
6.      if num!=0:
7.          count+=1
8.          sum+=num
9.      else:
10.         break
11. average=sum/count
12. print("联想计算机的销售总额是%d，平均各地区的销售量是%f"%(sum,average))
```

但对于题目（2）的求解，大家可能会感得比较迷茫，要求出所有大于平均数的那些数，那也就意味着要记录每个地区的计算机的销售数额，这需要很多个变量才能记录这些数据。在题目（1）中我们只设置了一个 num 变量，那么在题目（2）中就要设置 num1,num2,…,num9 九个变量，并且在程序中要写 9 条比较语句才能得到计算出结果……这真是太辛苦了！程序要这么写：

```
1.  ......
2.  num1=int(input("请输入第1个数："))
3.  num2=int(input("请输入第2个数："))
4.  num3=int(input("请输入第3个数："))
5.  num4=int(input("请输入第4个数："))
6.  num5=int(input("请输入第5个数："))
7.  num6=int(input("请输入第6个数："))
8.  num7=int(input("请输入第7个数："))
9.  num8=int(input("请输入第8个数："))
10. num9=int(input("请输入第9个数："))
11. sum=num1+num2+num3+num4+num5+num6+num7+num8+num9
12. average=sum/9.0
13. '''求大于平均数的销售额'''
14. if num1>average:
15.     print('%d大于平均销售额'%num1)
16. elif num2>average:
17.     print('%d大于平均销售额'%num2)
18.     .....
19. else:
20.     print('%d大于平均销售额'%num9)
21.     ......
```

这里只有 9 个数据，如果是几百个数据，难道也要设计几千个变量，写几千条判断语句？很显然，程序设计者肯定不会让我们用这种方法来编程的。那么如何解决多变量求解的问题呢？通过本章对序列的学习，大家可以很好地解决多变量处理问题。

6.1 序列概览

Python 的内置列表类型也是数据集类型。同字符串一样，列表是序列类型，因此与字符串有一些共同的特点，但也存在着一些不同。

（1）列表可以包含其他元素，而不仅仅包含字符。事实上，列表可以包含任何类型的数据元素序列。并且，不同类型的元素也可以混合在同一列表中。

（2）列表是可变类型。我们知道，字符串是不可变类型，一旦创建好了对象之后，字符串是不能改变的。但是列表是可变对象，在创建列表对象后，是可以发生改变的。有多种方法进行改变可变类型。本章我们将会探讨这些方法。

（3）列表是可以嵌套的，列表中又可以嵌套一个或多个列表。

从引例中我们知道，对于一个或几个数据的操作，可以用变量来进行引用。但是如果要对一组数据（数据很多），当然不能再应用变量来进行引用了。这时列表就很好用了。

我们可以使用构造函数 list 创建列表，也可以采用方括号[]来构造列表，列表中的每个元素用逗号分隔。

下面是在 Python 命令窗口中创建列表的几个例子。

```
>>>aList=[1,2,3,4,5,6,7,8,9,10]
>>>numList=[i for i in range(1,11)]
>>>numList
[1, 2, 3, 4, 5, 6, 7, 8, 9, 10]
>>>listOflist=[[1,2,3],[1,2,3]]
>>> weekdays=['Sun','Mon','Tue','Wed','Thu','Fri','Sat']
>>>bList=['OK',True,1.12,[1,2,3]]
>>>bList
['OK', True, 1.12, [1, 2, 3]]
>>>weekdays
['Sun', 'Mon', 'Tue', 'Wed', 'Thu', 'Fri', 'Sat']
```

在这几个例子中要注意几个问题。

（1）aList 是一个列表，列表中的数据是由逗号分隔开来的，而方括号使序列标记为列表。

（2）listOflist 的列表中，可以嵌套多个列表，并且可以多重嵌套。

（3）numList 列表采用了一种快速产生 1～10 个元素的列表。

（4）bList 列表是由 4 个元素组成的序列，有字符型、布尔类型、浮点型，还有一个子嵌套。任何 Python 类型都可以作为列表中的元素，不同类型的元素可以存在于同一列表中。这也正是列表与字符串所不同的地方。

（5）numList=[i for i in range(1,11)]，通过列表解析的方法，可以生成一个 1，2，3，…，10 的元素的列表。列表解析会在后面的 6.3.3 节里讲解。

6.2 通用序列操作

所有序列类型都可以进行某些特定的操作。这些操作包括：索引、分片、加、乘以及检查某个元素是否属于序列的成员。除此之外，Python 还有计算序列长度、找出最大元素和最小元素的内建函数。

6.2.1 索引

序列中所有的元素都是有序列号的，也就是所谓的索引。索引是从 0 开始的，我们可以通过索引号对序列中的元素进行访问，例如：

```
>>>AList=[chr(i) for i in range(65,91)]
>>>AList
['A', 'B', 'C', 'D', 'E', 'F', 'G', 'H', 'I', 'J', 'K', 'L', 'M', 'N', 'O', 'P', 'Q', 'R', 'S', 'T', 'U', 'V', 'W', 'X', 'Y', 'Z']
```

Alist 列表是由 26 个大写英文字母组成。其中“A”字符的索引号是 0，“Z”的索引号是 25。可以通过索引获取元素，如果要显示字符“A”，就可以在输出 Alist[0]。

```
>>>AList[0]
'A'
```

所有序列也可以通过负数进行索引。使用负数索引时，Python 会从右边，也就是从最后 1 个元素开始计数。最后 1 个元素的位置编号是-1。如果要显示字符“Z”，就可以输入 Alist[-1]，如果要输出字符“Y”，就可以输入 Alist[-2]。列表结构如表 6-2 所示。

表 6-2 列表结构

‘A’	‘B’	‘C’	…	…	…	‘X’	‘Y’	‘Z’
0	1	2				23	24	25
−26	−25	−24	…	…	…	−3	−2	−1

```
>>>AList[-1]
'Z'
```

下面通过一个具体的例子让大家了解索引的作用。

【例 6-1】编写一段程序，输入月份(1～12 的数字)，然后打印出相应的月份英文拼写。

程序如下：

```
1.  months=['January', 'February','March','April','May','June','July', \
    'August','September','October','November','December']
2.  while True:
3.      month_num=int(input("请输入月份："))
4.      if month_num!=0:
5.          print("你输入的是%s"%months[month_num-1])
6.      else:
7.          break
```

以下是程序的运行结果。

```
请输入月份：3
你输入的月份是March
请输入月份：4
你输入的月份是April
请输入月份：12
你输入的月份是December
请输入月份：0
```

因为索引号是从 0 开始的，所以程序中月份的输入要 month_num-1。

有时因为数据的需要，需要使用嵌套列表，也就是列表中再插入列表。如要加入一组学生成绩数据，如表 6-3 所示。

表 6-3　学生成绩表

姓　名	语　文	数　学	英　语
张小明	87	78	88
李丽丽	76	87	56
……	……	……	……
王大路	90	95	89

stuScore=[['张小明',87,78,88],['李丽丽',76,87,56],…,['王大路',90,95,89]],如果想要显示某个同学的成绩，如李丽丽的数学成绩，就可以这样表示，stuScore[1][1]。前一个索引[1]代表第几条记录，后一个索引[1]代表记录中的第几个成绩。当然，还可以有多重嵌套列表，索引的表示方法也类似的。

让我们再回过头来看一下引例中的第 2 个问题，现在解答起来是不是就觉得不那么难了啊。设置一个列表序列 computerSales，把数据输入进去；设置 sum 用于求和，average 用于求平均数，通过索引，令 computerSales 中的每个元素都与 average 比较，就能得出所有大于或小于平均数的那些数据。

```
1.  程序编码如下：
2.  computerSales=[['广州',123333],['深圳',94564],['珠海',85677],['中山',67777], \
3.  ['佛山',15646],['北京',96486],['上海',120078],['海南',35555],['成都',23445]]
4.  sum=0.0
5.  average=0.0
6.  for computer in computerSales:    #
7.      print(computer[0],computer[1])
8.  for computer in computerSales:     #
9.      sum+=computer[1]
10. average=sum/len(computerSales)
11. print("联想电脑销售总量是%d,平均销售量是%f"%(sum,average))
12. print("大于平均销售额的地区与销售量")
13. for computer in computerSales:     #
14.     if computer[1]>average:
15.         print("%s 地区 %5s 台"%(computer[0],computer[1]))
```

运行结果：

```
广州 123333
深圳 94564
珠海 85677
中山 67777
佛山 15646
北京 96486
上海 120078
海南 35555
```

```
成都 23445
联想电脑销售总量是662561,平均销售量是73617.888889
大于平均销售额的地区与销售量
广州地区 123333 台
深圳地区 94564 台
珠海地区 85677 台
北京地区 96486 台
上海地区 120078 台
```

6.2.2 分片

通过索引可以访问一个数据，如果要访问一定范围的数据元素，就可以使用分片操作来访问。分片通过冒号相隔的两个索引来实现。

```
>>>address ='http:// www.ptpress.com.cn '
>>>address[7:25]
' www.ptpress.com.cn '
>>>address[11:-7]
'ptpress'
```

分片操作对于提取序列的一部分是很有用的。而编号在这里显得尤为重要。第 1 个索引是需要提取部分的第 1 个元素的编号，而最后的索引则是分片之后剩下部分的第 1 个元素的编号。请参见如下代码：

```
>>> numbers = [1,2,3,4,5,6,7,8,9,10]
>>>numbers[2:5]
[3,4, 5]
>>>numbers[0:1]
[1]
```

分片操作的实现需要提供两个索引作为边界，第 1 个索引的元素是包含在分片内的，而第 2 个则不包含在分片内。

可能有的时候会出现这种情况，假设需要访问最后 3 个元素，那么当然可以进行显式的操作：

```
>>>numbers[7:10]
[8,9,10]
```

现在，索引 10 指向的是第 11 个元素，而这个元素并不存在，却是在最后一个元素之后。

现在，这样的做法是可行的。但是，如果需要从列表的结尾开始计数呢？

```
>>>numbers[-3:-1]
[8, 9]
```

看来并不能以这种方式访问最后的元素。那么使用索引 0 作为最后一步的下一步操作所使用的元素，结果又会怎样呢？

```
>>>numbers[-3:0]
[]
```

这并不是我们所要的结果。实际上，只要分片中最左边的索引比它右边的晚出现在序列中(在这个例子中是倒数第 3 个比第 1 个晚出现)，结果就是一个空的序列。那么有什么好办法呢？Python 提供了一种比较好的方法：如果分片所得部分包括序列结尾的元素，那么，只需置空最后一个索引即可。

```
>>>numbers[-3:]
[8,9,10]
```

这种方法同样适用于序列开始的元素。

```
>>>numbers[:3]
[1, 2, 3]
```

实际上，如果需要复制整个序列，可以将两个索引都置空。

```
>>>newnumbers=numbers[:]
>>>newnumbers
[1, 2, 3, 4, 5, 6, 7, 8, 9, 10]
```

有的时候，对于 numbers 这个列表，想提取所有的偶数项元素，或者所有的奇数项元素，应该怎么办呢？

在进行分片的时候，分片的开始和结束点需要进行指定。其实除了这两个参数外，另外还有一个参数是步长。在普通的分片中，默认步长是 1。分片操作就是按照这个步长逐个遍历序列的元素，然后返回开始和结束点之间的所有元素。如果要修改步长，那么可以这样操作。例如，要得到 numbers 中所有的奇数项元素。

```
>>>numbers[0:10:2]
[1, 3, 5, 7, 9]
```

或者这么操作：

```
>>>numbers[::2]
[1, 3, 5, 7, 9]
```

如果想倒序显示列表，可以这么操作：

```
>>>numbers[::-1]
[10, 9, 8, 7, 6, 5, 4, 3, 2, 1]
```

如果要倒序显示奇数项或者偶数项，应该怎么操作呢？

```
>>>numbers[-2::-2]
[9, 7, 5, 3, 1]
>>>numbers[-1:0:-2]
[10, 8, 6, 4, 2]
```

从这些例子可以看出，开始点的元素（最左边元素）包括在结果之中，而结束点的元素(最右边的元素)则不在分片之内。分片的步长是正数，那么开始点一定是小于结束点的，否则结果就是空；分片的步长是负数，那么开始点一定是大于结束点的。当然这里的开始点与结束点可以是正数表达式或者是负数表达式。例如，在这里要得到正确的分片结果需要动些脑筋。

```
>>>numbers[-1:5:-2]
[10, 8]
```

开始点是-1，表示序列中最后一个元素，结束点是 5，表示序列中第 5 个元素。像这样的正、负交叉表示也是可以的。

现在让我们看一个分片实例。

【例 6-2】对网址进行分割，输入 URL，截取它的域名。主要针对 http://www. ryjiaoyu.com 或者是 http://www. ryjiaoyu.cn 形式的 URL 进行分割。

程序如下：

```
1.    url=input("please enter the URL:")
2.    if url[-3]=='.':
3.            domain=url[11:-3]
4.    else:
5.          domain=url[11:-4]
6.    print('Domain name:'+domain)
```

运行结果如下：

```
please enter the URL:http://www.ryjiaoyu.com
Domain name:ryjiaoyu
```

6.2.3 列表的运算

在列表中可以进行加法(+)运算和乘法(*)运算，得到的结果与字符串上的使用是类似的。

1. 列表相加

加法运算符以两个列表作为操作数，将两个列表串连接在一起形成新的列表。

```
>>> [1,2,3]+[4,5,6]
[1, 2, 3, 4, 5, 6]
```

连接操作与字符串相同，此操作的类型是固定的。只能是列表对列表进行操作，列表对其他的操作都是错误的，例如：

```
>>> 'hello'+['Python']
Traceback (most recent call last):
    File "<pyshell#23>", line 1, in <module>
    'hello'+['Python']
TypeError: Can't convert 'list' object to str implicitly
```

显然，字符串只能和字符串相加，列表只能和列表相加。

2. 列表相乘

用数字 n 乘以一个序列会生成新的序列，而在新的序列中，原来的序列将被重复 n 次。

```
>>> a=[1,2,3]
>>>a*3
[1, 2, 3, 1, 2, 3, 1, 2, 3]
```

3. None、空列表和初始化

空列表可以简单地通过两个中括号 [] 进行表示，表示里面什么东西都没有。但是，如果想创建一个占用十个元素空间，却不包括任何有用内容的列表，又该怎么办呢？可以这样描述，[0]*10，这样就生成了一个包括 10 个 0 的列表。然而，有时候可能会需要一个值来代表空值，表示里面没有放置任何元素。这个时候就需要使用 None。None 是一个 Python 的内建值，它的确切含意是“这里什么也没有”。因此，如果想初始化一个长度为 10 的列表，可以按照下面的例子来实现。

```
>>>NoneList=[None] *10
>>>NoneList
[None, None, None, None, None, None, None, None, None, None]
```

4. 列表的比较

列表的比较操作与字符串类似，可以在两个列表之间使用>、<、==、>、>=、<=和!=符号。

和字符串比较相同，列表的比较也是从第一个元素开始的。如果第一个元素相同，则继续比较列表中的第二个元素，以此类推，直到比出大小为止，或者相等。

```
>>> [1,2,3]<[1,2,4]
True
>>> [1,2,3,0]>[1,2,3]
True
```

5. 运算符 in

为了检查一个值是否在序列中，可以使用 in 运算符。这个运算符检查某个条件是否为真，然后返回相应的值:条件为真返回 True，条件为假返回 False。

```
>>> 'a' in ['a','b','c']
True
>>> 'A' in ['a','b','c']
False
```

下面举一个例子来说明 in 的用途。

【例 6-3】 设置用户登录系统，提示用户输入用户名与密码，如果正确，发出正确提示，如果不正确，发出错误提示。以下是程序示例：

```
1.  DataBase=[['zhao',1234],['qian',2234],['sun',2334],['Li',4234]]
2.  usr=input('Enter your name:')
3.  pwd=int(input("Enter your password:"))
4.  if [usr,pwd] in DataBase:
5.      print("Welcome to you!")
6.  else:
7.      print ("Access denied!")
```

运行结果：

```
Enter your name:zhao
Enter your password:1234
Welcome to you!
```

6.2.4 列表的常用函数

有些函数适用于列表类型，内建函数 len、 min 和 max 就非常有用。len 函数返回序列中所包含元素的数量，min 函数和 max 函数则分别返回序列中最大和最小的元素。List 函数能把其他的数据类型转换成列表函数。比如可以把字符串类型转换成列表，也可以把元组转换成列表。

```
>>>numbers=[1, 2, 3, 4, 5, 6, 7, 8, 9, 10]
>>>len(numbers)
10
>>>max(numbers)
10
>>>min(numbers)
1
>>>word=list('python')
>>>word
['p', 'y', 't', 'h', 'o', 'n']
```

6.3 列表对象

列表和字符串这两个对象在 Python 中应该是应用最广泛的了，并且列表是可以修改的。

6.3.1 基本的列表操作

我们知道，列表是可变对象，是可以修改的。本节会介绍一些可以改变列表的方法:元素赋值、元素删除、分片赋值以及列表方法。

1. 改变列表：元素赋值

改变列表是很容易的，只需要使用普通的赋值语句即可。然而，我们是不能直接使用列表名来进行赋值的，比如 numbers=100，而是使用索引标记来为某个特定的、位置明确的元素赋值，如 numbers[0]=100

```
>>>numbers[0]=100
>>>numbers
[100, 2, 3, 4, 5, 6, 7, 8, 9, 10]
```

可以看出，对列表赋值，实际上也会改变列表中原来的值。

2. 删除元素

删除元素是使用 del 的方法来实现的。这里删除列表中的某个元素是不能直接删除元素的，而是通过元素中的索引号来进行的。例如，要删除 numbers 中的 100，那么只要记得 100 这个元素所在列表中的位置是 0 就可以了。删除该元素之后，原来列表的长度也会自动更新。

```
>>>del numbers[0]
>>>numbers
[2, 3, 4, 5, 6, 7, 8, 9, 10]
```

3. 分片赋值

分片是一个非常强大的特性，分片赋值操作则更加显现它的强大。

```
>>>name=list('Wang')
>>>name
['W', 'a', 'n', 'g']
>>>name[1:]=list('hua')
>>>name
['W', 'h', 'u', 'a']
```

程序可以一次为多个元素赋值了。可能有的读者会想:这有什么大不了的，难道就不能一次一个地赋值吗？当然可以，但是在使用分片赋值时，可以使用与原序列不等长的序列将分片替换：

```
>>>name=list('Peter')
>>>name[1:]=list('ython')
>>>name
['P', 'y', 't', 'h', 'o', 'n']
```

分片赋值语句可以在不需要替换任何原有元素的情况下插入新的元素。

```
>>>numbers=[1, 5]
>>>numbers[1:1]=[2, 3, 4]
>>>numbers
>>> [1, 2, 3, 4, 5]
```

这个程序只是“替换”了一个空的分片，因此实际的操作是插入了一个序列。以此类推，通过分片赋值来删除元素也是可行的。

```
>>>numbers=[1, 2, 3, 4, 5]
>>>numbers[1:4]=[]
>>>numbers
[1, 5]
```

6.3.2 列表方法

方法是作用于 Python 中特定类型对象的函数，每个对象都有自己的方法，而这些方法都只能作用于本身对象，是不能作用于其他对象的。比如，前面学过的字符串也有很多方法，这些方法只能作用于字符串对象，而不能作用于列表对象。列表本身也含有很多方法，下面我们来介绍一下。

1. append

append 方法是在列表中新增加一项元素。增加之后，列表的长度增加 1。

```
>>>numList=[1,2,3,4]
>>>numList.append(5)
>>>numList
[1, 2, 3, 4, 5]
```

2. count

count 用于统计某个元素在列表中出现的次数。

```
>>>aList = [123, 'xyz', 'zara', 'abc', 123];
>>>aList.count(123)
2
>>>aList.count('zara')
1
```

3. extend

extend 方法可以在列表的末尾一次性追加另一个序列中的多个值。换句话说，可以用新列表扩展原有的列表。

```
>>>aList = [123, 'xyz', 'zara', 'abc', 123]
>>>bList = [2009, 'manni']
>>>aList.extend(bList)
>>>aList
[123, 'xyz', 'zara', 'abc', 123, 2009, 'manni']
```

这个操作看起来很像连接操作，两者最主要的区别在于:extend 方法修改了被扩展的序列，aList 这个列表被扩展了。而原始的连接操作则不然，它会返回一个新的列表。

```
>>>aList=[123, 'xyz', 'zara', 'abc', 123]
>>>bList=[2009, 'manni']
>>>aList+bList
[123, 'xyz', 'zara', 'abc', 123, 2009, 'manni']
>>>aList
[123, 'xyz', 'zara', 'abc', 123]
```

从这个例子中，我们可以看出，aList+bList 会产生一个新的列表，但是 aList 没有改变，还是原来的那个。

4. index

index 方法是返回查找对象的索引位置，如果没有找到对象则会抛出异常。

```
>>>aList.index('zara')
2
>>>aList.index('zhang')
Traceback (most recent call last):
  File "<pyshell#101>", line 1, in <module>
aList.index('zhang')
ValueError: 'zhang' is not in list
```

当搜索对象“zara”时，发现它在列表的第 3 个位置，便会显示；由于“zhang”这个对象不存在，所以系统抛出值错误异常，“zhang”在列表中不存在。

5. insert

insert 用于把对象元素插入到指定的列表位置，同时，列表增加多一个对象。

```
>>>aList = [123, 'xyz', 'zara', 'abc']
>>>aList.insert( 3, 321)
>>>aList
[123, 'xyz', 'zara', 321, 'abc']
```

6. pop

pop 方法会移除列表中的一个元素(默认是最后一个)，并且返回该元素的值。

```
>>>aList.pop()
'abc'
>>>aList.pop()
'zara'
>>>aList
[123, 'xyz']
```

也可以选择一个对象元素移除，比如要移除 123 这个元素，可以找到 123 元素在列表中的位置，然后移除。

```
>>>aList.pop(0)
123
>>>aList
['xyz']
```

7. remove

remove 方法用于移除列表中某个值的第一个匹配项。

```
>>>aList = [123, 'xyz', 'zara', 'abc','xyz']
>>>aList.remove('xyz')
>>>aList
[123, 'zara', 'abc', 'xyz']
```

可以看到，只有第一次出现的值被移除了，并且后面元素的位置全都向前移了一位。remove 是一个没有返回值的原位置改变方法。

8. reverse

reverse 方法是将列表中的元素反向存放。

```
>>>numList=[1,2,3]
>>>numList.reverse()
>>>numList
[3, 2, 1]
```

请注意，该方法也是改变了列表但不返回值的。

9. sort

sort 方法用于对原列表进行排序，如果指定参数，则使用比较函数指定的比较函数。sort 方法用于在原位置对列表进行排序。在“原位置排序”意味着改变原来的列表，从而让其中的元素能按一定的顺序排列，列表对象依然是原来的那个列表对象，而不是一个已排序的列表副本。

```
>>>numbers=[3,9,6,7,2,4]
>>>numbers.sort()
>>>numbers
[2, 3, 4, 6, 7, 9]
```

如果要从大到小排列列表中的数据元素，可以修改 sort 中的 reverse 参数。

```
>>>numbers.sort(reverse=True)
>>>numbers
[9, 7, 6, 4, 3, 2]
```

系统默认 reverse=False，所以，一般是从小到大排序。

sort 方法另外有一个可选的参数——key。如果要使用它，那么就要通过名字来指定(这叫作关键字参数，在字典中会用到)。参数 key 必须提供一个在排序过程中使用的函数。然而，该函数并不是直接用来确定对象的大小，而是为每个元素创建一个键，然后所有元素根据键来排序。例如，要按字符的长度来进行排序，那么可以使用 len 作为键函数：

```
>>>words=['I','am','a','good','teacher']
>>>words.sort(key=len)
>>>words
['I', 'a', 'am', 'good', 'teacher']
```

10. split 与 join

在学习字符串一章中已经学过 split 函数了，现在我们来介绍一下它是如何用在列表上的。当字符串调用 split 时，需要提供该方法的参数，如果没有提供参数，就是默认空格。

```
>>> 'We are teachers'.split()
['We', 'are', 'teachers']
```

也可以使用参数作为分隔符。

```
>>> 'www.ptpress.com.cn'.split('.')
['www', 'ptpress', 'com', 'cn']
```

有时候需要在列表与字符串之间进行交替变换。join 函数与 split 函数正好是相反的功能。split 函数把字符串进行分片，产生列表。join 函数以某种分隔符作为主调对象，把列表中的字符连接起来。

```
>>>words='www.ptpress.com.cn'.split('.')
>>>words
['www', 'ptpress', 'com', 'cn']
>>> address='.'.join(words)
>>> address
'www.ptpress.com.cn'
```

words 通过 split 把“www.ptpress.com.cn”进行分列，产生一个列表 words。调用 join 方法，用“.”作为分隔符，把列表中的所有元素连接起来，产生一个字符串 address。

6.3.3 列表解析

在 6.1 节中，有个例子用到了列表解析，numList=[i for i in range(1,11)]，很方便地构造了一个新的列表。下面我们就来谈一下列表解析。列表解析是 Python 迭代机制的一种应用，它常用于实现创建新的列表，它的表达形式是这样的：

```
[expression for iter_val in iterable if cond_expr]
```

例如，如果想得到 0~20 的奇数列表，可以使用 range 来生成 0~20 的数字，然后检查用 2 除的余数部分不等于 0，来判定数字是否为偶数。再将每个满足条件的元素收集到列表中。

```
>>> [i for i in range(1,20) if i%2!=0]
[1, 3, 5, 7, 9, 11, 13, 15, 17, 19]
```

也可以用于字符串的应用，比如有两个字符串，strA='abcdefg'，strB='defghijk'。如果要得到两个字符串的交集，就可以这么表示：

```
>>>strA="abcdefg"
>>>strB='defghijk'
>>> [char for char in strA if char in strB]
['d', 'e', 'f', 'g']
```

还可以从多个序列中，采用复杂条件来得表列表。例如要生成笛卡尔坐标对，x 在 0~2 的范围内，y 在 0~4 的范围内，仅当 $x>y$。

```
>>> [(x,y) for x in range(3) for y in range(4) if x>y]
[(1, 0), (2, 0), (2, 1)]
```

列表解析是一个很有意思的表达，一旦用到它，会经常可以创建一些可读性强的、紧凑的代码，并且效率较高。

6.4 元组：不可变序列

元组也是一种序列，与列表很相似。唯一的不同是元组不能修改。创建元组的语法很简单，只要在数值之间加上逗号，就可以创建元组。

```
>>> 1,2,3
(1, 2, 3)
```

空元组可以用没有包含内容的两个圆括号来表示。

```
>>> ()
()
```

那么如何实现包括一个值的元组呢？只要加上一个逗号就可以，即使只有一个值。

```
>>> 123,
(123,)
```

一个值，直接加上括号，可以吗？

```
>>> (123)
123
```

显然不行。在元组的表达过程中，逗号是很重要的，只添加圆括号也是没用的。(123)和 123 是完全一样的。再看一个例子：

```
>>> (123) *3
369
>>> (123,) *3
(123, 123, 123)
```

6.4.1 tuple 函数

tuple 函数的功能与 list 函数基本上是一样的：以一个序列作为参数并把它转换为元组。如果参数就是元组，那么该参数就会被原样返回。

```
>>>tuple('123')
('1', '2', '3')
>>>tuple(['a','b','c'])
('a', 'b', 'c')
```

6.4.2 基本元组操作

元组的操作和列表的操作差不多，但是，元组是不可变对象，而列表是可变对象。任何可以改变对象的操作，对于元组来说都是不可以的。比如插入元素、删除元素等，都是不可以的，因为这些操作会改变元组对象，而其他的基本操作方法与列表的基本一致，这里不再赘述，下面介绍一下元组的基本操作。

1. “+”和“*”运算

```
>>> (1,2,3)+(4,5,6)
(1, 2, 3, 4, 5, 6)
>>> (1,2,3) *3
(1, 2, 3, 1, 2, 3, 1, 2, 3)
```

2. 元组的分片操作

```
>>>myTuple=(1,2,3)
>>>myTuple[1]
2
>>>myTuple[1:3]
(2, 3)
```

3. 元组的 in 操作

```
>>> 2 in myTuple
True
>>> 4 in myTuple
False
```

4. 求元组的长度、最大值、最小值

```
>>>len(myTuple)
3
>>>max(myTuple)
3
>>>min(myTuple)
1
```

6.4.3 为什么需要元组

元组所有的功能，列表都有；而列表所有的功能，元组却不一定有。为什么还要设置元组这样单独的类型？主要原因就是元组的这种不可变性。因为元组是不可改变的，所以可以为需要的地方提供不可变对象。我们以后在学习字典类型时，会发现字典的键必须是不可变的，因此元组可以用作字典的键，而列表不能。

6.5 列表应用举例：文件分析

在计算机的应用过程中，文件分析是很重要的一个部分。特别是大数据的发展，更需要对存在于计算机中的各种文件进行分析。下面就针对一个具体的文本文件进行分析。

【例 6-4】分析《我有一个梦想》文本，主要完成以下几个方面的工作。

（1）分析文件的长度，统计单词的个数。

（2）获取文件中只出现一次的单词数。

本文节选了马丁·路德·金《我有一个梦想》演讲稿中的一部分内容作为示例。这个演讲很出名，大家都应该有所了解。

1.《我有一个梦想》演讲稿的长度

如何获取演讲稿内容的长度呢，可以先把演讲稿的内容全部放到列表中，然后利用 len 函数来获取其长度。首先打开文件，逐行读取文件内容。将每行内容读入一个临时变量中，然后再通过 split 方法来抽取单词并放入列表，再通过 extend 的方法将每一行的列表汇总到新的列表中。算法如下。

（1）打开文件进行读取。

（2）初始化演讲列表。

（3）对文件中的每一行进行处理。

① 把每一行打散，并放入一个列表中。

② 将列表汇总到演讲列表中。

（4）获取演讲列表的长度。

以下是代码清单：

```
1.  #统计演讲稿的长度
2.  speach=[]    #演讲列表
3.  count=0        #统计列表的长度
4.  sentence=open("dream.txt","r")   #打开文件
5.  for words in sentence:
6.       temp=words.split()    #temp为临时列表
7.       speach.extend(temp)   #列表汇总
8.  count=len(speach)
9.  print(speech)
10. print("文件长度为%d:"%count)
```

运行结果如下：

```
['I', 'have', 'a', 'dream', 'that', 'one', 'day', 'this', 'nation', 'will', 'rise', 'up', 'and', 'live', 'out', 'the', 'true', 'meaning', 'of', 'its', 'creed:', '"We', 'hold', 'these', 'truths', 'to', 'be', 'self-evident,', 'that', 'all', 'men', 'are', 'created', 'equal."', 'I', 'have', 'a',
```

```
'dream', 'that', 'one', 'day', 'on', 'the', 'red', 'hills', 'of', 'Georgia,', 'the', 'sons', 'of', 'former', 'slaves', 'and', 'the', 'sons', 'of', 'former', 'slave', 'owners', 'will', 'be', 'able', 'to', 'sit', 'down', 'together', 'at', 'the', 'table', 'of', 'brotherhood.'……]
文件长度为:354
```

输出的结果比较长，只打印了一部分，文章总的长度为 354 个单词。从打印的文章中来看，发现列表中有些是纯单词，有些单词后面的标点符号没有清除，如 *"creed:"* 这个单词中含有":"，应该把这些标点符号给清除掉。如何去除呢，这就需要对列表中的每个单词进行筛选，把单词中非字母的字符给去掉。算法如下。

遍历每一个单词。

（1）遍历单词中的每一个字符。

① 设置一个新的字符累加器 newWord。

② 如果是字母字符就加入到 newWord，如果不是字母字符就舍去。

（2）把新单词 newWord 加入新的列表 purSpeach 中。

代码如下：

```
1.  #统计演讲稿的长度
2.  speach=[]      #演讲列表
3.  count=0        #统计列表的长度
4.  purSpeach=[] #纯单词列表
5.  sentence=open("dream.txt","r")  #打开文件
6.  for words in sentence:
7.          temp=words.split()     #temp为临时列表
8.          speach.extend(temp)   #列表汇总
9.  count=len(speach)
10. #对文本中的单词进行预处理，把纯单词加入到新列表。
11. for word in speach:
12.         newWord=""
13.         for char in word:
14.                 if char not in string.punctuation :
15.                         newWord+=char
16.         purSpeach.append(newWord)
17. count=len(purSpeach)
18. print(purSpeach)
19. print("文件长度为%d:"%count)
```

运行结果如下：

```
['I', 'have', 'a', 'dream', 'that', 'one', 'day', 'this', 'nation', 'will', 'rise', 'up', 'and', 'live', 'out', 'the', 'true', 'meaning', 'of', 'its', 'creed', 'We', 'hold', 'these', 'truths', 'to', 'be', 'selfevident', 'that', 'all', 'men', 'are', 'created', 'equal', 'I', 'have', 'a', 'dream', 'that', 'one', 'day', 'on', 'the', 'red', 'hills', 'of', 'Georgia', 'the', 'sons', 'of', 'former', 'slaves', 'and', 'the', 'sons', 'of', 'former', 'slave', 'owners', 'will', 'be', 'able', 'to', 'sit', 'down', 'together', 'at', 'the', 'table', 'of', 'brotherhood'……]
文件长度为：354
```

从打印结果可以看到，标点符号已经清除了。

2.《我有一个梦想》的不重复的单词

演说中到底有多少个不同的单词？如何解决这个问题？可以先建立独立单词列表，然后再统计该列表的长度就可以了。

算法如下。

（1）初始化独立单词列表。

（2）对演讲中的每个单词进行处理。

① 如果该单词不在列表中。

② 将单词添加到列表中。

代码如下：

```
1.   #获取不重复单词
2.   ...
3.   for word in purspeach:    #遍历单词列表
4.       if word not in unique:   #如果单词不在独立列表中，就加入
5.           unique.append(word)
6.   ....
7.   现在把代码统一整合起来，完整地运行一下。
8.   #统计演讲稿的长度
9.   speach=[]     #演讲列表
10.  count=0       #统计列表的长度
11.  purSpeach=[] #纯单词列表
12.  sentence=open("dream.txt","r")   #打开文件
13.  for words in sentence:
14.      temp=words.split()    #temp为临时列表
15.      speach.extend(temp)   #列表汇总
16.  count=len(speach)
17.  #对文本中的单词进行预处理，把纯单词加入新列表。
18.  for word in speach:
19.      newWord=""
20.      for char in word:
21.          if char not in string.punctuation :
22.              newWord+=char
23.      purSpeach.append(newWord)
24.  count=len(purSpeach)
25.  print(purSpeach)
26.  print('文件长度为:%d'%count)
27.  #获取不重复单词
28.  for word in purSpeach:
29.      word=word.lower()
30.      if word not in unique:
31.          unique.append(word)
32.  #打印不重复单词
33.  for word in unique:
34.      count+=1
35.      print(word,end=' ')
36.  print("\n不重复的单词个数为:",len(unique))
```

运行结果如下：

```
['I', 'have', 'a', 'dream', 'that', 'one', 'day', 'this', 'nation', 'will', 'rise', 'up', 'and', 'live', 'out', 'the', 'true', 'meaning', 'of', 'its',
'creed', 'We', 'hold', 'these', 'truths', 'to', 'be', 'selfevident', 'that', 'all', 'men', 'are', 'created', 'equal', 'I', 'have', 'a', 'dream',
```

```
'that', 'one', 'day', 'on', 'the', 'red', 'hills', 'of', 'Georgia', 'the', 'sons', 'of', 'former', 'slaves', 'and', 'the', 'sons', 'of', 'former', 'slave', 'owners', 'will', 'be', 'able', 'to', 'sit', 'down', 'together', 'at', 'the', 'table', 'of', 'brotherhood'......]
文件长度为: 354
i have a dream that one day this nation will rise up and live out the true meaning of its creed we hold these truths to be selfevident all men are created equal on red hills georgia sons former slaves slave owners able sit down together at table brotherhood ......
不重复的单词个数为: 145
```

本章小结

序列是一种数据结构，它包含的元素都进行了编号(从 0 开始)。典型的序列包括列表、字符串和元组。其中，列表是可变的，而元组和字符串是不可变的。通过分片操作可以访问序列的一部分，其中分片需要两个索引号来指出分片的起始和结束位置。要想改变列表，则要对相应的位置进行赋值，或者使用赋值语句重写整个分片。

in 操作符可以检查一个值是否存在于序列中。对字符串使用 in 操作符是一个特例——它可以查找子字符串。

一些内建类型具有很多有用的方法。这些方法有些像函数——不过它们与特定值联系得更密切。方法是面向对象编程的一个重要的概念，稍后的章节中会对其进行讨论。

列表解析提供了一种优雅的生成列表的方法，能用一行代码代替十几行代码，而且不损失任何可读性。

利用增量方式展示了如何开发程序，这是一个解决问题的常用技巧。

练习题

一、填空题

1. 表达式“[3] in [1, 2, 3, 4]”的值为________________。

2. 列表对象的 sort()方法用来对列表元素进行原地排序，该函数返回值为________________。

3. 假设列表对象 aList 的值为[3, 4, 5, 6, 7, 9, 11, 13, 15, 17]，那么切片 aList[3:7]得到的值是______________________。

4. 使用列表解析生成包含 10 个数字 5 的列表，语句可以写为________________。

5. 任意长度的 Python 列表、元组和字符串中最后一个元素的下标为________________。

6. Python 语句 list(range(1,10,3))执行结果为____________________。

7. 表达式 list(range(5)) 的值为________________。

8. ________________命令既可以删除列表中的一个元素，也可以删除整个列表。

9. 已知 a = [1, 2, 3]和 b = [1, 2, 4]，那么 id(a[1])==id(b[1])的执行结果为________________。

10. 表达式 range(10,20)[4] 的值为________________。

11. 创建列表 L1=[1,2,3,4,5,6,7,8,9,10]方法________________

12. ____________________片选的结果是[3,4,5,6]。

13. L2=["students",True,[1,2,3],45,"good"],把“good”改成“bad”________，统计 L2 列表中元素的个数的方法是________，在 L2 列表中添加一个元素“people”________，对 L2 进行

排序的方法是__________，出栈的方法是______________。

二、简答题

1. 产生一个 1 ~ 20 的列表。

2. 产生一个 1 ~ 20 的所有偶数列表。

3. 产生一个 26 个大写英文字母列表。

4. 已知字符串 str='ABCDEFGHIJKLMNOPQRSTUVWXYZ'，请将之转换成字符列表 strList=['A', 'B', 'C', 'D', ... , 'X', 'Y', 'Z']。

5. 请将 strList=['A', 'B', 'C', 'D', ... , 'X', 'Y', 'Z']转换成字符串 str=" ABCD……WXYZ"。

6. 已知字符串 str='ABCDEFGHIJKLMNOPQRSTUVWXYZ'，请将之转换成字符列表 str1='A/B/C/D/E/F/G/H/I/J/K/L/M/N/O/P/Q/R/S/T/U/V/W/X/Y/Z'。

7. 编写程序，用户输入一个列表和 2 个整数作为下标，然后输出列表中介于 2 个下标之间的元素组成的子列表。例如用户输入[1,2,3,4,5,6]和 2,5，程序输出[3,4,5,6]

8. 编写程序，生成包含 20 个随机数的列表，然后将前 10 个元素升序排列，后 10 个元素降序排列，并输出结果。

9. 已知列表 strList=['A', 'B', 'C', 'D', ... , 'X', 'Y', 'Z']，请编写程序写出以下列表：[['Z'], ['Y', 'Z'], ['X', 'Y', 'Z'], ...,['A', 'B', 'C', 'D', ... , 'X', 'Y', 'Z']]。

10. 列表与字符串有什么相同的特点，有什么不同的特点？请描述它们。

11. sort 与 sorted 的区别是什么，应该怎么使用它们？

12. IP='www.ptpress.com.cn'，请把它转化为['www','ptpress','com','cn'].

13. 列表与元组有什么区别？请具体说明。

14. 列表中能否包含元组，元组中能否包含列表？

15. 如果一个元组不可变，为什么能够修改 x=[(1),(2,3),(4)]为 x=[(1),(5,6),(4)]。而 y=([1],[2,3],[4])也可以改为 y=([1],[5,6],[4])呢？

16. 阅读下面的代码，listB[2]的值是多少？

（1）
```
listA=[1,2,3,4]
listB=listA
    listA[2]=10
```

（2）
```
listA=[1,2,3,4]
listB=[]
    fornum in listA:
        listB.append(num)
    listA[2]=10
```

实 战 作 业

1. 凯撒密码作为一种最为古老的对称加密体制，在古罗马的时候都已经很流行了，它的基本思想是：通过把字母移动一定的位数来实现加密和解密。明文中的所有字母都在字母表上向后（或向前）按照一个固定数目进行偏移后被替换成密文。例如，当偏移量是 3 的时候，所有的字母 A 将被替换成 D，B 变成 E，以此类推 X 将变成 A，Y 变成 B，Z 变成 C。由此可见，位数就是凯撒密码加密和解密的密钥。

下面是转换映射：

Text='ABCDEFGHIJKLMNOPQRSTUVWXYZ'

Cipher='DEFGHIJKLMNOPQRSTUVWXYZABC'

（1）输入一段英文，进行加密。

如：原文='WHAT IS YOUR NAME'

密文='ZKDW LV BRXU QDPH'

（2）输入一段加密英文，输出原文。

2. 编程实现《葛底斯堡演说》中单词的统计（gettysburg.txt）。

要求：（1）实现把《葛底斯堡演说》中的单词加入到列表，并统计总的单词数。

（2）统计《葛底斯堡演说》到底使用了多少个不同的单词，并打印出来这些单词。

PART07

第7章 函数

引例

一个生产牛肉罐头的工厂，生产流程如下：

牛→工厂加工→牛肉罐头。在消费者看来，牛经过加工后，就是可以食用的罐头，至于工厂是如何将牛进行加工的，并不是消费者所关心的事情。在这个例子中，对牛的处理过程，在消费者看来，就像一个黑盒，全然不知。那么，对牛肉的加工过程，就好像 Python 中的函数，用户不用知道，只要知道函数的功能即可。其实在前面的学习中，我们已用到了许多 Python 提供的内置函数，比如 print 可按用户的要求进行输出，但我们不知道，也不必知道它是如何控制输出的，只要会用就行。

7.1 什么是函数

函数是组织好的、可重复使用的、用来实现单一或相关联功能的代码段。函数能提高应用的模块性和代码的重复利用率。我们从前面的学习中已经知道 Python 提供了许多内置函数，比如 print()、ord()、len()等，下面，先来大致了解一下这些内置函数的特性。

假如对 len 函数的用法不太了解，可以输入如下程序代码。

```
>>> help(len)
Help on built-in function len in module builtins:


len(...)
    len(object)


    Return the number of items of a sequence or collection.
```

从输出的结果中，我们知道 len 函数要传入一个对象，返回的是一个系列或集合的项的数目，也就是大小或长度。同理，对 ord 函数，做如下操作。

```
>>> help(ord)
Help on built-in function ord in module builtins:

ord(...)
    ord(c) -> integer
    Return the integer ordinal of a one-character string.
```

可知 ord 函数是将单个字符串转化为相对应的整型。所以，在使用内置函数的过程中，如果不太了解函数的用法，可以用 help 来帮助查看。

在 Python 中，也可以自己创建函数，叫作用户自定义函数。定义一个函数要用 def 关键字开头，依次写出函数名、括号、括号中的参数和冒号，可以没有参数，也可以有一个或多个。然后，在缩进块中编写函数体，函数的返回值用 return 语句返回，return [表达式] 结束函数，选择性地返回一个值给调用方。不带表达式的 return 相当于返回 None。

在 Python 中，函数定义的基本形式如下：

```
def functionname( parameters1, parameters2......):
"函数说明文档字符串"
      function_body
      return [expression/value]
```

默认情况下，参数值和参数名称是按函数声明中定义的顺序匹配起来的。函数说明文档字符串是用来告诉调用者这个函数的功能的，可有可无。

总结说明以下几点。

（1）在 Python 中采用 def 关键字进行函数的定义，不用指定返回值的类型。

（2）函数参数可以是零个、一个或者多个。同样地，函数参数也不用指定参数类型，因为在 Python 中变量都是弱类型的，Python 会自动根据值来维护其类型，在函数定义中，这些参数一般称作形式参数，简称形参。

（3）return 语句是可选的，它可以在函数体内任何地方出现，表示函数调用执行到此结束。如果没有 return 语句，会自动返回 None；如果有 return 语句，但是 return 后面没有接表达式或者值的话也是返回 None。下面看两个例子。

定义一个不带参数的 printHuang 函数：

```
>>> def printHuang():
        print('huang')
```

定义一个函数只给了函数一个名称，指定了函数里包含的参数和代码块结构。这个函数的基本结构完成以后，可以通过另一个函数调用执行，也可以直接用 Python 提示符执行。

调用 printHuang 函数：

```
>>> printHuang()
huang
```

可知，调用成功。另外，当把一个函数赋值给一个变量时，如果函数没有返回值，则输出此变量的值为 None。

```
>>> x=printHuang()
>>> print(x)
None
```

7.2 参数传递

在上面的学习中我们知道，定义函数时，是可以有形式参数的，如果一个函数定义了形式参数，在调用时，一般会用实际参数（一般称为实参）与形参对应的方式调用，比如求两个数相加的函数。

定义一个函数 addTwo：

```
>>> def addTwo(x,y):
        print(x+y)
```

调用函数：

```
>>> addTwo(10,20)
30
```

在调用时，形参 *x* 对应实参 10，形参 *y* 对应实参 20。一般来说，实参与形参会按书写的顺序，进行一一对照地传递。

要注意的是，在 Python 中，类型属于对象，变量是没有类型的，例如：

```
a=[1,2,3]
a="huang"
```

以上代码中，[1,2,3] 是 List 类型，"huang"是 String 类型，而变量 *a* 是没有类型，仅仅是一个对象的引用（一个指针），可以是 List 类型对象，也可以指向 String 类型对象。

一般来说，对象有两种，即可更改（mutable）与不可更改（immutable）对象。在 Python 中，strings、tuples（元组）和 numbers 是不可更改的对象，而 list、dict 等则是可以修改的对象。

不可变类型：变量赋值 *a*=5 后再赋值 *a*=10，这里实际是新生成一个 int 值对象 10，再让 *a* 指向它，而 5 被丢弃，不是改变 *a* 的值，相当于新生成了 *a*。通过以下程序代码可以验证：

```
>>> id(x)
1398924208
>>> x=10
>>> id(x)
1398924288
```

id 函数可以获得对象的地址，从上面运行结果来看，变量 *x* 的地址发生了变化，也就是说，*x* 指向了不同的内存空间。

可变类型：变量赋值 *a*=[1,2,3,4] 后再赋值 *a*[2]=5 则是将列表 *a* 的第三个元素值更改，列表 *a* 本身没有改变，只是其内部的一部分值被修改了。

```
>>> id(a)
40906344
>>> a[1]=10
>>> id(a)
40906344
```

可见地址没有发生变化。

总结：不可变类型，如整数、字符串、元组。如 fun（*a*），传递的只是 *a* 的值，没有影响 *a* 对象本身。例如，在 fun（*a*）内部修改 *a* 的值，只是修改另一个复制的对象，不会影响 *a* 本身。

如下程序段：

```
1.    def ChangeInt( x ):
```

```
2.          x = 20
3.     b = 10
4.     ChangeInt(b)
5.     print(b)
```

输出结果为 10。

也就是说，当实参 *b*=10 传递给形参 *x* 后，并没有改变实参 *b* 的值。原因就是，实参中有 int 对象 10，指向它的变量是 *b*，在传递给 ChangeInt 函数时，按传值的方式复制了变量 *b*，*x* 和 *b* 都指向了同一个 Int 对象，在 *x*=20 时，则新生成一个 int 值对象 20，并让 *x* 指向它。

可变类型：如列表、字典。例如，fun（*a*），则是将 *a* 真正地传过去，修改后 fun 外部的 *a* 也会受影响。

```
1.     def change( mylis ):
2.          "修改传入的列表"        #函数文档说明
3.          mylis.append([5,6,3]);
4.          print( "函数内取值: ", mylis)
5.          return

6.     # 调用changeme函数
7.     mylis = [10,20,30,40];
8.     change( mylis );
9.     print ("函数外取值: ", mylis)
```

运行结果为：

```
==== RESTART: C:/Python34/h1.py ====
函数内取值:   [10, 20, 30, 40, [5, 6, 3]]
函数外取值:   [10, 20, 30, 40, [5, 6, 3]]
```

可见，实例中传入函数的和在末尾添加新内容的对象用的是同一个引用，故输出结果一样。

7.3 参数的类型

在定义和调用函数时，函数的参数很重要，函数参数的类型，一般有必备参数、关键字参数、默认参数、不定长参数等，下面分别介绍。

7.3.1 必备参数

必备参数须以正确的顺序传入函数。函数调用时实参的数量必须和函数定义时形参的一样。

比如调用前面定义的函数 addTwo，要求必须传入两个参数，不然会出现语法错误。

当只写一个实参时，程序如下：

```
>>> addTwo(1)
Traceback (most recent call last):
  File "<pyshell#20>", line 1, in <module>
    addTwo(1)
TypeError: addTwo() missing 1 required positional argument: 'y'
```

要注意的是，必备参数要求形参和实参的对应关系较严格，一是要求数量上一样，一是要求在顺序上一致。

7.3.2 关键字参数

关键字参数和函数调用关系紧密，函数调用使用关键字参数来确定传入的参数值。使用关键字参数允许函数调用时参数的顺序与声明时不一致，因为 Python 解释器能够用参数名匹配参数值。

定义函数 printName，它有一个形参。

```
>>> def printName(s):
        "打印传入的字符串"
        print(s)
```

调用函数时，声明传入变量的值，这与必备参数的实参传入不同。

```
 >>> printName(s='huang')
Huang
```

下例更能说明关键字参数顺序不重要：

```
>>> def printmessage(name, age, score ):
      "输出姓名，年龄和分数"
      print ("your Name is: ", name)
      print ("your Age is: ", age)
      print ("your score is: ", score)
      return;
```

在调用时，可以按必备参数的形式输入，比如想输出信息 name='huang',age=20, score=90.5,按形式参数的顺序输入即可得到想要的结果。

```
>>> prinxtmessage('huang',20,90.5)
your Name is:   huang
your Age is:   20
your score is:   90.5
```

但也可以不用考虑形参的顺序，按关键字参数的形式输入，如下：

```
>>> printmessage(score=90.5,name='huang',age=20)
```

可以看到，此时实参的顺序与形参完全不一样，但也会得到同样的结果，大家可以试试。

7.3.3 默认参数

在定义函数时，可以给某些形参设置默认值，这样，在调用函数时，默认参数的值如果没有传入，则被认为是默认值。

例如，在上面的 printmessage 函数定义时，可以设定 score 的默认值为 90.5，这样，如果实参调用时，score 没有被传入，则会输出默认值。

```
>>> def printmessage(name, age, score=90.5 ):
   "输出姓名，年龄和分数"
   print ("your Name is: ", name)
   print ("your Age is: ", age)
   print ("your score is: ", score)
   return
```

在调用函数时，只输入了前面的两个实参。

```
>>> printmessage('huang',20)
```

```
your Name is:   huang
your Age is:   20
your score is:   90.5
```

从结果可知道，尽管实参没有传入具体的值，score依然会按在函数定义时的默认值输出。

值得注意的是，在定义函数时，如果默认值不是赋给形参的最后一个参数，系统会报错，比如上例，改成以下方式。

```
>>> def printmessage(name, age=20, score ):
   "输出姓名，年龄和分数"
   print ("your Name is: ", name)
   print ("your Age is: ", age)
   print ("your score is: ", score)
   return;
SyntaxError: non-default argument follows default argument
```

所以在使用默认参数时，按形参的从后往前的顺序依次设置，中间不要间隔。比如以下形式是不行的。

```
>>> def printmessage(name='huang', age, score=90.5 ):
   "输出姓名，年龄和分数"
   print ("your Name is: ", name)
   print ("your Age is: ", age)
   print ("your score is: ", score)
   return;
SyntaxError: non-default argument follows default argument
```

7.3.4 不定长参数

在使用函数的过程中，有时可能需要一个函数能处理比当初定义时更多的参数。这些参数叫作不定长参数，与前面的几种方法不同，不定长参数的函数在定义时，形参不会命名。

基本语法如下：

```
def functionname([formal_args] , *var ):
   "函数说明文档字符串"
   function_body
   return [expression]
```

加了星号（*）的变量名会存放所有未命名的变量参数。如下实例：

```
>>> def printinfo( arg1, *var ):
       "打印任何传入的参数"
       print ("输出: ")
       print (arg1)
       for v in var:
           print (v)
       return;
```

调用printinfo 函数，首先只输入一个实参，结果如下：

```
>>> printinfo('huang')
输出:
```

```
Huang
```

再次调用 printinfo 函数，输入多个实参：

```
>>> printinfo('huang','guo',1,2,3)
输出:
huang
guo
1
2
3
```

在函数 printinfo 中，*var 就像一个容器，用来存放函数被调用时从实参传入的值。这种方式比较灵活，可以让调用者不必在参数的个数和顺序上花费精力和时间，但也有一定的局限，比如想要在函数内处理某个具体的参数时，就没有前面的几种方式简洁。

以上函数形参的设计，大家要学会根据实际情况灵活选择。

7.4 匿名函数

Python 使用 lambda 来创建匿名函数。lambda 只是一个表达式，函数体比 def 简单很多。lambda 的主体是一个表达式，而不是一个代码块。仅仅能在 lambda 表达式中封装有限的逻辑进去。

lambda 函数拥有自己的命名空间，且不能访问自有参数列表之外或全局命名空间里的参数。

lambda 函数的语法只包含一个语句，如下。

```
lambda [ [,arg2,.....argn]]:expression
```

argn：可选，如果提供，通常是逗号分隔的变量表达式形式，即位置参数。

expression：不能包含分支或循环（但允许条件表达式），也不能包含 return（或 yield）函数。如果为元组，则应用圆括号将其包含起来。

下面是一个用 lambda 函数求两数之和的例子。

```
>>> sum = lambda arg1, arg2: arg1 + arg2
>>> sum(12,13)
25
```

下面的例子加了条件语句，根据参数是否为 1 决定 s 为 yes 还是 no。

```
>>> s = lambda x:"yes" if x==1 else "no"
>>> s(0)
'no'
>>> s(1)
'yes'
```

此例中，将 if...else 语句缩减为单一的条件表达式，语法为：

```
        expression1 if A else expression2
```

如果 A 为 True，条件表达式的结果为 expression1，否则为 expression2。

以下举例说明 lambda 函数的使用。

使用 sorted()方法和 list.sort()方法进行排序。

```
>>> elements=[(2,12,"A"),(1,11,"N"),(1,3,"L"),(2,4,"B"),(3,12,"C")]
>>> elements
```

```
[(2, 12, 'A'), (1, 11, 'N'), (1, 3, 'L'), (2, 4, 'B'), (3, 12, 'C')]
```

从结果可知道，输出是按存入的顺序进行的。

执行如下代码：

```
>>> sorted(elements)
[(1, 3, 'L'), (1, 11, 'N'), (2, 4, 'B'), (2, 12, 'A'), (3, 12, 'C')]
```

可知，列表已按照每个元素的第一个项进行了排序，但如何按第二个项进行排序呢？

可以利用 lambda 来简化编程。

```
>>> elements.sort(key=lambda e:e[1])
>>> elements
[(1, 3, 'L'), (2, 4, 'B'), (1, 11, 'N'), (2, 12, 'A'), (3, 12, 'C')]
```

根据 elements 每个元组的第二项进行排序，e 表示列表中每个三元组元素。在表达式是元组，且 lambda 为一个函数的参数时，lambda 表达式要加上圆括号。

如果要进行多个元素的排序操作，比如此例中，要对每个三元组元素第二、第三项进行排序，可以按以下形式进行。

```
>>> elements.sort(key=lambda e:(e[1],e[2]))
>>> elements
[(1, 3, 'L'), (2, 4, 'B'), (1, 11, 'N'), (2, 12, 'A'), (3, 12, 'C')]
```

用分片方式得到同样的效果：

```
>>> elements.sort(key=lambda e:e[1:3])
>>> elements
[(1, 3, 'L'), (2, 4, 'B'), (1, 11, 'N'), (2, 12, 'A'), (3, 12, 'C')]
```

使用 lambda 函数应该注意以下几点。

- lambda 定义的是单行函数，如果需要复杂的函数，应该定义普通函数。
- lambda 参数列表可以包含多个参数，如 lambda x，y：$x+y$。
- lambda 中的表达式不能含有命令，而且只限一条表达式。

7.5 变量作用域

一个程序所有的变量并不是在哪个位置都可以访问的。访问权限取决于这个变量是在哪里赋值的。变量的作用域决定了在哪一部分程序可以访问哪个特定的变量名称。两种最基本的变量作用域为全局变量和局部变量。

定义在函数内部的变量拥有一个局部作用域，定义在函数外的拥有全局作用域。调用函数时，所有在函数内声明的变量名称都将被加入作用域中。

局部变量只能在其被声明的函数内部访问，而不能在函数外被访问，看下面的例子。新建文件 hs1.py，代码如下：

```
def fun( ):
    x=10  #函数内的局部变量x
print(x)      #x是局部变量，不能在函数fun外被访问
```

程序运行时，系统报错。

```
==== RESTART: C:/Python34/hs1.py =====
```

```
Traceback (most recent call last):
  File "C:/Python34/hs1.py", line 3, in <module>
    print(x)
NameError: name 'x' is not defined
```

从系统报错的提示中可以看到，x是定义在函数 fun 内部的局部变量，不能在函数外被访问。

定义在函数外的变量为全局变量，可以在整个程序范围内访问。

建立文件 hs3.py，代码如下：

```
x=10
def fun():
    print(x)
fun()
```

运行结果为：

```
==== RESTART: C:/Python34/hs2.py ====
10
```

这段代码中，变量 x 在函数 fun 外声明，但在函数 fun 内，仍然可以访问 x。

有一种情况要注意的是，当一个变量既在函数外有声明，又在函数内部有声明时，要分清楚，可以把它们当成两个不同的变量来处理。如下例。

建立文件 hs4.py：

```
1.    total = 0; #  这是一个全局变量
2.    def sum( x, y ):
3.        #返回2个参数的和."
4.        total = x + y      # total在这里是局部变量.
5.        print ("函数内是局部变量total : ", total)
6.        return total;
7.    sum( 20, 30 );   #调用sum函数
8.    print ("函数外是全局变量total : ", total )
```

程序执行结果为：

```
====RESTART: C:/Python34/hs4.py====
函数内是局部变量total:   50
函数外是全局变量tota :   0
```

函数内的变量 total 和函数外的变量 total，尽管变量名一样，但也可以当作不同的变量来理解。

下面这种情况，是大家在写代码时容易出错的。

```
1.    x=10
2.    def fun():
3.        x=x+10
4.        print(x)
5.    fun()
```

执行后，系统报错：

```
==== RESTART: C:/Python34/hs5.py ========================
Traceback (most recent call last):
  File "C:/Python34/hs2.py", line 5, in <module>
    fun()
```

```
  File "C:/Python34/hs2.py", line 3, in fun
    x=x+10
UnboundLocalError: local variable 'x' referenced before assignment
```

但如果修改程序，在函数内增加一条变量的声明语句，则程序正常执行。

```
1.  x=10
2.  def fun():
3.      x=20
4.      x=x+x
5.      print(x)
6.  fun()
```

运行结果为：

```
==== RESTART: C:/Python34/hs5.py =====
40
```

大家对比这两个程序，思考程序修改前为什么有错误？

全局变量想作用于函数内，需在变量的前面加上关键字 global，如下例。

新建立文件 hs6.py，代码如下；

```
1.  x = 0
2.  def fun1():
3.      global x      # 使用 global 声明全局变量
4.      x = 10
5.  def fun2():
6.      print(x)       # 没有使用 global
7.  fun1()
8.  print(x)          # 输出 1
9.  fun2()          # 输出 1，函数内的 x 已经是全局变量
```

输出结果为：

```
===== RESTART: C:/Python34/hs6.py ====
10
10
```

（1）global 将变量定义为全局变量，通过定义为全局变量，可以实现在函数内部改变变量值；

（2）一个 global 语句可以同时定义多个变量，如 global *x*, *y*, *z*。

7.6 函数的属性

Python 中的函数，无论是命名函数，还是匿名函数，都是语句和表达式的集合。在 Python 中，函数是第一个类对象，这意味着函数的用法并没有限制。Python 函数的使用方式就像 Python 中其他值一样。Python 函数拥有一些属性，通过使用 Python 内置函数 dir 就能查看这些属性。

先定义一个简单的函数 add，代码如下：

```
1.  def add(x,y=10):
2.      """输出两数相加的和"""
3.      print( x+y)执行以下操作：
```

```
>>> add
<function add at 0x0000000003E8DEA0>
```

这个输出表示的是函数 add 的内存地址。

下面的操作将输出函数的相关属性。

```
>>> dir(add)
['__annotations__', '__call__', '__class__', '__closure__', '__code__', '__defaults__', '__delattr__', '__dict__', '__dir__', '__doc__', '__eq__', '__format__', '__ge__', '__get__', '__getattribute__', '__globals__', '__gt__', '__hash__', '__init__', '__kwdefaults__', '__le__', '__lt__', '__module__', '__name__', '__ne__', '__new__', '__qualname__', '__reduce__', '__reduce_ex__', '__repr__', '__setattr__', '__sizeof__', '__str__', '__subclasshook__']>>>
```

其中，一些重要的函数属性包括以下几个。

（1）__doc__ 返回指定函数的文档字符串。

```
>>> add.__doc__
```

'输出两数相加的和'

（2）__name__返回函数名字。

```
>>> add.__name__
'add'
```

（3）__module__返回函数定义所在模块的名字。

```
>>> add.__module__
'__main__'
```

（4）func_defaults 返回一个包含默认参数值的元组。

```
>>> add.__defaults__
(10,)
```

（5）func_globals 返回一个包含函数全局变量的字典引用。

```
>>> add.__globals__
{'__name__': '__main__', '__doc__': None, '__package__': None, 'add': <function add at 0x0000000003B4DEA0>, '__file__': 'C:/Python34/g.py', '__builtins__': <module 'builtins' (built-in)>, '__spec__': None, '__loader__': <class '_frozen_importlib.BuiltinImporter'>}
```

对于函数的其他属性，大家可以在具体使用时再进行了解。

7.7 Python 中的 main 函数

在多数语言中，main 是程序执行的起点，Python 中也有类似的运行机制，但方式却截然不同：Python 使用缩进对齐组织代码的执行，所有没有缩进的代码（非函数定义和类定义），都会在载入时自动执行，这些代码，可以认为是 Python 的 main 函数。每个文件（模块）都可以任意写一些没有缩进的代码，并且在载入时自动执行，为了区分主执行文件还是被调用的文件，Python 引入了一个变量__name__，它是函数的一个属性，当文件被调用时，__name__的值为模块名，当文件被执行时，__name__为'__main__'。这个特性，为测试驱动开发提供了极好的支持，可以在每个模块中写上测试代码，这些测试代码仅当模块被 Python 直接执行时才会运行。

新建文件 hs7.py：

```
1.    def tellMe():    #
```

```
2.        print("i am tellMe")
3.    if __name__ == "__main__":
4.        print ("i am main()")
5.    tellMe()
6.    print('***************')
7.    def fun():
8.        tellMe()
9.    fun()
```

程序输出结果为：

```
==== RESTART: C:/Python34/hs7.py ====
i am main()
i am tellMe
***************
i am tellMe
```

用作引用时，当该 module 被其他 module 引入使用时，其中的“if_ _name_ _==” _ _main_ _ “:”所表示的 Block 不会被执行，这是因为此时 module 被其他 module 引用时，其 name 的值将发生变化，name 的值将会是 module 的名字。比如在 python shell 中 import hello 后，查看 hello.name。

```
<code>>>> import hello
>>> hello.__name__
'hello'
>>></code>
```

因此，在 Python 中，当一个 module 作为整体被执行时，moduel.name 的值将是“main”；而当一个 module 被其他 module 引用时，module.name 将是 module 自己的名字，当然一个 module 被其他 module 引用时，其本身并不需要一个可执行的入口 main 了。Python 中的这种用法是很灵活的。

总结：

（1）Python 代码的执行不依赖于 main 函数。

（2）Python 代码从没有缩进的代码开始执行。

7.8 Python 的 zip 函数

zip 是 Python 的一个内置函数，它接受一系列可迭代的对象作为参数，将对象中对应的元素打包成一个个 tuple（元组），然后返回由这些 tuple 组成的 list（列表）。其应用形式为：zip([iterable, ...])。若传入参数的长度不等，则返回 list 的长度和参数中长度最短的对象相同。利用*号操作符，可以将 list unzip（解压）。

下面介绍关于 zip 函数的简单应用方式。

```
x = zip()
print(list(x))
```

运行的结果是：

```
[]
```

从这个结果可以看出 zip 函数在没有参数时运作的方式。

```
x = [1, 2, 3]
x = zip(x)
print(list(x))
```

运行的结果是：

```
[(1,), (2,), (3,)]
```

从这个结果可以看出 zip 函数在只有一个参数时运作的方式。

下面看看有多个参数的情况：

```
1.    x = [1, 2, 3]
2.    y = [4, 5, 6]
3.    xy=zip(x,y)
4.    for i in xy:
5.        print(i,end='')
```

输出结果为：(1，4)(2，5)(3，6)

可见，zip 函数可以将几个列表中的元素，按次序组合成一个元组。如果将多个列表传入 zip 函数中，也可以执行相同的操作，例如：

```
1.    x = [1, 2, 3]
2.    y = [4, 5, 6]
3.    z = [7, 8, 9]
4.    xyz = zip(x, y, z)
5.    print(list(xyz))
```

输出 xyz 的值如下：

```
[(1, 4, 7), (2, 5, 8), (3, 6, 9)]
```

当两个列表的长度不一样时，操作如下：

```
1.    x = [1, 2, 3]
2.    y = [4, 5, 6, 7]
3.    xy = zip(x, y)
4.    print(list(xy))
```

运行的结果是：

```
[(1, 4), (2, 5), (3, 6)]
```

从这个结果可以看出 zip 函数的长度处理方式。

7.9 常见内置函数

Python 有很多函数，下面将一些常用的内置函数列举出来，供大家学习时参考。

7.9.1 与数学相关的函数

下面列举一些与数学运算相关的函数。

abs(a)：求取绝对值。用法如下：

```
>>> abs(-2 )
输出结果为： 2
```

max(list)：求取 list 最大值。用法如下：

```
>>> max([2,4,8,9])
输出结果为：9
```

min(list)：求取 list 最小值。用法如下：

```
>>> min([2,4,8,9])
```

输出结果为：2

sum(list)：求取 list 元素的和。用法如下：

```
>>> sum([2,4,8,9])
输出结果为：23
```

sorted(list)：排序，返回排序后的 list。用法如下：

```
>>> sorted([12,2,14,8,9])
输出结果为：[2, 8, 9, 12, 14]
```

len(list)：list 长度。用法如下：

```
>>> len([12,2,14,8,9])
输出结果为：5
```

divmod(a,b)：获取商和余数。用法如下：

```
>>> divmod(7,3)
输出结果为：(2, 1)
```

pow(a,b)：获取乘方数。用法如下：

```
>>> pow(3,3)
输出结果为：27
```

round(a,b)：获取指定位数的小数。a 代表浮点数，b 代表要保留的位数。

```
>>> round(3.1415926,2)
输出结果为：  3.14
```

range(a，b)：生成一个 a 到 b 的列表,左闭右开。

```
>>> for i in range(1,10):
    print(i,end='');
```

输出结果为：123456789

7.9.2 类型转换函数

类型转换函数是将一种类型的变量强行转化为另一种类型的变量，常见转换函数如下。

int(str)：转换为 int 型。

```
>>> int('12')
12
```

float(int/str)：将 int 型或字符型转换为浮点型。

```
>>> float('21')
21.0
```

str(int)：转换为字符型。

```
>>> str(10)
'10'
```

bool(int)：转换为布尔类型，0 转化为 False，非 0 转化为 True

```
>>> bool(0)
```

```
False
>>> bool(1)
True
```

bytes(str,code)：接收一个字符串，按要求编码的格式，返回一个字节流类型。

```
>>> bytes('abc', 'utf-8')
b'abc'
```

list(iterable)：将一个可迭代类型转换为 list。

```
 >>> list((1,2,3))
[1, 2, 3]
```

dict(iterable)：转换为 dict。

```
>>> dict([('a', 1), ('b', 2), ('c', 3)])
{'a': 1, 'c': 3, 'b': 2}
```

tuple(iterable)：将一个可迭代类型转化为元组类型。

```
>>> tuple([1,2,3])
(1, 2, 3)
```

set(iterable)：转换为 set。

```
>>> set([1,2,3])
{1, 2, 3}
>>> set({1:'a',2:'b',3:'c'})
{1, 2, 3}
```

hex(int)：转换为十六进制。

```
>>> hex(16)
'0x10'
```

oct(int)：转换为八进制。

```
>>> oct(8)
'0o10'
```

bin(int)：转换为二进制。

```
>>> bin(15)
'0b1111'
```

chr(int)：转换数字为相应 ASCI 码字符。

```
>>> chr(97)
'a'
```

ord(str)：转换 ASCI 字符为相应的数字。

```
>>> ord('a')
97
```

7.9.3 相关操作函数

以下是一些相关操作函数的用法。

eval()：执行一个表达式，或字符串作为运算。

```
 >>> eval('1+1')
2
```

exec()：执行 Python 语句。

```
>>> exec('print("Python")')
Python
  filter(func, iterable)：通过判断函数fun，筛选符合条件的元素。
 >>> filter(lambda x: x>3, [1,2,3,4,5,6])
<filter object at 0x00000000038380B8>
map(func, *iterable)：将func用于每个iterable对象。
>>> map(lambda a,b: a+b, [1,2,3,4], [5,6,7])
<map object at 0x0000000003838208>
  zip(*iterable)：将iterable分组合并。返回一个zip对象。
 >>> list(zip([1,2,3],[4,5,6]))
[(1, 4), (2, 5), (3, 6)]
```

type()：返回一个对象的类型。

id()：返回一个对象的唯一标识值。

hash(object)：返回一个对象的 hash 值，具有相同值的 object 具有相同的 hash 值。

```
>>> hash('python')
5810506969349749754
```

help()：调用系统内置的帮助系统。

isinstance()：判断一个对象是否为该类的一个实例。

issubclass()：判断一个类是否为另一个类的子类。

globals()：返回当前全局变量的字典。

next(iterator[, default])：接收一个迭代器，返回迭代器中的数值，如果设置了 default，则当迭代器中的元素遍历后，输出 default 内容。

reversed(sequence)：生成一个反转序列的迭代器。

7.10 函数的应用举例

【例 7-1】写一个函数，将一个列表进行反转，就是进行倒序输出。

分析：在前面常见的函数里，有一个函数 reversed 可以将一个序列进行反转。现在，要求大家动手自己写一个功能类似的函数。

建立文件 hs8.py，代码如下：

```
1.    def reverse(li):            #定义函数reverse
2.        """将一个系列li进行反转"""
3.        for i in range(0, len(li)//2):
4.            temp = li[i]
5.            li[i] = li[-i-1]
6.            li[-i-1] = temp
7.    print("反转前的序列为：")
8.    l = [1, 2, 3, 4, 5]   #新建列表l
9.    print(l)
10.   reverse(l)    #调用reverse函数
11.   print("反转后的序列为：")
```

```
12.    print(l)
```

运行输出结果：

```
==== RESTART: C:/Python34/hs8.py =====
反转前的序列为：
[1, 2, 3, 4, 5]
反转后的序列为：
[5, 4, 3, 2, 1]
```

在函数 reverse 中，是将一个列表按长度分成两半，把第一个元素的值与最后一个元素的值互换，第二个元素值与倒数第二个元素的值互换，依次类推，一直更换到列表长度的一半时，就将整个列表的次序给颠倒过来了。

当然，将列表进行反转的算法很多，下面的程序也可以执行相同的功能。

程序 hs9.py：

```
1.    def reverse(ListInput):
2.        lis=[]
3.        for i in range (len(ListInput)):
4.            lis.append(ListInput.pop())
5.            return lis
6.    print("反转前的序列为：")
7.    l = [1, 2, 3, 4, 5]   #新建列表l
8.    print(l)
9.    print("反转后的序列为：")
10.   print(reverse(l))
```

在程序 hs9.py 中，函数 reverse 的算法是，先建立一个空的列表 lis，再利用列表的 pop 功能（从最后一个元素开始弹出）特性，将弹出的数依次添加到列表 lis 中，这样一来，lis 列表就与传入的列表的次序正好相反了。

【例 7-2】写函数，计算传入字符串中的数字、字母、空格和其他字符的个数。

建立文件 hs10.py，代码如下：

```
1.    def fun(x):
2.        digit_number = 0
3.        space_number = 0
4.        alpha_number = 0
5.        else_number = 0
6.        for i in x:
7.            if i.isdigit():      #检查字符串是否只由数字组成
8.                digit_number += 1
9.            elif i.isspace():      #检查字符串是否只由空格组成
10.               space_number += 1
11.           elif i.isalpha():   #检查字符串是否只由字母组成
12.               alpha_number += 1
13.           else:
14.               else_number += 1
15.           print("数字  个数：",digit_number)
16.           print("空格  个数：",space_number)
```

```
17.             print("字母 个数：",alpha_number)
18.             print("其他字符数：",else_number)
19.     r = fun("i like python3.4 very much!")
```

程序运行结果为：

```
==== RESTART: C:/Python34/hs10.py ====
数字 个数： 2
空格 个数： 4
字母 个数： 19
其他字符数： 2
```

这个程序中，如果掌握了判断是否为数字、是否为字母的函数的用法，则编写起来会简单很多。读者也可以自己写函数完成这些功能。

【例 7-3】写一个函数，检查传入的对象（字符串、列表、元组）的每一个元素是否含有空内容，如传入了空的字符串、空的列表或元组。

```
1.     def fun(p,q,i):
2.         if p == "":
3.             print('字符串有')
4.         if q == []:
5.             print('列表有')
6.         if i == ():
7.             print("元组有")
8.     r = fun("python3.4",[10,22],())
```

输出结果为：

```
==== RESTART: C:/Python34/hs11.py =====
元组有
```

在函数 fun 中，设计了三个形参（*p*、*q* 和 *i*），分别对应着字符串、列表和数组，所以在传入实参时，要写三个与之对应。

【例 7-4】写一个函数，获取传入列表或元组对象的所有奇数位索引对应的元素，并将其作为新的列表进行返回。

建立文件 hs13.py，代码如下：

```
1.     def fun(p,q):
2.         result = []
3.         for i in range(len(p)):
4.             if i % 2 == 1:
5.                 result.append(p[i])
6.         for j in range(len(q)):
7.             if j % 2 == 1:
8.                 result.append(q[j])
9.         print(result)
10.    r = fun([1,2,3],(11,22,33))
```

运行结果：

```
==== RESTART: C:/Python34/py13.py ====
[2, 22]
```

fun 函数中有两个形参（p,q），分别表示将来传入的列表和元组。result 是新定义的一个列表，用来存放符合要求的元素，本例中，用到了列表的 append 函数的特性。

【例 7-5】编写一个程序，打印如下图形，要求图形的行数可以是任意的整数。

```
    *
   ***
  *****
 *******
*********
```

分析：首先要找到这个图形的规律，假设有 i 行，则每行“*”的个数为 2*i-1 个；再一点就是要找出每行前面的空格数量，我们先假定总共有 line 行，并且最后一行前面是没有空格的，那么，倒数第二行就会空一格，倒数第三行会空两格，依次类推，则可知每行的空格数就为：line-I。考虑互 range 函数的特性，是从 0 到 line-1,因此每行空格的个数为 line-i-1。按以上思路，可写如下程序：

```
1.    def printPyram(line):
2.        for i in range(line):
3.            print (' ' * (line-i-1) + '*' * (2*i+1))
4.    printPyram(5)
```

大家可以上机验证一下，并思考如果要打印一个倒金字塔形的图案，应该如何编写程序。

```
*********
 *******
  *****
   ***
    *
```

提示代码：print (' ' * (i) + '*' * (2*(line-i-1)+1))

【例 7-6】编写一个程序，判断从键盘输入的一个数是否为素数。

建立文件 hs14.py，代码如下：

```
1.    x=int(input("请输入一个数 ："))
2.    def sushu(x):
3.        for i in range(2,x):
4.            if x%i==0:
5.                flag=False
6.                break
7.            else:
8.                flag=True
9.        return flag
10.   if sushu(x):
11.       print(x,":是一个素数")
```

在这里，求 x 是否为素数的算法是用 2 到 x-1 去除这个数，如果能除尽，则不是素数，反之，则是素数。在函数 sushu 中，用到了一个布尔变量 flag，用来作为是否为素数的标记，当其值为 True 时，则为素数，当其值为 False 时，就不是素数。sushu 函数的返回类型将是一个布尔类型。for i in range(2, x)表示循环变量 i 是从 2 到 x-1 的区间。

【例 7-7】编写一个程序，对考试成绩进行统计，统计内容包括：求平均分，对分数进行排序，求最高分，求最低分。

设计思路：因为要对成绩进行各项操作，所以将每一种操作分别设计成一个函数，按照题目要求，这里设计四个函数，分别完成对成绩求平均分，排序，求最高分和求最低分的功能。

建立文件 hs15.py 代码如下：

```
1.    #统计考试成绩

2.    def average_score(scores):
3.        #统计平均分
4.        score_values = scores.values()
5.        sum_scores = sum(score_values)
6.        average = sum_scores/len(score_values)
7.        return average

8.    def sorted_score(scores):
9.        #对成绩从高到低排队.
10.       score_lst = [(scores[k],k) for k in scores]
11.       sort_lst = sorted(score_lst, reverse=True)
12.       return [(i[1], i[0]) for i in sort_lst]

13.   def max_score(scores):
14.       #成绩最高的姓名和分数.
15.       lst = sorted_score(scores)      #引用分数排序的函数sorted_score
16.       max_score = lst[0][1]
17.       return [(i[0],i[1]) for i in lst if i[1]==max_score]

18.   def min_score(scores):
19.       #成绩最低的姓名和分数.
20.       lst = sorted_score(scores)
21.       min_score = lst[len(lst)-1][1]
22.       return [(i[0],i[1]) for i in lst if i[1]==min_score]

23.   if __name__ == "__main__":
24.   examine_scores = {"li zhi":95, "zhao hong":96, "huang he":55, "hu yang":85, "zeng tian":50, "chen chi":72, "liu hai":78,
"jiang hong":95, "qian jiang":95}
25.   ave = average_score(examine_scores)
26.   print ("平均分是: ",ave )    #平均分
27.   sor = sorted_score(examine_scores)
28.   print ("成绩表: ",sor )       #成绩表
29.   youxiu = max_score(examine_scores)
30.   print ("最高分: ",youxiu   )              #成绩优秀者
31.   yiban = min_score(examine_scores)
32.   print ("最低分: ",yiban    )              #成绩一般者
```

运行结果如下：

```
==== RESTART: C:/Python34/hs15.py ====
平均分是:   80.11111111111111
成绩表:  [('zhao hong', 96), ('qian jiang', 95), ('li zhi', 95), ('jiang hong', 95), ('hu yang', 85), ('liu hai', 78), ('chen chi', 72),
```

```
('huang he', 55), ('zeng tian', 50)]
最高分:  [('zhao hong', 96)]
最低分:  [('zeng tian', 50)]
```

为了便于描述成绩与姓名的对应关系，在这里用到了字典作为存放成绩的容器，关于字典的具体操作，大家可以查本书中的相关章节，在此不做详细说明。

本章小结

本章讲述了创建函数的所有基础知识与技术，包括函数的定义方式，函数的形参和实参的概念及形参的类型、变量的作用域等，并介绍 main 函数及一些常用函数。通过多个实例使大家进一步熟悉函数的定义与应用，并能将这些函数灵活应用到日常工作与学习中，从而提高工作效率。

练习题

一、选择题

1. 检查字符串是否只由字母组成，可用到下列哪个函数？（　　）

A. isdigit()　　B. isalpha()　　C. isspace()　　D. isABC()

2. 下列表达式正确的是（　　）。

A. ord("a")=97　　B. chr(65)='A'

C. len([1,2,3,4])=3　　D. zip([1,2],[3,4])=[(1,4),(2,3)]

3. 下列描述正确的是（　　）。

A. 在函数的调用中，形参与实参必须严格地一一对应

B. main 函数在运行中不是必须要写的

C. 写函数时，必须要声明函数的返回类型

D. 不能在定义一个函数时，再去调用其他函数

二、简答题

1. 什么是函数，它有什么功能？
2. Python 函数有哪些重要的属性？列举一下（不少于三种）。
3. 如何理解 Python 中的 main 函数。
4. 什么是函数的参数？它有哪些类型？它们之间有何区别？
5. 如下两段代码输出什么？给出解释。

（1）

```
def myfun(lis):
    lis[0]=100
    alis=[1,2,3,4,5]


alis=[6,7,8]
myfun(alis)
print(alis)
```

（2）

```
def f(a,b=2):
```

```
    a=5
a=3
b=0
f(a)
print(a,b)
```

实战作业

1. 写函数，判断用户传入的对象（字符串、列表、元组）长度是否大于 10。

2. 写函数，检查传入列表的长度，如果大于 2，那么仅仅保留前两个长度的内容，并将新内容返回给调用者。

3. 编写一函数 Prime(n)，对于已知正整数 n，判断该数是否为素数，如果是素数，返回 True，否则返回 False。

4. 堆里有 16 颗豆子，有两个玩家（假设一个玩家是计算机）。每个玩家都可以从堆中的 16 颗豆子中取出 1 颗、2 颗或者 3 颗豆子。每个玩家在每回合中必须从堆中取出一定数目的豆子。玩家轮流取出豆子，取到最后一颗豆子的玩家是输家。

PART08

第8章 字典

引例

假设有一种表格，第一列表示学号，第二列表示学号所对应的学生姓名，它们的关系一一对应。现在想查找学号是20170001的学生，我们从表中对应的第二列，就能很方便地知道该学生的姓名是“张三”，如表8-1所示。

表8-1　学号与学生姓名对应表

20170001	张三
20170002	李四
20170003	王五
20170004	赵六

前面所学的列表、元组等序列类型，都不能直观地描述这样的对应关系。在Python中，引入了字典。字典是一种映射的集合，也可以称为关联数组。它可以看成是成对元素所构成的列表，其中每对中的第一个元素是键，第二个元素是值。本章将带领大家对字典的相关知识进行学习。

8.1　什么是字典

字典是Python语言中唯一的映射类型。映射类型对象里哈希值（键，key）和指向的对象（值，value），通常被认为是可变的哈希表。字典对象是可变的，它是一个容器类型，能存储任意个数的Python对象，其中也可包括其他容器类型。

字典是Python中最强大的数据类型之一，它与列表、元组等其他序列类型的主要区别有以下几点。

（1）存取和访问数据的方式不同。

（2）映射类型中的数据是无序排列的。这和序列类型是不一样的，序列类型是以数值序排列的。

（3）映射类型用键直接“映射”到值。

（4）字典支持索引操作（索引值为键值），但不支持切片操作，因为切片操作是针对索引值具有连续性，而字典的键不具备连续性。

（5）字典中的键必须不可变且不重复，值可以是任何类型。

8.2 字典的创建和使用

简单地说，字典就是用花括号{}包裹的键值对的集合（键值对有时也被称作项或元素）。在字典的创建过程中，要注意以下几点。

（1）键与值之间用冒号“:”分开；

（2）项与项之间用逗号“,”分开；

（3）字典中的键必须是唯一的，而值可以不唯一。

下面介绍几种常见的创建字典的方法。

8.2.1 直接创建字典

创建一个空的字典：

```
>>> mydict={ }     #创建一个空的字典
>>> mydict         #输出此字典的内容
{}
```

可知结果为空的。

创建一个与表 8-1 相对应的字典：

```
>>> student={ 20170001:'张三',20170002:'李四',/
20170003:'王五',20170004:'赵六',}
```

执行结果如下：

```
>>> student
{20170001: '张三', 20170002: '李四', 20170003: '王五', 20170004: '赵六'}
```

在此例中，就建立了一个学号与姓名相对应的字典，每个项就是一种映射关系。比如学号为 20170001 的就对应着“张三”这位同学，当我们想查找“张三”时，只需要找到它所对应的键 20170001 即可。如：

```
>>> student[20170001]
 #这种索引关系与前面所学列表是一样的，不同的是字典的索引值是其键值
'张三'
```

当索引值不在字典中时，会报错，如：

```
>>> student[20170000]    #字典中没有20170000这个键，系统报错
Traceback (most recent call last):
  File "<pyshell#26>", line 1, in <module>
    student[20170000]
KeyError: 20170000
```

如果字典中的值为数字，最好使用字符串数字形式，如：'age':'040'，而不用'age':040。

8.2.2 通过 dict 函数创建字典

dict 函数是字典类的构造函数，也可以利用此函数来创建字典。

创建一个空字典：

```
>>> dict()
{}
```

还可以传入键值对创建字典。

```
>>> dict(a = 1,b=2,c=3)
{'b': 2, 'a': 1, 'c': 3}
```

可以传入映射函数创建字典。

```
>>> dict(zip(['a','b'],[1,2]))
{ b': 2, 'a': 1}
```

还可以传入可迭代对象创建字典。

```
>>> dict((('a',1),('b',2)))
{'b': 2, 'a': 1}
```

另外，也可以用 dict 函数，对字典进行如下操作：

```
>>> mydict={'b': 2, 'a': 1, 'c': 3}   #定义一个字典mydict
>>> a=dict(mydict)      #将mydict作为dict函数的参数
>>> print(a)                    #输出字典a
{'b': 2, 'a': 1, 'c': 3}
```

在创建完一个字典后，可以利用 len 函数来获取字典的长度，也就是获取该字典中键值对的个数。下面求字典 mydict 的长度。

```
>>> len(mydict)
3
```

得到的结果为 3，说明此字典中包含了 3 个键值对。

8.2.3 字典的修改和删除

修改字典中已存在元素的值，操作如下：

```
>>>dict = {'Name': 'huang', 'Age': 20, 'Class': '10'}
>>> dict['Age'] = 30;     # 将键'Age'所对应的值改为30
>>> dict
{'Class': '10', 'Age': 30, 'Name': 'huang'}
```

在实际操作过程中，还可以向字典添加元素（必须同时添加键值对），方法如下：

```
>>> dict['School'] = "GDPU";     # 增加新的元素
>>> dict
{'Class': '10', 'Age': 30, 'Name': 'huang', 'School': 'GDPU'}
```

可以看到，新增加的键值对'School'：'GDPU'已经成为字典的一个元素。

当要想删除字典中的其一个元素时，用 del 就行，其用法为：

```
>>> del dict['Name']; #  删除键是'Name'的元素
>>> dict
{'Class': '10', 'Age': 30, 'School': 'GDPU'}
```

从输出的结果可知，键为'Name'的元素已不在字典中了。还可以用 dict.clear()来清空词典所有元素。

```
>>> dict.clear()
>>> dict
{}
```

可知执行此操作后，字典为空。clear 是一个原地操作的方法，使得 dict 中的内容全部被置空，里面所有的元素将被清除，成为一个空的字典。

要想将整个字典删除，可以这样操作：

```
>>> del dict             # 删除词典
```

这样一来，字典 dict 就不存在了，当我们再想对其进行操作时，就会出现异常。

```
>>> dict['School']
Traceback (most recent call last):
  File "<pyshell#23>", line 1, in <module>
    dict['School']
TypeError: 'type' object is not subscriptable
```

8.2.4 字典的遍历

字典是一种特殊的集合，因此可以循环操作对其进行遍历。为了便于讲述，可以先建立一个字典。

```
>>>   mydict = {'Name': 'huang', 'Age': 20, 'Class': '10'}
```

一般来说，对字典的遍历有如下几种形式。

1. 遍历字典的 key（键）

```
>>> for i in mydict:
        print(i)
```

输出结果为：

```
Class
Age
Name
```

输出结果为字典所有的键，此程序中的变量 i 对应字典中的每个元素的键。也可以使用 keys()函数来输出字典所有的键。

```
>>> for i in mydict.keys():
        print(i)
Class
Age
Name
```

以上两种操作的结果是一样的，也就是说，对一个字典而言，默认的操作是对其键的操作。

2. 遍历字典的 value（值）

```
>>> for i in mydict.values():
        print(i)
```

结果为：

```
10
```

```
20
Huang
```

可知，values()函数是对字典元素的值进行操作的，此程序中的变量 *i* 对应字典中的每个元素的值。

3. 遍历字典的项（元素）

```
>>> for i in mydict.items():
        print(i)
```

输出结果为字典的所有元素：

```
('Class', '10')
('Age', 20)
('Name', 'huang')
```

此程序中的变量 i 对应字典中的元素（包括健和值）。

4. 遍历字典的 key-value

```
>>> for i,j in mydict.items():
        print(i,j)
```

输出结果如下：

```
Class 10
Age 20
Name huang
```

此程序中的变量 i 对应字典的键，变量 j 对应字典的值。

8.3 字典的基本操作

字典有很多相关的方法，下面列举常见的一些基本操作。在学习的过程中，要注意对每种操作的主要功能、调用格式的把握。

8.3.1 get 函数：访问字典成员

get()函数根据 key 获取值。

```
>>> d={'one':1,'two':2,'three':3}
>>> print(d.get('two'))
2
>>> print(d.get('four'))    #字典d中没有'four'这个键
```

输出结果为：

```
None
```

get 函数可以访问字典中不存在的键，当该键不存在时返回 None，读者可以参看前面所讲的用索引的方式来获取值，当键不存在时，系统会报错，这是两种方法获取字典元素值的区别。建议大家在从字典取值时，多用 get()函数。

在处理取值不存在时，也可以给定一个默认值，方法如下：

```
>>> print(d.get('four'),'4')    # 给不存在的键一个默认值 '4'
```

输出结果为：

```
None 4
```

8.3.2 copy 函数：返回一个具有相同键值的新字典

```
>>> x={'one':1,'two':2,'three':3,'test':['a','b','c']}    #创建一个字典x
>>> print(x)   #输出字典x
{'one': 1, 'two': 2, 'test': ['a', 'b', 'c'], 'three': 3}
>>> y=x.copy()   #用copy函数，将字典x复制到字典y中
>>> print(y)    #输出字典y
{'one': 1, 'two': 2, 'test': ['a', 'b', 'c'], 'three': 3}
```

可以看到，用 copy 函数复制后，字典 x 和字典 y 具有相同的元素（键值对），y 是 x 的一个副本。再看下面的操作：

```
>>> y['three']=33   #将字典y中键为 'three'的元素值改为33
>>> print(y)
{'one': 1, 'two': 2, 'test': ['a', 'b', 'c'], 'three': 33}
```

从输出结果中，可以看到已经成功修改。此时，再来看看字典 x 的情况。

```
>>> print(x)
{'one': 1, 'two': 2, 'test': ['a', 'b', 'c'], 'three': 3}
```

当修改副本字典 y 中的值时，不会对原字典 x 产生影响。下面再做如下操作：

```
>>> y['test'].remove('c')
>>> y
{'one': 1, 'two': 2, 'test': ['a', 'b'], 'three': 3}
>>> x
{'one': 1, 'two': 2, 'test': ['a', 'b'], 'three': 3}
```

大家从输出结果可以看到，副本的操作影响到了原始字典。在复制的副本中对值进行替换后，对原来的字典不产生影响，但是如果修改了副本（如增、删操作），原始的字典也会被修改。deepcopy 函数使用深复制，复制其包含所有的值，这个方法可以解决由于副本修改而使原始字典也变化的问题。

deepcopy 函数在使用前要导入，语法如下：

```
>>> from copy import deepcopy
>>> z=deepcopy(x) #使用deepcopy函数深度复制，注意与copy函数的区别
>>> x
{'one': 1, 'two': 2, 'test': ['a', 'b', 'c'], 'three': 3}
>>> z
{'one': 1, 'two': 2, 'test': ['a', 'b', 'c'], 'three': 3}
```

可以看到，输出结果是一样的，表示已经完全复制成功。再看下面的操作：

```
>>> z['test'].append('e')   #为字典z中 'test' 所对应的值增加一项内容
>>> z
{'one': 1, 'two': 2, 'test': ['a', 'b', 'c', 'e'], 'three': 3}
>>> x
{'one': 1, 'two': 2, 'test': ['a', 'b', 'c'], 'three': 3}
```

从输出结果可以看到，当使用 deepcopy 函数时，对副本的操作不会影响到原来的字典。大家

可以根据实际运用的需求，来选择使用这两个函数。

8.3.3 pop 函数：删除字典中对应的键和值

pop 函数可以删除字典中的键及其对应的值。

```
>>> d={'one':1,'two':2,'three':3}
>>> d.pop('two') #删除键 'two'
2
>>> print(d)
{'one': 1, 'three': 3}
```

运算结果显示键 'two'及其对应的值都从字典中删除了。

还有一个 popitem 函数，也可以移出字典中的元素（包括键和值），如下：

```
>>> d.popitem()
('one', 1)
```

显示的是被删除的元素。

```
>>> print(d)
{'two': 2, 'three': 3}
```

从运行结果可知，popitem 函数也可以从字典中删除一个元素，并且不用指定删除的是哪个具体的元素。系统会根据字典在内存中的情况，自动删除一个元素。

8.3.4 Fromkeys 函数：用给定的键建立新的字典

fromkeys 函数可以用给定的键建立新的字典，键默认对应的值为 None。

```
>>> d=dict.fromkeys(['one','two','three'])
>>> print(d)
```

输出：

```
{'one': None, 'two': None, 'three': None}
```

可见，fromkeys 函数用给定的键值'one','two','three'，建立了一个新的字典，但是每个键所对应的值为 None。

在实际操作中，也可以指定默认的对应值，如下：

```
>>> d=dict.fromkeys(['one','two','three'],'huang')
>>> print(d)
{'one': 'huang', 'two': 'huang', 'three': 'huang'}
```

每个键所对应的默认值为给定的 'huang'。

8.3.5 setdefault 函数：获取与给定键相关联的值

类似于 get 方法，获取与给定键相关联的值，也可以在字典中不包含给定键的情况下设定相应的键值。

```
>>> d={'one':1,'two':2,'three':3}
>>> d.setdefault('four',4)
4
>>>print( d)
```

运算结果：

```
{'four': 4, 'one': 1, 'two': 2, 'three': 3}
```

8.3.6 update 函数：用一个字典更新另外一个字典

update 函数可以用一个字典来更新另外一个字典。操作如下：

```
>>> d={
    'one':123,
    'two':2,
    'three':3
  }
>>> print(d)
{'one': 123, 'two': 2, 'three': 3}
```

另外再创建一个字典 x：

```
>>> x={'one':111}
```

执行以下语句：

```
>>> d.update(x)
>>> print(d)
{'one': 111, 'two': 2, 'three': 3}
```

可以看到，字典 d 中的元素 'one':123 已经被修改成了字典 x 的元素 'one':111。应该注意的是，字典 x 中的键'one'正好与字典 d 中的一个键'one'相同，因此，它将会直接修改 x 中此键所对应的值。如果字典 x 中的键在 d 中不存在，则会在字典 d 中增加一个元素。具体代码如下：

```
>>> x={'four':444}
>>> d.update(x)
>>>print( d)
{'four': 444, 'one': 111, 'two': 2, 'three': 3}
```

8.3.7 关键字 in 的应用

在前面所学的章节中，我们已经对 in 关键字有了一定的认识，在字典中，可以用 in 关键字进行如下操作。

创建一个字典 d：

```
>>> d={
    'one':123,
    'two':2,
    'three':3
  }
```

1. 用 in 关键字检查 key 是否存在

```
>>> 'one' in d.keys()
True
```

'one'是字典 d 中的一个键，所以返回 True。

```
>>> 'five' in d.keys()
False
```

'five' 不是字典 d 的键，所以返回 False。

2. 用 in 关键字检查 value 是否存在

```
>>> 1 in d.values()
True
```

1 是字典 d 中的一个值，所以返回 True。

```
>>> 5 in d.values()
False
```

5 不是字典 d 的值，所以返回 False。

8.4 字典的格式化字符串

在前面的学习中，我们知道格式化字符串时，Python 使用一个字符串作为模板。模板中有格式符，这些格式符为真实值预留位置，并说明真实数值应该呈现的格式。Python 可以用一个元组将多个值传递给模板，每个值对应一个格式符。

```
>>> print("I'm %s. I'm %d years old" % ('huang', 20))
```

输出结果为：

```
I'm huang. I'm 20 years old
```

还可以通过字典格式化字符串，Python 中内置有对字符串进行格式化的操作%，在每个转换说明符中的%字符后面，加上键（要用圆括号括起来），后面再跟上其他说明元素。只要所有给出的键都能在字典中找到，就可以获得任意数量的转换说明符。

```
>>> temple = "I'm %(name)s,I'm %(age)d. %(name)s is a student,he is %(age)d"
>>> student = {'name':'huang','age':20}
>>> print (temple % student)
```

输出结果为：

```
I'm huang,I'm 20. huang is a student,he is 20
```

上面的例子中，"I'm %(name)s,I'm %(age)d. %(name)s is a student,he is %(age)d"为模板。%(name)s 为第一个格式符，它是在格式%s（表示一个字符串）中间加了一个括号（ ），括号中的内容对应着字典的键；%(age)d 为第二个格式符，它是在格式%d（表示一个整数）中间加了一个括号（ ），括号中的内容也对应着字典的键。student = {'name':'huang','age':20}是创建一个字典，字典的键会对应模板中的格式符%，当执行代码 print (temple % student)后，程序会将字典中的键与模板中格式符后（ ）里的内容进行匹配，一旦匹配上，就将字典中此键所对应的值传给格式符%。

上面的代码也可以用以下程序来替代：

```
>>> temple = "I'm %(name)s,I'm %(age)d. %(name)s is a student,he is %(age)d"%{'name':'huang','age':20}
>>> print(temple)
I'm huang,I'm 20. huang is a student,he is 20
```

可见，输出结果是一样的，在此程序中，%{'name':'huang','age':20}是将字典直接写在了格式化符%的后面。

如果在字典中，找不到格式化符%后面（ ）里的内容，系统将会报错，如上面的程序写成：

```
>>> temple = "I'm %(name)s,I'm %(age)d. %(name)s is a student,he is %(age)d"%{'na':'huang','age':20}
Traceback (most recent call last):
  File "<pyshell#40>", line 1, in <module>
```

```
    temple = "I'm %(name)s,I'm %(age)d. %(name)s is a student,he is %(age)d"%{'na':'huang','age':20}
KeyError: 'name'
```

从报错信息中可以看到，KeyError: 'name' 是表示在字典中，没有找到括号中的 name 所匹配的键。

8.5 字典的排序

Python 中的字典反映的是一种映射关系，它在存储过程中是无序的，所以输出字典内容时也是无序的。在实际应用过程中，有时需要对字典进行一定程度的排序。Python 中字典的排序分为按“键”排序和按“值”排序。下面分别进行讲述。

这里创建一个字典 d：

```
>>> d={"ok":1,"no":2,'huang':12,'gg':11,'hh':13}
>>> print(d)
{'no': 2, 'gg': 11, 'huang': 12, 'hh': 13, 'ok': 1}
```

从输出结果可看到，字典的输出是没有顺序的。

8.5.1 sorted 函数按 key 值对字典排序

现在，要对字典 d 按键进行排序，前提是，d 的键是可排序的，我们查看字典 d 的键，都是字符串类型，因此是可以进行排序的。执行以下操作：

```
>>> sorted(d.keys())
['gg', 'hh', 'huang', 'no', 'ok']
```

可知得到的是一个由字典所有键组成的一个列表序列。并没有反映出字典的映射关系。

再执行以下程序：

```
>>> sorted(d.items())
[('gg', 11), ('hh', 13), ('huang', 12), ('no', 2), ('ok', 1)]
```

从执行的结果来看，字典的元素已经按键的顺序进行了升序排序，并且，可知结果为一个列表，列表中的每一项都是一个由字典的键和值组成的元组，这种结果很好地反映了字典的映射关系。

下面介绍一下 sorted 函数，sorted(iterable，key，reverse)，sorted 一共有 iterable、key、reverse 这三个参数。其中 iterable 表示可以迭代的对象，可以是 d.items()、d.keys()等；key 是一个函数，用来选取参与比较的元素。key 参数对应的 lambda 表达式的意思则是选取元组中的一个元素作为比较参数(如果写成 key=lambda item:item[0]的话则是选取第一个元素作为比较对象，也就是 key 值作为比较对象。reverse 则是用来指定排序是倒序还是顺序，reverse=True 则是倒序，reverse=False 时则是顺序，默认时 reverse=False。

因此，上面的程序可以用以下形式来写：

```
>>> sorted(d.items(), key=lambda e:e[0], reverse=False)
[('gg', 11), ('hh', 13), ('huang', 12), ('no', 2), ('ok', 1)]
```

8.5.2 sorted 函数按 value 值对字典排序

对字典中的 value 进行排序，前提是 value 的类型是可排序的。对字典的 value 排序需要用到 key 参数，如果要对字典 d 按值的降序排列，进行如下操作：

```
>>> sorted(d.items(), key=lambda e:e[1], reverse=True)
[('hh', 13), ('huang', 12), ('gg', 11), ('no', 2), ('ok', 1)]
```

这里的 d.items()实际上是将 d 转换为可迭代对象，迭代对象的元素为('hh', 13)，('huang', 12)，('gg', 11)，('no', 2)，('ok', 1)，items()方法将字典的元素转化为了元组，而这里 key 参数对应的 lambda 表达式：lambda e:e[1] 的意思则是选取元组中的第二个元素作为比较参数，所以采用这种方法可以对字典的 value 进行排序。注意排序后的返回值是一个列表，而原字典中的键值对被转换为了 list 中的元组。

要注意的是，无论是上面的哪种排序，都不会对原字典造成影响。例如，执行以下操作：

```
>>> print(d)
{'no': 2, 'gg': 11, 'huang': 12, 'hh': 13, 'ok': 1}
>>> sorted(d.items(), key=lambda e:e[0], reverse=False)
[('gg', 11), ('hh', 13), ('huang', 12), ('no', 2), ('ok', 1)]
>>> sorted(d.items(), key=lambda e:e[1], reverse=True)
[('hh', 13), ('huang', 12), ('gg', 11), ('no', 2), ('ok', 1)]
>>> print(d)
{'no': 2, 'gg': 11, 'huang': 12, 'hh': 13, 'ok': 1}
```

从运行结果可知，经过一系列的排序操作，字典最后的输出结果还是没有变化，在应用中，如果想保留排序的结果，可创建一个新列表，例如：

```
>>> list=sorted(d.items(), key=lambda e:e[1], reverse=True)
>>> print(list)
[('hh', 13), ('huang', 12), ('gg', 11), ('no', 2), ('ok', 1)]
```

8.6 字典的实例应用

前面介绍了字典的基本知识，下面通过一个案例，来看看字典的实际应用。

【例 8-1】读取一个英文文档，实现以下功能。

（1）输出文档中出现的所有字母，并统计每个字母出现的次数。

（2）输出文档中所有的单词，并找到出现频率最高的十个单词。（程序设计过程中，忽略字母的大小写）

分析：

（1）读取文件，用到 open 函数，假设现在在 Python 的安装目录下有英文文档，文件名为 englishText.txt，其内容如下：

```
A man may usually be known by the books he reads as well as by the company he keeps; for there is a companionship of books as well as of men; and one should always live in the best company, whether it be of books or of men. A good book may be among.
The Board Meeting had come to an end. Bob starred to stand up and jostled the table, spilling his coffee over his notes. "How embarrassing. I am getting so clumsy in my old age." Everyone had a good laugh, and soon we were all telling stories of our.
We Are Responsible for Our Life. And nobody else. Although all success requires the assistance and cooperation of others, our success can never be left to anyone else. Luck is not a strategy.
```

读取文件的语句为 testFile=open("englishText.txt")。

（2）文件成功读取之后，要完成各英文字母的统计，我们知道，英文字母一共是 26 个，有以下方案可以实现。

① 生成 26 个变量，每个变量对应一个字母，当读取过程中，出现某个字母时，其对应的变量增加 1。这种设计可以完成对字母的统计，但过程比较烦琐，大家可自行完成。

② 生成一个具有 26 个元素的列表，将每个字母转化为相应的索引值，比如 a->0，b->1，c->2…z->25，当出现某个字母时，其索引对应的值加 1，这样也可以完成对字母的统计。

建立一个 tf.py 文件，程序代码如下：

```
1.  testFile=open("englishText.txt","r") #读取文件
2.  zi=testFile.read()    #read()函数是以单个字符的方式来返回
3.  lis=[0] *26         #新建一个有26个元素的列表
4.  for i in zi:
5.      if   i.isalpha():     #判断读取的字符是否为字母
6.          x=i.lower()    #将读取的字母转化为小写
7.          lis[ord(x)-97]+=1   #将列表的索引值与字母的ASCII码对应起来
8.  print(lis)
9.  testFile.close()
```

输出结果为：

```
[47, 18, 14, 18, 69, 12, 13, 22, 23, 1, 7, 29, 15, 38, 59, 9, 1, 26, 46, 31, 14, 4, 9, 0, 14, 0]
```

从结果可以知道，字母 a 出现了 47 次，字母 b 出现了 18 次，…，字母 z 出现了 0 次。

利用字典的特性来处理，将字母作为键，而将字母出现的次数作为值，新建文件 zf.py，代码如下：

```
1.  testFile=open("englishText.txt","r")
2.  zi=testFile.read()
3.  dic={}
4.  for i in zi:
5.      if i.isalpha():
6.          x=i.lower()
7.          if x in dic:
8.              dic[x]+=1
9.          else:
10.             dic[x]=1
11. print("本文档一共出现了%d个字母"%len(dic),"统计如下：")
12. print(dic)
13. testFile.close()
```

输出结果为：

```
本文档一共出现了24个字母，统计如下：
{'g': 13, 'f': 12, 'p': 9, 'r': 26, 'u': 14, 'a': 47, 'j': 1, 'i': 23, 'v': 4, 'y': 14, 's': 46, 'c': 14, 'e': 69, 'm': 15, 'n': 38, 'l': 29, 'd': 18, 'w': 9,
'b': 18, 'k': 7, 'h': 22, 'o': 59, 'q': 1, 't': 31}
```

从字典的输出，可以看到每个字母及出现的次数，在文档中没有出现的字母，比如字母 z，就没有进行统计。因为从前面的学习中可以知道，字典是无序的，所以输出的结果也没有顺序，如果想让输出的结果有序，可修改 print 语句，改为 print(sorted(dic.items ()))，则运行后，结果如下：

```
本文档一共出现了24个字母，统计如下：
[('a', 47), ('b', 18), ('c', 14), ('d', 18), ('e', 69), ('f', 12), ('g', 13), ('h', 22), ('i', 23), ('j', 1), ('k', 7), ('l', 29), ('m', 15), ('n', 38), ('o',
```

```
59), ('p', 9), ('q', 1), ('r', 26), ('s', 46), ('t', 31), ('u', 14), ('v', 4), ('w', 9), ('y', 14)]
```

从这个输出结果中，可以很方便地看到每个字母在文档中出现的次数。

对文档中单词的处理，我们分两步完成，第一步，完成对文档中每个单词的统计，程序如下：

```
1.  testFile=open("englishText.txt")
2.  wordfrey={ }    #新建一个空字典，用于存放单词和单词出现的次数
3.  for line in testFile:
4.      sword=line.strip().split()
5.      for word in sword:
6.          if word in wordfrey:
7.              wordfrey[word]+=1
8.          else:
9.              wordfrey[word]=1
10. print("本文档出现了%d个不同的单词"%len(wordfrey), "统计如下：")
11. print(wordfrey)
12. testFile.close()
```

程序分析：如何得到一个文档中的单词，要在这个英文文档中，我们以空格作为区分单词的标志，也就是说，两个空格之间的为一个单词（首单词和末单词除外），这个可用语句 sword=line.strip().split()来实现。

另外，本程序的设计思路是将单词作为字典 wordfrey 的键，将此单词出现的次数作为字典 wordfrey 的值。

```
1.  if word in wordfrey:
2.      wordfrey[word]+=1
3.  else:
4.      wordfrey[word]=1
```

这条判断语句是说，如果在字典中有某个单词存在，就将此单词为键的值增加 1，如果单词不在字典中，那么就将该单词作为字典的一个键，此键的值设为 1。

输出结果为：

```
本文档出现了97个不同的单词，统计如下：
{'always': 1, 'getting': 1, 'Everyone': 1, 'known': 1, 'laugh,': 1, 'may': 2, 'never': 1, 'telling': 1, 'end.': 1, 'can': 1, 'our.': 1, 'should': 1, 'else.': 2, 'an': 1, 'Although': 1, 'of': 6, 'nobody': 1, 'keeps;': 1, 'notes.': 1, 'Luck': 1, 'men;': 1, 'all': 2, 'am': 1, '"How': 1, 'for': 2, 'Board': 1, 'Our': 1, 'company,': 1, 'or': 1, 'books': 3, 'our': 1, 'by': 2, 'men.': 1, 'stories': 1, 'others,': 1, 'reads': 1, 'clumsy': 1, 'good': 2, 'my': 1, 'book': 1, 'to': 3, 'Bob': 1, 'jostled': 1, 'stand': 1, 'there': 1, 'in': 2, 'I': 1, 'success': 2, 'soon': 1, 'whether': 1, 'he': 2, 'strategy.': 1, 'usually': 1, 'table,': 1, 'companionship': 1, 'come': 1, 'we': 1, 'is': 2, 'requires': 1, 'had': 2, 'The': 1, 'anyone': 1, 'it': 1, 'And': 1, 'man': 1, 'We': 1, 'as': 4, 'so': 1, 'embarrassing.': 1, 'best': 1, 'one': 1, 'Life.': 1, 'left': 1, 'spilling': 1, 'Responsible': 1, 'his': 2, 'be': 4, 'age."': 1, 'among.': 1, 'over': 1, 'up': 1, 'and': 4, 'the': 5, 'not': 1, 'were': 1, 'Meeting': 1, 'old': 1, 'coffee': 1, 'well': 2, 'starred': 1, 'Are': 1, 'A': 2, 'assistance': 1, 'live': 1, 'company': 1, 'a': 3, 'cooperation': 1}
```

从结果中，我们可以知道文档中出现了哪些单词，以及每个单词出现的频率。

第二步是对出现频率高的十个单词做处理。从程序中，我们可以得知，此字典的输出形式为：单词（键）：次数（值）。可以按前面所讲的字典的值排序的方法进行，代码语句为：sorted(wordfrey.items(),key=lambda e:e[1], reverse=True)，就可以按字典的值从大到小的排列。现在介绍另外一种方法，将字典以（值，键）的形式，转化为一个列表，利用列表的切片功能，就能很方便地取出出现频率最高的十个单词。转化的代码如下：

```
1.  fword=[]
2.  for wd,fy in wordfrey.items():
3.      fword.append((fy,wd))
4.  fword.sort(reverse=True)  #将列表进行倒序排列
5.  for wd in fword[:10]:    #取列表中的前十项
6.      print(wd)
```

代码 fword.append((fy,wd)) 是将字典的（值，键）以元组的形式，赋给列表 fword，成为此列表的一个元素。

经过以上分析，对单词处理的整个程序代码如下。

新建文件 wf.py：

```
1.  testFile=open("englishText.txt")
2.  wordfrey={ }   #新建一个空字典，用于存放单词和单词出现的次数
3.  for line in testFile:
4.      sword=line.strip().split()
5.      for word in sword:
6.          if word in wordfrey:
7.              wordfrey[word]+=1
8.          else:
9.              wordfrey[word]=1
10. print("本文档一共有%d个不同的单词"%len(wordfrey),"统计如下：")
11. print(sorted(wordfrey.items(),key=lambda e:e[1], reverse=True))
12. print("本文档出现频率最高的十个单词为：")
13. fword=[]
14. for wd,fy in wordfrey.items():
15.     fword.append((fy,wd))
16. fword.sort(reverse=True)
17. for wd in fword[:10]:
18.     print(wd)
19. testFile.close()
```

输出结果如下：

```
本文档一共有97个不同的单词 统计如下：
[('of', 6), ('the', 5), ('as', 4), ('be', 4), ('and', 4), ('to', 3), ('books', 3), ('a', 3), ('else.', 2), ('in', 2), ('A', 2), ('his', 2), ('may', 2), ('had', 2), ('by', 2), ('all', 2), ('good', 2), ('success', 2), ('he', 2), ('is', 2), ('for', 2), ('well', 2), ('embarrassing.', 1), ('man', 1), ('And', 1), ('strategy.', 1), ('so', 1), ('notes.', 1), ('live', 1), ('Responsible', 1), ('whether', 1), ('one', 1), ('old', 1), ('"How', 1), ('over', 1), ('up', 1), ('Are', 1), ('cooperation', 1), ('we', 1), ('Everyone', 1), ('our', 1), ('requires', 1), ('always', 1), ('it', 1), ('Meeting', 1), ('never', 1), ('my', 1), ('laugh,', 1), ('Life.', 1), ('starred', 1), ('Board', 1), ('getting', 1), ('end.', 1), ('I', 1), ('usually', 1), ('or', 1), ('anyone', 1), ('book', 1), ('assistance', 1), ('company,', 1), ('not', 1), ('left', 1), ('company', 1), ('others,', 1), ('stories', 1), ('nobody', 1), ('clumsy', 1), ('jostled', 1), ('among.', 1), ('companionship', 1), ('spilling', 1), ('am', 1), ('We', 1), ('our.', 1), ('table,', 1), ('keeps;', 1), ('telling', 1), ('known', 1), ('stand', 1), ('reads', 1), ('best', 1), ('there', 1), ('come', 1), ('men.', 1), ('men;', 1), ('coffee', 1), ('Our', 1), ('can', 1), ('Luck', 1), ('Although', 1), ('Bob', 1), ('The', 1), ('should', 1), ('were', 1), ('age."', 1), ('an', 1), ('soon', 1)]
本文档出现频率最高的十个单词为：
(6, 'of')
(5, 'the')
(4, 'be')
```

```
(4, 'as')
(4, 'and')
(3, 'to')
(3, 'books')
(3, 'a')
(2, 'well')
(2, 'success')
```

思考：如果有几个单词出现的频率是一样的，如何进行排序呢？

本 章 小 结

本章主要对 Python 中的字典进行了详细的介绍，字典是 Python 中最强大的数据类型之一。本章讲解了什么是字典、创建字典和为字典赋值、字典的基本操作、映射类型操作符、映射相关的函数、字典的方法等内容；并通过应用举例，深化字典的应用。

练 习 题

一、选择题

1. 以下不能创建一个字典的语句是（　　）。

   A. dict1 = {}　　B. dict2 = { 3 : 5 }

   C. dict3 = {[1,2,3]: “uestc” }　　D. dict4 = {(1,2,3): “uestc” }

2. 对字典 dict,哪个操作是错误的？（　　）

   A. dict.clear()　　B. dict.sort()

   C. dict.keys()　　D. dict.items()

3. 下列描述正确的是（　　）。

   A. 字典是有序的，列表也是有序的

   B. 字典中的键可以重复，值也可以重复

   C. 字典是一种映射，它的每个元素都是一个键值对

   D. 字典中的键和值都可以为列表类型

二、简答题

1. 什么是字典，它有什么特性？
2. 如何创建一个字典？
3. 字典有哪些基本的操作？请至少列举五种。

实 战 作 业

1. 假设有一个字典 mydict={'huang': '010', 'li': '020', 'xiong': '030' }，编程实现以下功能。（1）输出所有的键。（2）输出所有的值。（3）输出所有的键值对。（4）按键排序，输出所有的键值对。（5）按值排序，输出所有的键值对。

2. 使用字典来创建程序，提示用户输入电话号码，并用英文单词形式显示数字。例如，输入

138 显示为“one three eight”。

3. 莫尔斯电码采用了短脉冲和长脉冲（分别为点和点划线）来编码字母和数字。例如，字母"A"是点划线，"B"是点划线点点。如文件 Mos.txt 文件所示。

A .– B ... C –.–. D –.. E . F ..–. G ––. H .... I ..

J .––– K –.– L .–.. M –– N –. O ––– P .––.

Q ––.– R .–. S ... T – U ..– V ...– W .—

X –..– Y –.–– Z ––..

（1）创建字典，将字符映射到莫尔斯电码。（2）输入一段英文，翻译成莫尔斯电文。

PART09

第9章

异常和异常处理

引例

在前面的上机实践过程中，读者可能遇到过很多错误或异常。错误一般指语法错误，通常是由于我们没有正确掌握语法或输入代码过程中出错而造成的。这需要编程者自己尽力在编码和输入过程中避免。异常即是一个事件。该事件会在程序执行过程中发生，影响了程序的正常执行。一般情况下，在 Python 无法正常处理程序时就会发生一个异常。当 Python 脚本发生异常时，我们需要捕获并处理它；如果不处理，并且调用此程序的上层程序也不处理，程序会终止执行。我们通常不应该把异常抛给上层程序去处理，所以处理所开发程序的异常是编程者的责任。异常通常是在语法正确的情况下因为某些条件或参数设置不对（比如除数为 0）造成的，需要编程者用特定代码进行处理，以使程序更加健壮；否则程序会崩溃，严重影响用户体验。

下面的代码根据用户输入的身高和体重数据计算用户的体重系数 BMI。

```
>>>height=float(input("enter your height(m): "))
>>>weight=float(input("enter your weight(kg):"))
>>>bmi=round((weight/(height*height)),2)
>>>print("your BMI is: ",bmi)
```

程序要求输入合理的数据，一旦用户误将身高数据输入为 0，则程序会出现异常突然退出，并伴随一堆错误信息，如下所示：

```
Traceback (most recent call last):
  File "C:/Users/ws/PycharmProjects/untitled1/ws.py", line 3, in <module>
    bmi=round((weight/(height*height)),2)
ZeroDivisionError: float division by zero
```

对于不熟悉计算机技术的普通用户来说，一堆错误信息必定是令人崩溃的，这严重影响用户体验，因此我们要避免此种情况。也就是，即使用户不小心输入不合理数据，程序也不会崩溃，并且还能提示用户错误原因，这样用户就清楚是什么原因导致的问题。我们用异常处理语句对上述代码进行简单处理，当用户输入不合逻辑的数据时程序不再崩溃，而是提示信息后正常退出。

```
1.    height=float(input("enter your height(m): "))
2.    weight=float(input("enter your weight(kg):"))
3.    try:
4.        bmi=round((weight/(height*height)),2)
5.    except ZeroDivisionError:
6.    #以上语句表示对“除数为0”错误进行捕获
7.        print("divided by zero,please try again")
8.    else:
9.        print("your BMI is: ",bmi)
```

上述代码运行时如果用户输入的身高数据为 0，则会提示如下信息。

```
enter your height(m): 0
enter your weight(kg):62
divided by zero,please try again
```

显然这样的使用体验更加友好。

以上只是一种非常简单的情况，如果想让程序更加友好、更加健壮（不易崩溃），就需要全面掌握异常处理知识。下面将详细介绍相关知识。

9.1 错误与异常

9.1.1 语法错误

语法错误，也称作解析错误，也许是学习 Python 过程中最常见的。下面的代码中 print 有拼写错误。

```
print("hello,world")
Traceback (most recent call last):
  File "<pyshell#12>", line 1, in <module>
    print("hello,world")
NameError: name 'prin' is not defined
```

语法分析器指出错误行为第 1 行，因为 print 少了一个“t”。错误会输出文件名和行号，所以如果是从脚本输入的你就知道去哪里检查错误了。

这类错误需要编程者自己不断提高编辑和编程水平来减少发生的频率，而不能指望 Python 系统帮我们解决。

9.1.2 异常

即使一条语句或表达式在语法上是正确的，当试图执行它时也可能会引发错误。运行期检测到的错误即为异常。

```
>>> 20* (10/0)
Traceback (most recent call last):
  File "<pyshell#13>", line 1, in <module>
    20* (10/0)
```

```
ZeroDivisionError: division by zero
以上代码出现除数为0的异常。
>>>20+mycar
Traceback (most recent call last):
  File "<pyshell#16>", line 1, in <module>
    20+mycar
NameError: name 'mycar' is not defined
```

以上代码中的变量 mycar 在之前未定义。

错误信息最后一行指出到底发生了什么。异常是以不同的类型出现的，并且类型也被当作信息的一部分打印出来：示例中包含 ZeroDivisionError、NameError 类型。

异常发生时打印的异常类型字符串就是 Python 内置异常的名称。标准异常的名称都是内置的标识符（不是保留关键字）。异常信息的前面部分以调用堆栈的形式显示了异常发生的上下文。通常，它包含一个调用堆栈的源代码行的清单，但从标准输入读取的行不会被显示。表 9-1 列出了常见的异常类型。

表 9-1　常见异常类型

异常名称	描　述
BaseException	所有异常的基类
KeyboardInterrupt	用户中断执行（通常是输入^C）
Exception	常规错误的基类
ArithmeticError	所有数值计算错误的基类
FloatingPointError	浮点计算错误
OverflowError	数值运算超出最大限制
ZeroDivisionError	除（或取模）零（所有数据类型）
IOError	输入/输出操作失败
IndexError	序列中没有此索引（index）
KeyError	映射中没有这个键
MemoryError	内存溢出错误（对于 Python 解释器不是致命的）
NameError	未声明/初始化对象（没有属性）

9.2 异常处理

为了使程序在发生异常时不崩溃，编程者需要按特定语法格式处理异常，使得程序可以继续运行。比如一个程序要求用户输入年龄，显然程序期待的是一个数字，但如果用户输入了“ab”这样的字符串值（用户很容易输入类似的数据），程序若没有处理异常的代码就会退出运行，提示用户发生了“ValueError”异常。程序这样轻易就崩溃，将会使用户非常恼火。合理的处理方式是，当异常发生时程序要处理它，并提示用户输入正确格式的数字。

9.2.1 异常处理语法

异常处理语法结构如下：

```
try:
    <body>
```

```
except <ExceptionType1>:
        <handler1>
        ...
except<ExceptionTypeN>:
        <handlerN>
except:
#上一句except分支不指定任何类型的异常，表示可以匹配任何异常类型。
        <handlerExcept>
else:
        <process_else>
finally:
        <process_finally>
```

try 关键字告诉系统要开始监测异常了，<body>是可能出现异常的代码块，可能有一行或多行。当一个异常出现时，<body>中剩余的代码将被跳过，不再执行。

except<ExceptionType>语句分支可以有一条或多条，ExceptionType 是具体的异常类型，可以是系统内置异常或用户自定义异常。

当异常发生时，程序根据发生的异常类型在 except<ExceptionType>分支中依次进行匹配，如果匹配成功，刚执行此 except 后面的异常处理语句块<handlerX>(X 代表 1，…，*N*)，执行完成后退出异常处理语句。

如果匹配不成功，继续匹配后面的 except 分支。

如果全部匹配不成功，则转到不跟异常类型的 except 分支（此分支可选），执行子句中的语句块<handlerExcept>（不跟异常类型的 except 分支最多只能有一个，它可以匹配任何一种类型）。

如果执行时未发生异常，则执行 else 后面的语句块。此语句可选。

不管程序是否发生异常，都会执行 finally 后面的语句块<process_finally>。此语句可选。

注意，else 子句和 finally 子句同不跟异常类型的 except 子句都是可选项，且最多只有一个。

9.2.2 常见异常处理示例

下面代码处理打开文件异常。

```
try:
    fh = open("testfile", "r")
    mystr=fh.read(20)
except IOError:
    print("没有找到文件或读取文件失败")
else:
    print(mystr)
    fh.close()
```

执行以上代码，如果当前目录下不存在 testfile 这个文件，则程序产生异常，此异常被 excep IOError 分支捕获，程序将输出：没有找到文件或读取文件失败。如果文件存在，则程序会顺利打开文件并执行 else 分支，输出文件中的前 20 个字符，然后关闭文件，程序退出。

有时不清楚可能产生的异常类型，程序员也可以不指定异常类型，即将 except 分支中的错误类型去掉，如下列代码：

```
try:
    fh = open("testfile", "r")
    mystr=fh.read(20)
except:
    print("没有找到文件或读取文件失败")
else:
    print(mystr)
    fh.close()
```

尽管这种偷懒的方式在本例能正常工作，但不推荐这样做。在编程过程中我们要尽可能清楚哪里可能发生异常、发生什么类型的异常，对具体的异常进行具体的处理。

下面来看情况稍微复杂的例子（具体源码请参考下载的文件“第 9 章/example9-1.py”）：

```
1.  try:
2.      height = float(input("enter your height(m): "))
3.      weight = float(input("enter your weight(kg):"))
4.      bmi=round((weight/(height*height)),2)
5.  except ValueError:
6.      print("please input a number value\n")
7.  except ZeroDivisionError:
8.      print("Divided by zero,please input correct data\n")
9.  else:
10.     print("your BMI is: ", bmi)
11. finally:
12.     print("byebye")
```

此段代码在 try 分支中包含两种可能产生的异常，分别是用户输入了不正确的数据类型、身高输入为 0。身高和体重显然要求输入数值类型，如果输入了不正确的数据类型，则产生 ValueError 异常，如果身高输入为 0，则在执行除法运算时产生 ZeroDivisionError 异常。这两个异常分别被两个 except 分支捕获并处理。如果没有产生异常，则执行 else 分支，显示用户的 BMI 指数。不管是否产生异常，都会执行 finally 分支，输出“byebye”。

虽然一个 try 语句可以有多个 except <ExceptionType>子句，用来明确地处理不同的异常，但每次运行至多只有一个异常处理子句会被执行，因为当异常产生时，程序立即跳过 try 语句块中产生异常那行代码后面的所有代码，跳到 except 分支进行异常匹配。如果无匹配的异常类型，一个异常处理子句也不执行。异常处理子句只处理对应的 try 子句中发生的异常，而不是其他的 try 语句发生的异常。

9.3 抛出异常和自定义异常

9.3.1 如何抛出异常

当程序出现错误时，Python 会自动引发异常，也可以通过 raise 显式地引发异常。一旦执行了 raise 语句，raise 后面的语句将不能执行。换句话说，raise 语句允许程序员在任何必要的时候强制抛出一个指定的异常，而不必等 Python 引发。语法格式如下：

```
raise exceptionName
```

即只要在 raise 关键字后跟上一个异常类型名，就可立即引发一个异常，改变程序的执行路径。例如：

```
1.  myValue=input("input an integer: ")
2.  try:
3.      if myValue.isdigt():
4.          valueInt=int(myValue)
5.      else:
6.          raise ValueError,myValue
7.  except ValueError:
8.      print("conversion to int Error: ",myValue)
```

以上代码在 try 语句块中并没有自发产生异常的代码，而是自行根据条件判断情况抛出了一个异常，后面的 except 分支会处理抛出的异常。

再看一段代码（具体源码请参考下载的文件“第 9 章/example9-2.py”）：

```
1.  try:
2.      for i in range(3):
3.          for j in range(3):
4.              if i == 2:
5.                  raise
6.              print(i,j)
7.  except:
8.      print "Stoped due to i reaches 2"
```

执行以上代码，程序输出：

```
0 0
0 1
0 2
1 0
1 1
1 2
Stoped due to i reaches 2
```

以上示例中的 raise 语句后面并没有跟一个异常名，可用于控制程序执行流程。

如果 raise 参数指定了要抛出的异常，它必须是一个异常实例，或者是异常类（继承自 Exception 的类）。

9.3.2 用户自定义异常

用户可以自己创建异常。Python 中异常是类，创建异常，就是创建一个异常子类。通过继承，将异常类的所有基本特点保留下来。通过这种方式，程序可以命名它们自己的异常。自定义异常是通过扩展 BaseException 类或 BaseException 的子类来定义一个新的异常。

BaseException 类是所有异常类的父亲，所有的 Python 异常类都直接或间接地继承自 BaseException 类。

定义异常类的语法：

```
class MyException(Exception):
```

```
    pass
```

MyException 是自定义异常类名，Exception 是异常基类。

本 章 小 结

本章介绍了一些常见的异常类型及异常处理方法，简单说明了如何手动抛出异常、自定义异常等知识点。通过本章的学习，读者要理解错误与异常的区别和联系，理解异常处理与程序健壮性的关系，掌握处理常见异常的一般方法和原则。

练 习 题

一、选择题

1. 下面程序运行后显示什么？（　　）

```
try:
    list = 5 * [0]
    x = list[5]
    print("Done")
except IndexError:
    print("Index out of bound")
```

A. 显示“Done”，接着显示“Index out of bound”

B. “Index out of bound”

C. “Done”

D. 什么都不显示

2. 下面程序运行后显示什么？（　　）

```
def main():
    try:
        f()
        print("After the function call")
    except ZeroDivisionError:
        print("Divided by zero!")
    except:
        print("Exception")

def f():
        print(1 / 0)
main()
```

A. "After the function call"，紧跟着 "Divided by zero!"

B. "After the function call"

C. "Divided by zero!"

D. "Divided by zero!" 紧跟着 "Exception"

3. 下面程序运行后显示什么？（　　）

```
try:
        list = 10 * [0]
        x = list[9]
          print("Done")
except IndexError:
          print("Index out of bound")
else:
    print("Nothing is wrong")
finally:
       print("Finally we are here")
```

A. "Done"紧跟着"Nothing is wrong"

B. "Done"紧跟着"Nothing is wrong" followed by "Finally we are here"

C. "Index out of bound" 紧跟着 "Nothing is wrong" followed by "Finally we are here"

D. "Nothing is wrong" 紧跟着 "Finally we are here"

4. 下面程序运行后显示什么？（　　）

```
try:
        list = 10 * [0]
        x = list[10]
        print("Done")
except IndexError:
        print("Index out of bound")
else:
     print("Nothing is wrong")
finally:
     print("Finally we are here")
```

A. "Done"紧跟着"Nothing is wrong"

B. "Done" 紧跟着 "Nothing is wrong" followed by "Finally we are here"

C. "Index out of bound" 紧跟着 "Nothing is wrong" followed by "Finally we are here"

D. "Index out of bound"紧跟着 "Finally we are here"

二、简答题

1. 什么是异常？
2. 异常和错误的区别是什么？
3. 简述处理异常的一般结构。
4. 假设下面 try-except 块中的 statement2 子句出现一个异常：

```
try:
     statement1
     statement2
     statement3
except Exception1:
  #Handle exception1
except Exception2
  #Handle exception2
statement4
```

回答下面的问题：

A. statement3 会执行吗？

B. 如果异常未被捕获，那么 statement4 会被执行吗？

C. 如果异常在 except 块中被捕获，那么 statement4 会被执行吗？

5. 运行下面的程序时显示什么？

```
try:
    list=10* [0]
    x=list[10]
    print("Done")
except IndexError:
    print("Index out of bound")
```

6. 运行下面的程序时显示什么？

```
try:
    list=10* [0]
    x=list[9]
    print("Done")
except IndexError:
    print("Index out of bound")
else:
    print("Nothing is wrong")
finally:
    print("Finally we are here")
print("Continue")
```

7. 运行下面的程序时显示什么？

```
try:
    list=10* [0]
    x=list[10]
    print("Done")
except IndexError:
    print("Index out of bound")
else:
    print("Nothing is wrong")
finally:
    print("Finally we are here")
print("Continue")
```

8. 下面代码错在哪里？

```
try:
    #some code here
    ...
except ArithmeticError:
    print("ArithmeticError")
except ZeroDivisionError:
    print("ZeroDivisionError")
print("continue")
```

PART10

第10章 图形用户界面

引言

如何制作合理的人性化的人机交互的图形用户界面？如何让一堆代码能够理解用户的意图和需要？为了解决这个问题，您将需要学习一些图形用户界面的知识。

本章将对图形用户界面（Graphical User Interface，GUI）编程进行简要的介绍。GUI 就是人机交互图形化用户界面设计，经常读作“goo-ee”，准确来说， GUI 就是屏幕产品的视觉体验和互动操作部分。

GUI 是一种结合计算机科学、美学、心理学、行为学，以及各商业领域需求分析的人机系统工程，强调“人—机—环境”三者作为一个系统进行总体设计。

10.1 丰富的平台

Python 提供了丰富的图形开发界面库，几个常用 Python GUI 库如下。

1. tkinter

tkinter 模块（Tk 接口）是 Python 的标准 Tk GUI 工具包的接口。使用 Tk，无需安装任何包，就可以直接使用。Tk 和 tkinter 可以在大多数的 UNIX 平台下使用，同样可以应用在 Windows 和 Macintosh 系统里，Tk8.0 的后续版本可以实现本地窗口风格，并良好地运行在绝大多数平台中。

2. wxPython

wxPython 是一款开源软件，是 Python 语言的一套优秀的 GUI 图形库，允许 Python 程序员很方便地创建完整的、功能健全的 GUI 用户界面。

3. Jython

Jython 程序可以和 Java 无缝集成。除了一些标准模块，Jython 还使用了 Java 的模块。Jython 几乎拥有标准的 Python 中不依赖于 C 语言的全部模块。比如，Jython 的用户界面将使用 Swing、

AWT 或者 SWT。Jython 可以被动态或静态地编译成 Java 字节码。

本章将主要介绍使用的 GUI 工具包是 Python 的第三方图形库：wxPython。

wxPython 实际是两件事物的组合体：Python 脚本语言和 GUI 功能的 wxWindows 库。

10.2 下载和安装 wxPython

wxPython 是 Python 的一个扩展模块，由罗宾·邓恩（Robin Dunn）以及哈里·帕萨宁（Harri Pasanen）开发，使用 Python 语言重新封装了一个原本用 C++写的 wxWidgets 程序，制作出了一个流行的跨平台 GUI 工具包。和 wxWidgets 一样，wxPython 也是一个免费的软件。

下面介绍一下在 Windows 环境下安装 wxPython 的方法。

wxPython 在 Windows 下可使用 pip 安装方式：（安装前提是正确安装好 Python）：单击“开始”菜单，打开“运行”程序，输入 cmd，打开命令行输入窗口。在命令行中输入：

```
python –m pip install –U wxPython
```

如图 10-1 所示。

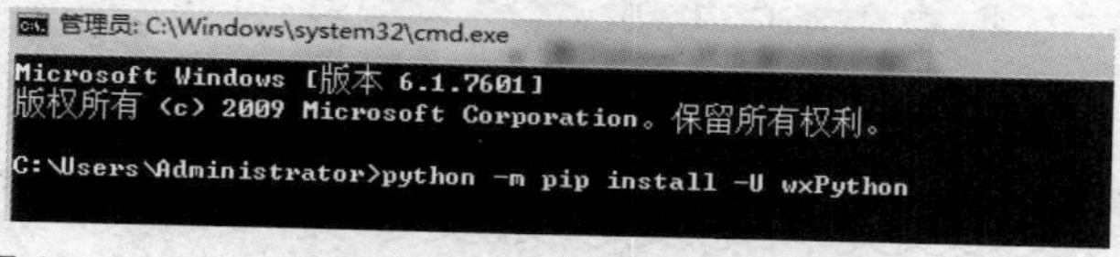
管理员: C:\Windows\system32\cmd.exe
Microsoft Windows [版本 6.1.7601]
版权所有 (c) 2009 Microsoft Corporation。保留所有权利。
C:\Users\Administrator>python -m pip install -U wxPython

图 10-1　Windows 下通过命令行窗口安装 wxPython 使用的命令

按“回车”键，出现图 10-2 所示界面，表明系统正在下载 wxPython 程序。

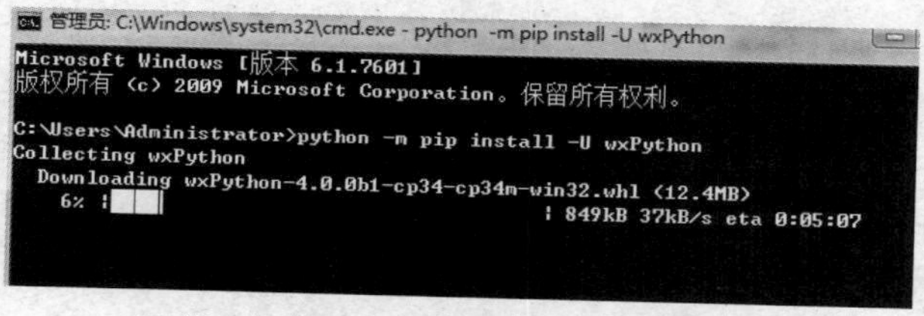
管理员: C:\Windows\system32\cmd.exe - python -m pip install -U wxPython
Microsoft Windows [版本 6.1.7601]
版权所有 (c) 2009 Microsoft Corporation。保留所有权利。
C:\Users\Administrator>python -m pip install -U wxPython
Collecting wxPython
Downloading wxPython-4.0.0b1-cp34-cp34m-win32.whl (12.4MB)
6%
| 849kB 37kB/s eta 0:05:07

图 10-2　系统正在下载 wxPython 安装程序

执行完毕出现图 10-3 所示界面即表示安装成功。

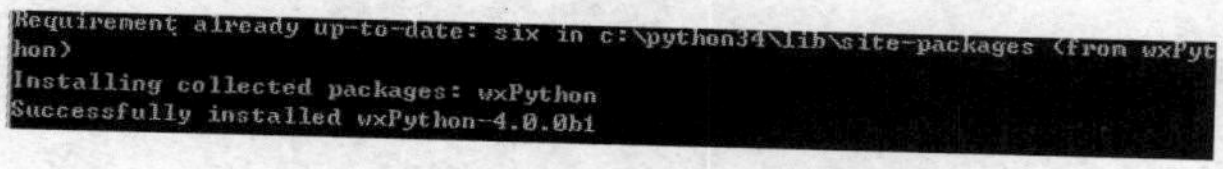
Requirement already up-to-date: six in c:\python34\lib\site-packages (from wxPyt
hon)
Installing collected packages: wxPython
Successfully installed wxPython-4.0.0b1

图 10-3　安装成功

如系统提示 pip 版本过低，则需要手动升级 pip。方法是在命令行窗口输入：

```
python –m pip install ––upgrade pip
```

10.3 创建示例 GUI 应用程序

10.3.1 Hello World!

让我们也从“Hello World!”开始 wxPython 之旅吧。让 GUI 程序启动和运行起来需要以下 6

个步骤。

（1）导入 wx 模块。

（2）定义应用程序类的一个对象。

（3）创建一个顶层窗口的 wx.Frame 类的对象，用于容纳整个 GUI 应用。

（4）在顶层窗口对象之上构建所有的 GUI 组件及其功能。

（5）通过底层应用代码将这些 GUI 组件连接起来。

（6）进入主事件循环。

好了，介绍完步骤，让我们从很小的 wxPython 程序开始吧。

首先打开 Python IDLE，单击 file 打开编辑器窗口，在此窗口中输入如下代码后保存成.py 文件。单击导航条的 Run>Run Module 即可执行当前的文件，或者直接按快捷键“F5”也可执行当前文件。

【例 10-1】现在写一个很小的 wxPython 程序，并保存成 hello.py。

编写程序 Hello World!(hello.py)，代码如下：

```
1.	#!/usr/bin/env python
2.	import wx
3.	app = wx.App()
4.	frame = wx.Frame(None,wx.ID_ANY,"Hello World!")
5.	frame.Show(True)
6.	app.MainLoop()
```

第 1 行：这行看似注释，但是在 Linux 和 UNIX 等操作系统上，它告诉操作系统如何找到执行该程序的解释器。如果这个程序被给予可执行权限（例如使用 chmod 命令），我们可以在命令行下仅仅键入该程序的名字来运行这个程序：

% hello.py

这行在其他操作系统上将被忽略，但是包含它可以实现代码的跨平台。

由于本章主要是在 Windows 系统中编写和测试的，为节省篇幅，本章的后续代码讲解中此行将省略。但实际编程时请养成良好的习惯，请一定加上此行代码。

第 2 行：导入 wx 模块，我们就能够创建应用程序（application）对象和框架(frame)对象。每个 wxPython 程序必须有一个 application 对象和至少一个 frame 对象。application 对象必须是 wx.App 的一个实例或你在 OnInit()方法中定义的一个子类的一个实例。当你的应用程序启动的时候，OnInit()方法将被 wx.App 父类调用。

第 3 行：创建 wx.App 子类的实例。大多数的简单应用都是采用类似本行所示的方式使用，当编写更复杂的应用时可能就要继承 wx.App 的类。

第 4 行：wx.Frame 表示一个顶层窗口。

第 5 行：显示 Frame 窗口

第 6 行：最后调用 MainLoop 方法启动应用，进入主事件循环，控制权将转交给 wxPython。wxPython GUI 程序主要响应用户的鼠标和键盘事件。当一个应用程序的所有框架被关闭后，这个 app.MainLoop()方法将返回且程序退出。

图 10-4 所示是程序的运行结果，仅包括生成界面的必备元素。

下面，通过扩展这个最小的空的 wxPython 程序 hello.py 继续我们的学习吧。

图 10-4　Hello World!

10.3.2　窗口

框架就是通常称的窗口。在 wxPython 中，wx.Frame 是所有窗口的父类。在 GUI 编程中，顶层的根窗口对象包含组成 GUI 应用的所有组件对象，组件对象可能是文字标签、按钮、标题、面板、文本框、菜单等。这些独立的 GUI 组件通常称为控件。

窗口：wx.Frame（参见【例 10-1】第 4 行代码）

wx.Frame 是一个容器控件，这意味着它可以容纳其他的控件。它有如下的构造器（各参数代表的意义请查阅表 10-1）：wx.Frame (parent, id, title, pos, size, style, name)。

表 10-1　wx.Frame 的参数

参　数	描　述
Parent	窗口的父类。如果“None”被选择，对象是在顶层窗口。如果“None”未被选择，所述框显示在父窗口的顶层
id	窗口标识。通常-1 为了让标识符自动生成
Title	标题出现在标题栏
Pos	帧(frame)的开始位置。如果没有给出，wxDefaultPosition 是由操作系统决定的
Size	窗口的尺寸。wxDefaultSize 是由操作系统决定的
style	窗口的外观按样式风格常数控制
name	对象的内部名称

10.3.3　控件：面板、标签、菜单栏

1. 面板：wx.Panel

面板也是一个控件，可以将其他的控件放到它的上面。wx.Panel 类通常是被放在一个 wx.Frame 对象中。该类同样继承自 wx.Window 类。通常在面板上再放置其他小控件，因此，需要在框架(frame)中加入面板，wx. Panel ()，下一步由面板来管理当前的窗口该放哪些控件及如何放置这些控件。

我们在【例 10-1】hello.py 的第 4 行后加入下面的代码行来声明一个面板。

本章采用逐步添加代码的方式丰富我们的程序，加入代码行时无特殊说明行号均指按顺序加入代码行。

```
panel = wx.Panel(frame)
```

如果不往面板里放入其他的控件，程序执行效果没有发生变化。

2. 标签：label

标签(label)主要用于显示一些不能被用户改变的文本。

继续往我们的程序中顺序加入代码行：

```
label = wx.StaticText(panel, label="Hello World！", pos=(150, 50))
```

执行程序后的效果如图 10-5 所示。

图 10-5　添加 label 标签

在 wxPython 中，wx.StaticText 类对象提供了一个用于持有只读文本的控件。wx.StaticText 类的构造函数为：

wx.StaticText(parent，id，label，position，size，style)

为了设置标签的字体，首先需要创建一个字体对象。

Wx.Font(pointsize，fontfamily，fontstyle，fontweight)

继续往我们的程序中顺序加入以下代码行：

```
font = wx.Font(18, wx.ROMAN, wx.ITALIC, wx.NORMAL)
label.SetFont(font)
```

以上代码执行后将产生如图 10-6 所示的输出。

图 10-6　设置标签文本的显示样式

3. 菜单栏：wx.Menu

菜单栏一般显示在顶层窗口的标题栏下方，使用 wxPython 的 wx.MenuBar 类对象。

wx.MenuBar 类有一个默认的无参数函数：wx.MenuBar()，此外还有一个带参数的构造函数：wx.MenuBar(n，menus，titles，style)。

参数“n”表示的菜单的数目，menus 是菜单和标题的数组和字符串数组。如果 style 参数设置为 wx.MB_DOCKABLE，表明鼠标可以停靠在菜单栏上。

表 10-2 所示是 wx.MenuBar 类的方法列表。

表 10-2　wx.MenuBar 类的方法列表

方　法	说　明
Append()	添加菜单对象到工具栏
Check()	选中或取消选中菜单
Enable()	启用或禁用菜单
Remove()	去除工具栏中的菜单

wx.Menu 类对象是一个或多个菜单项，其中一个可被用户选择的下拉列表。表 10-3 列举了 wx.Menu 类经常需要的方法。

表 10-3　wx.Menu 类的方法及说明

方　法	说　明
Append()	在菜单增加了一个菜单项
AppendMenu()	追加一个子菜单
AppendRadioItem()	追加可选当选项
AppendCheckItem()	追加一个可检查的菜单项
AppendSeparator()	添加一个分隔线
Insert()	在给定的位置插入一个新的菜单
InsertRadioItem()	在给定位置插入单选项
InsertCheckItem()	在给定位置插入新的检查项
InsertSeparator()	插入分隔行
Remove()	从菜单中删除一个项
GetMenuItems()	返回菜单项列表

可直接使用 Append()函数添加一个菜单项：

wx.Menu.Append(id，text，kind)

或使用 wx.MenuItem 类追加一个对象：

Item = Wx.MenuItem(parentmenu，id，text，kind)

wx.Menu.Append(Item)

我们先看个例子。

【例 10-2】设置一个标准的菜单，对菜单进行分类，一级菜单下还可以有二级子菜单。

设置菜单栏，代码如下：

```
1.   import wx
2.   app = wx.App()
3.   window = wx.Frame(None, title="wxPython - 设置菜单栏示例", size=(400, 200))
4.   panel = wx.Panel(window)
5.   menuBar = wx.MenuBar()
6.   fileMenu = wx.Menu()
7.   newitem = wx.MenuItem(fileMenu,wx.ID_NEW, text = "New", kind = wx.ITEM_NORMAL)
8.   fileMenu.Append(newitem)
9.   fileMenu.AppendSeparator()
10.  editMenu = wx.Menu()
11.  copyItem = wx.MenuItem(editMenu,wx.ID_COPY,text="copy",kind = wx.ITEM_NORMAL)
12.  editMenu.Append(copyItem)
13.  cutItem = wx.MenuItem(editMenu, wx.ID_CUT,text = "cut" , kind = wx.ITEM_NORMAL)
14.  editMenu.Append(cutItem)
15.  fileMenu.AppendMenu(wx.ID_EDIT, "编辑", editMenu)
16.  fileMenu.AppendSeparator()
17.  menuBar.Append(fileMenu, '&File')
18.  window.SetMenuBar(menuBar)
19.  window.Show(True)
20.  app.MainLoop()
```

以上代码执行后将产生图 10-7 所示的输出。

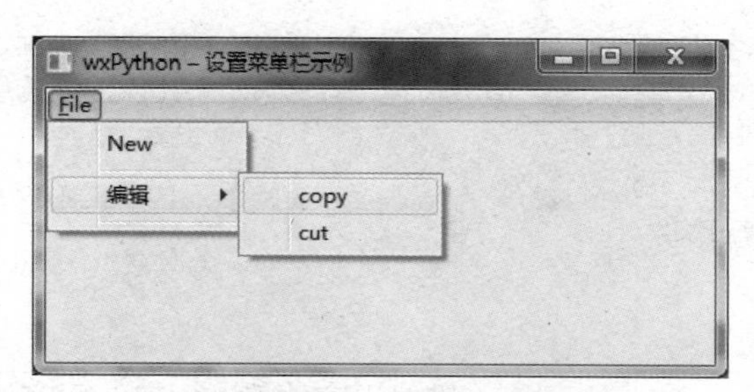

图 10-7　设置菜单栏示例

第 1 ~ 4 行：导入 wx，定义一个 wx.App，每一个 wxPython 应用程序都是 wx.App 这个类的一个实例。新开一个顶层框架，设置框架标题和框架的大小。在框架上放置一个面板控件。

第 5 行：定义了一个菜单栏的变量 menuBar。

第 6 ~ 9 行：定义了一个菜单的变量 fileMenu。注意 fileMenu 等变量都是大小写敏感，每个字符都要相同才能使用。

使用 MenuItem 类手动创建对象，赋值给 newitem。

Item = Wx.MenuItem(parentmenu，id，text，kind)

下面逐一解释 MenuItem 的各项参数。

（1）parentmenu 为本菜单的上级父菜单。

（2）id 是唯一定义本菜单的 id。

（3）text 是本菜单对外显示的标题。

（4）kind 是本菜单的显示类型。

使用 MenuItem 手动创建对象，还可以定义更丰富的内容，比如增加一些图标等。wxPython 工具包只能将位图（bitmap）放入菜单，因此需要将图片文件转换为位图。

菜单项设置显示位图或快捷方式：wx.MenuItem.SetBitmap(wx.Bitmap(image file))

使用 Append()方法，将创建的 MenuItem 对象增加到我们创建的菜单中。

AppendSeparator()即添加一个分割线。

第 10 行：定义了一个子菜单的变量 editMenu。

第 11 ~ 14 行：建立两个子菜单“copy”和“cut”，添加到 editMenu 菜单项。

第 15、16 行：使用 AppendMenu 方法给 fileMenu 增加一个标题名为“编辑”的菜单，该菜单绑定了名称为 editMenu 菜单。添加一个分割线。

第 17 行：使用 Append 方法将 fileMenu 添加到 menuBar 菜单，标题设为“File”。

第 18 ~ 20 行：为框架设置菜单栏，直接使用之前做好的 menuBar 菜单。显示在框架上，运行主程序。

10.3.4　案例制作：简易编辑器

我们来看一个案例。

【例 10-3】我们需要做个简易编辑器，需要的具体功能描述如下：打开顶层窗口后即进入编辑。有一个父菜单，下拉显示两个子菜单：“关于”和“退出”。窗口底端有按钮的信息提示栏。单击“关于”，能弹出窗口显示本软件的相关信息，单击“退出”，能直接退出当前软件运行。

案例里涉及 5 个常见的基本功能。

（1）建立编辑器。

（2）建立菜单。

（3）建立底栏按钮信息提示。

（4）绑定菜单按钮执行事件。

（5）弹出窗口。

下面我们来看看怎么做。

第一步：写一个空的 wxPython 程序，搭建程序的整体框架。程序如下：

```
1.    import wx
2.    class MainWindow(wx.Frame):
3.        def __init__(self, parent, title,size):
4.            wx.Frame.__init__(self, parent, title=title, size=size)
5.            self.Show(True)
6.            app = wx.App(False)
7.            frame = MainWindow(None, "简易编辑器",(300,200))
8.            app.MainLoop()
```

第二步：使用 wx.TextCtrl 建立一个简易编辑器。

```
9.    wx.TextCtrl(self, style=wx.TE_MULTILINE)
```

第三步：建立菜单。

```
10.   filemenu= wx.Menu()
11.   menuAbout = filemenu.Append(wx.ID_ABOUT, "&关于","关于本软件的相关信息")
12.   menuExit = filemenu.Append(wx.ID_EXIT,"&退出","退出当前程序")
13.   # Creating the menubar.
14.   menuBar = wx.MenuBar()
15.   menuBar.Append(filemenu,"&File") # Adding the "filemenu" to the MenuBar
16.   self.SetMenuBar(menuBar)   # Adding the MenuBar to the Frame content.
```

第四步：建立底栏按钮信息提示。

```
17.   CreateStatusBar()
```

第五步：使用 wx.MessageBox()方法弹出窗口显示内容。

```
18.   wx.MessageBox("A small text editor", "About Sample Editor",wx.OK | wx.ICON_INFORMATION)
```

第六步：使用 Bind()方法将事件绑定到按钮上。

将上述代码添加进我们的空的 wxPython 程序中，来看一下完整的代码。

【例 10-3】（simpleeditor.py）代码如下：

```
1.    import wx
2.    class MainWindow(wx.Frame):
3.
4.        def __init__(self, parent, title,size):
5.            wx.Frame.__init__(self, parent, title=title, size=size)
6.            #第二步建立的简易编辑器
7.            self.control = wx.TextCtrl(self, style=wx.TE_MULTILINE)
8.            #第三步 建立菜单
9.            filemenu= wx.Menu()
10.           menuAbout = filemenu.Append(wx.ID_ABOUT, "&关于","关于本软件的相关信息")
11.           menuExit = filemenu.Append(wx.ID_EXIT,"&退出","退出当前程序")
```

```
12.             # Creating the menubar.
13.             menuBar = wx.MenuBar()
14.             menuBar.Append(filemenu,"&File") # Adding the "filemenu" to the MenuBar
15.             self.SetMenuBar(menuBar)   # Adding the MenuBar to the Frame content.
16.             #第四步建立底栏按钮信息提示
17.             self.CreateStatusBar() # A StatusBar in the bottom of the window
18.             # 第六步 绑定事件
19.             self.Bind(wx.EVT_MENU, self.OnAbout, menuAbout)
20.             self.Bind(wx.EVT_MENU, self.OnExit, menuExit)
21.             self.Show(True)
22.
23.             #第五步 将弹出窗口事件写成一个OnAbout函数
24.         def OnAbout(self,e):
25.             # A message dialog box with an OK button. wx.OK is a standard ID in wxWidgets.
26.             dlg = wx.MessageDialog( self, "A small text editor", "About Sample Editor", wx.OK)
27.             dlg.ShowModal() # Show it
28.             dlg.Destroy() # finally destroy it when finished.
29.
30.         # 退出事件
31.         def OnExit(self,e):
32.             self.Close(True)   # Close the frame.
33.
34.     app = wx.App(False)
35.     frame = MainWindow(None, "Sample editor",(300,200))
36.     app.MainLoop()
```

10.3.5 更智能的布局

本节将讨论如何让程序有一个好的外观。在讲解本节之前，我们在 wxPython 应用程序中布局窗口部件的方法基本都是在每个窗口部件被创建时即显式地指定它的位置和大小。这种方法虽然简单，但是因为窗口部件的尺寸和默认字体的尺寸会因系统的不同而不同，要在所有系统上得到固定的正确的定位是非常困难的，同时，每当用户手动调整父窗口大小时，我们必须显式地改变每个控件的定位，这个实现起来非常难。

基于这样的考虑，wxPython 的布局管理机制中采用 Sizer 方式来解决。每个不同的 Sizer 基于一套规则管理自己的尺寸和位置。在父窗口中添加的控件都必须设置一个 Sizer，由 Sizer 来管理每个窗口部件的尺寸和位置。

使用 Sizer 的好处很多。在处理复杂布局的时候首先想到的方法就是使用 Sizer 来自动布局窗口部件。当子窗口部件的容器的尺寸改变时，Sizer 将自动计算容器中其他控件的布局并做出相应的调整。同样，如果其中一个控件改变了尺寸，Sizer 也能够自动刷新布局。

那么 Sizer 是什么？

一个 wxPython Sizer 是一个对象，它唯一的目的就是管理窗口控件的布局。Sizer 本身不是一个控件，仅是一个屏幕布局的算法。所有的 Sizer 都是抽象类 wx.Sizer 的一个子类的实例。在 wxPython 中提供了 5 个 Sizer，详情请见表 10-4。

表 10-4　wxPython 提供的 5 个 Sizer 及说明

名　称	说　明
BoxSizer	Sizer 允许控件以按行或列的方式排放。BoxSizer 布局是由它的定位参数（wxVERTICAL 或 wxHORIZONTAL）确定
GridSizer	顾名思义，一个 GridSizer 对象呈现二维网格。控件从左到右和由上到下方顺序被添加在网格槽
FlexiGridSizer	这种 Sizer 也有一个二维网格。它提供灵活性布局中的控制单元
GridBagSizer	GridBagSizer 是一种多功能 Sizer。它比 FlexiGridSizer 提供了更多的增强功能。子构件可被添加到网格中的指定单元格
StaticBoxSizer	StaticBoxSizer 把一个盒子 Sizer 放到静态框。它提供了围绕框边界以及顶部标签

下面是使用一个 Sizer 的 3 个基本步骤。

（1）创建并关联 Sizer 到一个窗口。

（2）使用 Add()方法为窗口的每个子控件添加 Sizer。

（3）使用 Fit()方法使 Sizer 能够计算尺寸。

【例 10-4】我们采用 9 个带有标签的简单的矩形作为占据布局空间的窗口部件，来讲解我们的 Sizer 是如何工作的。【例 10-4】给出的代码，将被本节的其余例子导入。

【例 10-4】（blockwindow.py）代码如下：

```
1.  import wx

2.  class BlockWindow(wx.Panel):
3.      def __init__(self, parent, ID=-1, label="",pos=wx.DefaultPosition, size=(100, 25)):
4.          wx.Panel.__init__(self, parent, ID, pos, size,wx.RAISED_BORDER, label)
5.          self.label = label
6.          self.SetBackgroundColour("white")
7.          self.SetMinSize(size)
8.          self.Bind(wx.EVT_PAINT, self.OnPaint)

9.      def OnPaint(self, evt):
10.         sz = self.GetClientSize()
11.         dc = wx.PaintDC(self)
12.         w,h = dc.GetTextExtent(self.label)
13.         dc.SetFont(self.GetFont())
14.         dc.DrawText(self.label, (sz.width-w)/2, (sz.height-h)/2)
```

10.3.6　最基本的 Sizer:GridSizer

【例 10-5】建立最基本的 Sizer

【例 10-5】(gridsizer.py)代码如下：

```
1.  import wx
2.  from blockwindow import BlockWindow
3.  labels = "one two three four five six seven eight nine".split()
4.  class GridSizerFrame(wx.Frame):
5.      def  __init__(self):
```

```
6.          wx.Frame.__init__(self, None, -1, "Basic Grid Sizer")
7.          sizer = wx.GridSizer(rows=3, cols=3, hgap=5, vgap=5)   #创建grid sizer
8.          for label in labels:
9.              bw = BlockWindow(self, label=label)
10.             sizer.Add(bw, 0, 0)    #添加窗口部件到sizer
11.             self.SetSizer(sizer)    #把sizer与框架关联起来
12.             self.Fit()

13. app = wx.App()
14. GridSizerFrame().Show()
15. app.MainLoop()
```

第二句代码 from blockwindow import BlockWindow 即为导入【例 10-4】的 9 个带有标签的简单的矩形作为占据布局空间的窗口部件。【例 10-4】的代码要和本程序代码保存在同一层文件夹里。

【例 10-5】执行后显示效果如图 10-8 所示。

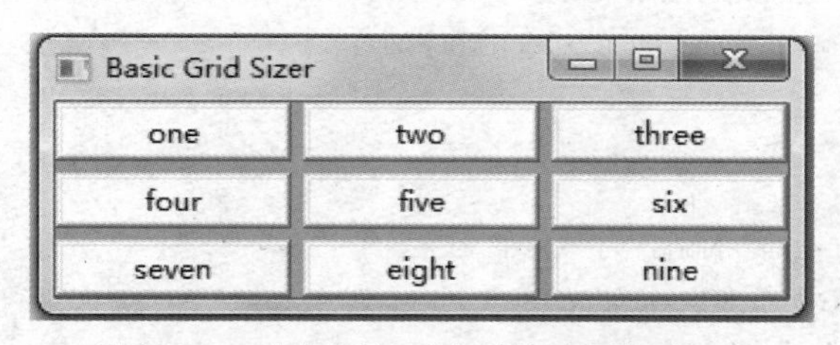

图 10-8 未拉伸前每个部件的默认位置效果

当调整 Grid Sizer 的大小时，每个窗口部件之间的间隙将随之改变。但在默认情况下，窗口部件的尺寸不会变，并且始终按照从左到右从上到下的顺序排列。图 10-9 所示为调整尺寸后的窗口效果。

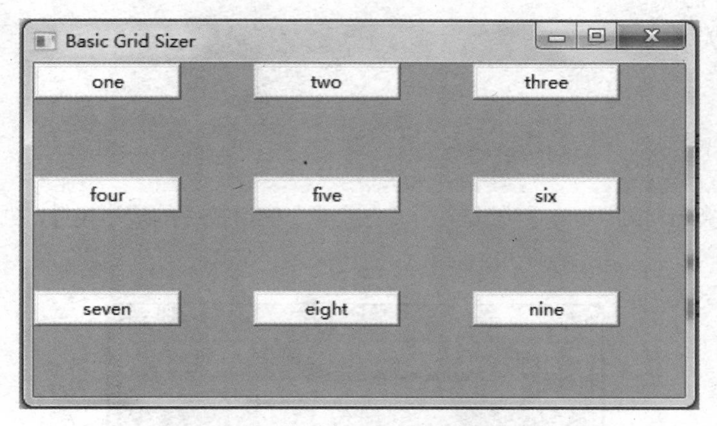

图 10-9 拉伸窗口后矩形的位置变化

从【例 10-5】可以看出一个 Grid Sizer 是类 wx.GridSizer 的一个实例。构造函数显式地设置 4 个属性，

Wx.GridSizer(rows,cols,vgap,hgap)

rows 和 cols 是整数，指网格中每行每列能放的窗口部件的数量。如果这两个参数之一被设置

为 0，那么它的实际值将由 Sizer 管理的部件数量而定。

vgap 和 hgap 就是窗口控件间的间隔，以像素为单位。

Gird Sizer 最适合所有的窗口控件相同尺寸的情况，如网页布局中的九宫格。

10.3.7 FlexGridSizer

Flex Grid Sizer 是 Grid Sizer 的一个更灵活的版本，体现在以下几点。

（1）可以为每行每列设置不同的尺寸。

（2）默认情况下，调整尺寸是不改变每个单元格的尺寸，也可以指定特殊尺寸。

（3）可以设置仅可在横轴或纵轴方向之一增长。

【例 10-6】使用 Flex Grid Sizer 固定窗口控件的长和宽，控件间隙不随着父窗口的拉伸而变化。(flexgridsizer.py)代码如下：

```
1.  import wx
2.  from blockwindow import BlockWindow
3.  labels = "one two three four five six seven eight nine".split()

4.  class TestFrame(wx.Frame):
5.      def __init__(self):
6.          wx.Frame.__init__(self, None, -1, "FlexGridSizer")
7.          sizer = wx.FlexGridSizer(rows=3, cols=3, hgap=5, vgap=5)
8.          for label in labels:
9.              bw = BlockWindow(self, label=label)
10.             sizer.Add(bw, 0, 0)
11.         center = self.FindWindowByName("five")
12.         center.SetMinSize((150,50))
13.         self.SetSizer(sizer)
14.         self.Fit()

15. app = wx.App()
16. TestFrame().Show()
17. app.MainLoop()
```

上述代码通过 SetMinSize()方法设置了“five”这个窗口控件的最小尺寸。执行效果如图 10-10 所示。

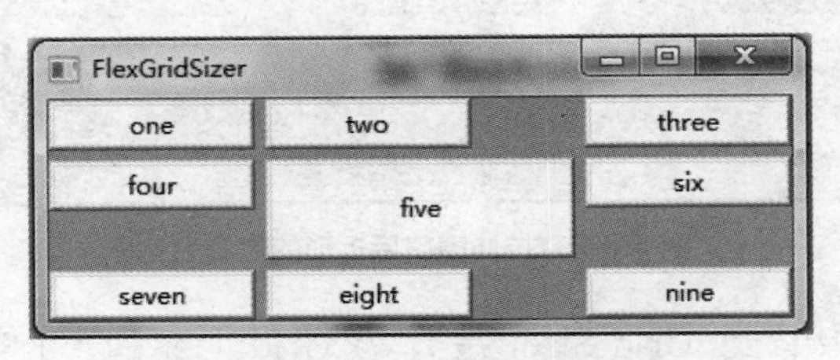

图 10-10　固定一个窗口控件的最小尺寸

图 10-11 所示展示了当调整窗口尺寸时，Flex Grid Sizer 的单元格尺寸不随着窗口尺寸变化而变化。

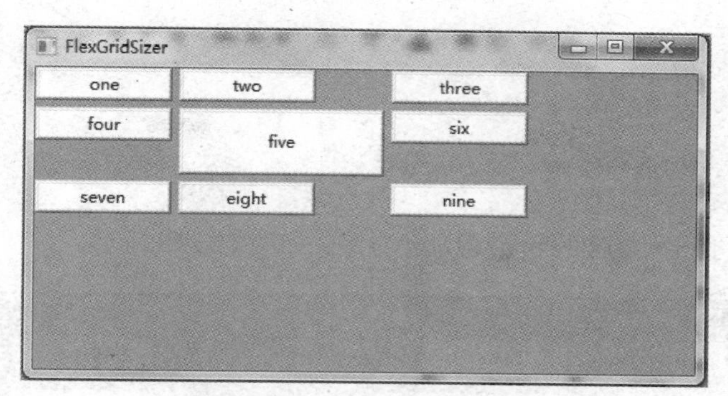

图 10-11　调整窗口尺寸时 Flex Grid Sizer 的变化

一个 Flex Grid Sizer 是 wx.FlexGridSizer 的一个实例。类 wx.FlexGridSizer 是 wx.GridSizer 的子类，所以 wx.GridSizer 的属性方法依然有效。wx.FlexGridSizer 的构造函数与其父类的相同：wx.FlexGridSizer(rows，cols，vgap，hgap)。

为了实现当 sizer 扩展时，某个行或列也扩展，需要使用 AddGrowableCol()或 AddGrowableRow()方法显式地告诉 sizer。

- 行扩展：AddGrowableCol(idx，proportion = 0)
- 列扩展：AddGrowableRow (idx，proportion = 0)

参数 proportion 是扩展比率。如有两个可以调整尺寸的行，并且它们的 proportion 分别是 1 和 2，那么在行空间拉伸时第一个行将得到新空间的 1/3，第二个行将得到 2/3。

【例 10-7】使用 Flex Grid Sizer 固定窗体控件的长和宽，使用 proportion 扩展比率参数控制控件间隙随着父窗口的拉伸而成比率变化。

(newFlexGridSizer.py) 代码如下：

```
1.   import wx
2.   from blockwindow import BlockWindow
3.   labels = "one two three four five six seven eight nine".split()

4.   class TestFrame(wx.Frame):
5.       def __init__(self):
6.           wx.Frame.__init__(self, None, -1, "FlexGridSizer")
7.           sizer = wx.FlexGridSizer(rows=3, cols=3, hgap=5, vgap=5)
8.           for label in labels:
9.               bw = BlockWindow(self, label=label)
10.              sizer.Add(bw, 0, 0)
11.          center = self.FindWindowByName("five")
12.          center.SetMinSize((150,50))
13.          sizer.AddGrowableCol(0, 1)
14.          sizer.AddGrowableCol(1, 2)
15.          sizer.AddGrowableCol(2, 1)
16.          sizer.AddGrowableRow(0, 1)
17.          sizer.AddGrowableRow(1, 5)
18.          sizer.AddGrowableRow(2, 1)
19.          self.SetSizer(sizer)
```

```
20.             self.Fit()

21.     app = wx.App()
22.     TestFrame().Show()
23.     app.MainLoop()
```

代码执行后进行了行列拉伸的 proportion 对比，如图 10-12 所示。

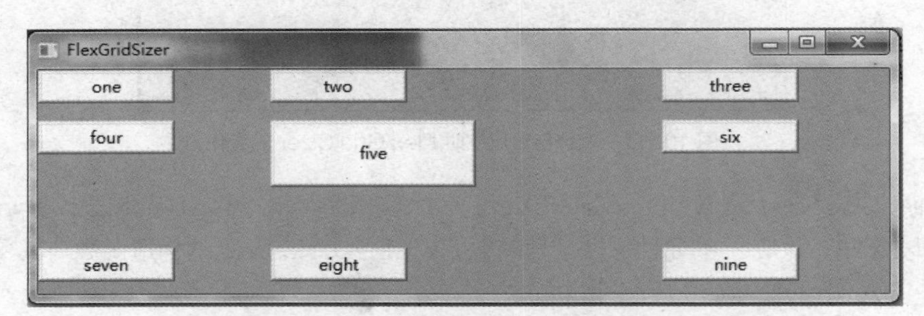

图 10-12　FlexGridSizer 的行列拉伸的不同 proportion 对比

10.3.8　GridBagSizer

GridBagSizer 是对 Flex Grid Sizer 的进一步增强。它有两个新变化。

（1）可以将一个窗口部件添加到一个特定的单元格。

（2）能够使一个窗口部件水平和/或垂直地占据一个以上的单元格。

使用 GridBagSizer 使同一行中的静态文本和多行文本控件可以有不同的宽度和高度，可为页面提供精确布局，并且这种布局可以随着窗口控件的变化而有一定变化，变化都在可控范围内。

wx.GridBagSizer 类只有一个构造函数接受两个参数：

wx.GridBagSizer(vgap,hgap)

GridBagSizer 类最重要的方法是 Add()，它接受位置作为强制性参数。跨度、对齐方式、边界标志和边框尺寸参数都是可选的：

wx.GridbagSizer().Add(control, pos, span, flags, border)

其中 pos 表示位置，pos = (0,3)表示位置在第 0 行、第 3 列，pos = (3,0)表示位置在第 3 行第 0 列。

span 表示跨度，span = (3,1)表示该窗口控件跨度为 3 行 1 列，span = (1,4)表示跨度为 1 行 4 列。

【例 10-8】仿合并单元格效果的 GridBagSizer。

(gridbagsizer.py)代码如下：

```
1.      import wx
2.      from blockwindow import BlockWindow
3.      labels = "one two three four five six seven eight nine".split()

4.      class TestFrame(wx.Frame):
5.          def __init__(self):
6.              wx.Frame.__init__(self, None, -1, "GridBagSizer")
7.              sizer = wx.GridBagSizer(hgap=5, vgap=5)
8.              for col in range(3):
9.                  for row in range(3):
```

```
10.                bw = BlockWindow(self, label=labels[row*3 + col])
11.                sizer.Add(bw, pos = (row,col))
12.         # 跨行
13.         bw = BlockWindow(self, label="span 3 rows")
14.         sizer.Add(bw, pos=(0,3), span=(3,1), flag=wx.EXPAND)
15.         # 跨列
16.         bw = BlockWindow(self, label="span all columns")
17.         sizer.Add(bw, pos=(3,0), span=(1,4), flag=wx.EXPAND)
18.         # 使最后的行和列可增长
19.         sizer.AddGrowableCol(3)
20.         sizer.AddGrowableRow(3)
21.         self.SetSizerAndFit(sizer)
22.         self.Fit()

23.  app = wx.App()
24.  TestFrame().Show()
25.  app.MainLoop()
```

执行效果如图 10-13 所示。

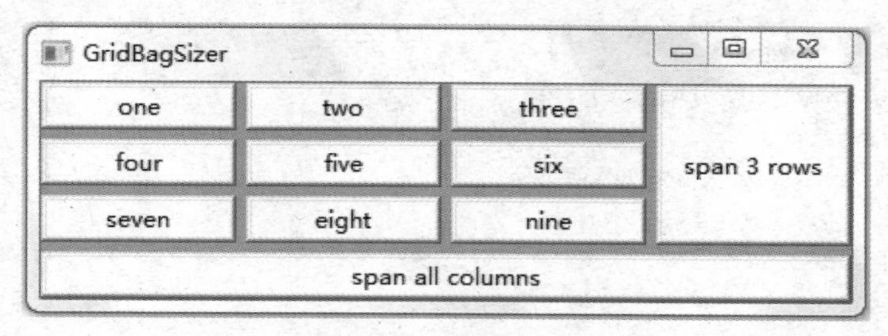

图 10-13　GridBagSizer

10.3.9　BoxSizer

BoxSizer 是 wxPython 所提供的 Sizer 中最简单和最灵活的 Sizer。一个 Box Sizer 是一个垂直列或水平列，窗口部件按照从左至右或从上到下顺序布置在一条线上。通过相互嵌套 Sizer 的方式可以设置出比较灵活的布局。

【例 10-9】使用 BoxSizer 对窗口部件进行最基本的排列。

（boxsizer.py）代码如下：

```
1.   import wx
2.   from blockwindow import BlockWindow

3.   labels = "one two three four".split()

4.   class TestFrame(wx.Frame):
5.       title = "none"
6.       def __init__(self):
7.           wx.Frame.__init__(self, None, -1, self.title)
```

```
8.              sizer = self.CreateSizerAndWindows()
9.              self.SetSizer(sizer)
10.             self.Fit()

11.    #产生垂直排列的窗口控件
12.    class VBoxSizerFrame(TestFrame):
13.        title = "Vertical BoxSizer"

14.        def CreateSizerAndWindows(self):
15.            sizer = wx.BoxSizer(wx.VERTICAL)
16.            for label in labels:
17.                bw = BlockWindow(self, label=label, size=(200,30))
18.                sizer.Add(bw, flag=wx.EXPAND)
19.            return sizer

20.    #产生平行排列的窗口控件
21.    class HBoxSizerFrame(TestFrame):
22.        title = "Horizontal BoxSizer"

23.        def CreateSizerAndWindows(self):
24.            sizer = wx.BoxSizer(wx.HORIZONTAL)
25.            for label in labels:
26.                bw = BlockWindow(self, label=label, size=(75,30))
27.                sizer.Add(bw, flag=wx.EXPAND)
28.            return sizer

29.    #产生垂直排列的可拉伸变化的窗口控件
30.    class VBoxSizerStretchableFrame(TestFrame):
31.        title = "Stretchable BoxSizer"

32.        def CreateSizerAndWindows(self):
33.            sizer = wx.BoxSizer(wx.VERTICAL)
34.            for label in labels:
35.                bw = BlockWindow(self, label=label, size=(200,30))
36.                sizer.Add(bw, flag=wx.EXPAND)
37.            # Add an item that takes all the free space
38.            bw = BlockWindow(self, label="gets all free space", size=(200,30))
39.            sizer.Add(bw, 1, flag=wx.EXPAND)
40.            return sizer

41.    #产生垂直排列的可按照比率拉伸变化的窗口控件
42.    class VBoxSizerMultiProportionalFrame(TestFrame):
43.        title = "Proportional BoxSizer"

44.        def CreateSizerAndWindows(self):
```

```
45.            sizer = wx.BoxSizer(wx.VERTICAL)
46.            for label in labels:
47.                bw = BlockWindow(self, label=label, size=(200,30))
48.                sizer.Add(bw, flag=wx.EXPAND)

49.            # Add an item that takes one share of the free space
50.            bw = BlockWindow(self,label="gets 1/3 of the free space",size=(200,30))
51             sizer.Add(bw, 1, flag=wx.EXPAND)

52.            # Add an item that takes 2 shares of the free space
53.            bw = BlockWindow(self,
54.                label="gets 2/3 of the free space",
55.                size=(200,30))
56.            sizer.Add(bw, 2, flag=wx.EXPAND)
57.            return sizer

58.    app = wx.App()
59.    frameList = [VBoxSizerFrame, HBoxSizerFrame, VBoxSizerStretchableFrame, VboxSizerMultiPropor tional Frame]
60.    for klass in frameList:
61.        frame = klass()
62.        frame.Show()
63.    app.MainLoop()
```

上述代码将产生 4 个窗口，如图 10-14～图 10-17 所示。

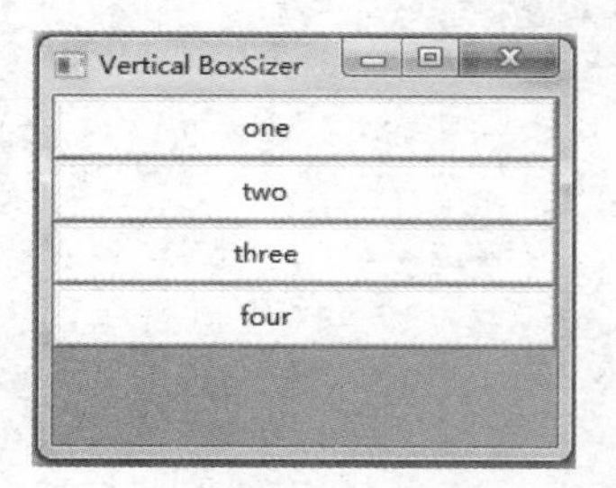

图 10-14　产生垂直排列的窗口控件

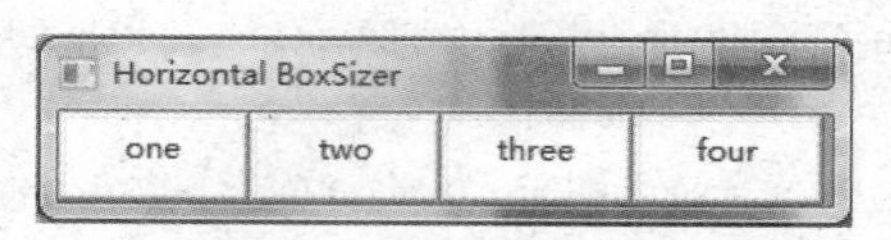

图 10-15　产生平行排列的窗口控件

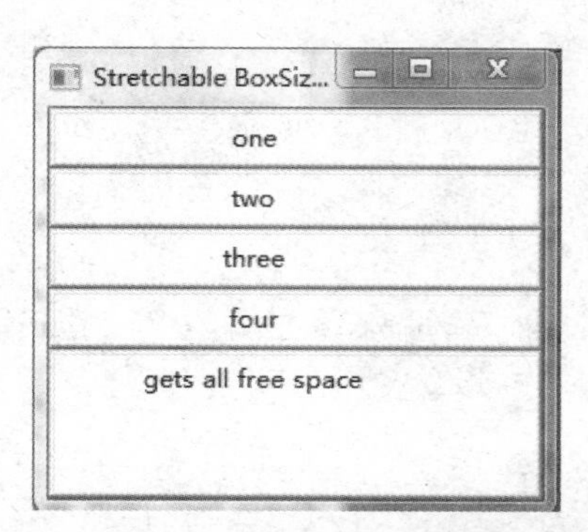

图 10-16　产生垂直排列的可拉伸变化的窗口控件

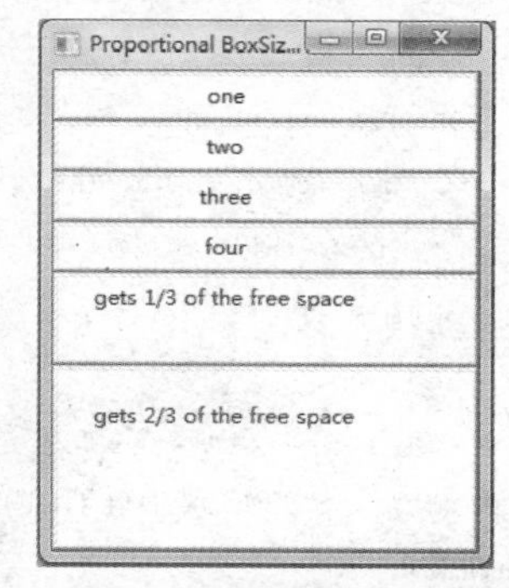

图 10-17　产生垂直排列的可按照比率拉伸变化的窗口控件

10.3.10 StaticBoxSizer

StaticBoxSizer 是合并了 BoxSizer 和 StaticBox 静态框的用于给窗口中的控件提供边框和文本标签的方法，类似于 html 中的 fieldset 标签。

【例 10-10】 使用 StaticBoxSizer 构造仿网页的 fieldset 标签。

（staticboxsizer.py）代码如下：

```
1.  import wx
2.  from blockwindow import BlockWindow
3.  labels = "one two three four five six seven eight nine".split()
4.  class TestFrame(wx.Frame):
5.      def __init__(self,parent,title):
6.          wx.Frame.__init__(self, None, -1, title = title)
7.          self.panel = wx.Panel(self)

8.          # make three static boxes with windows positioned inside them
9.          box1 = self.MakeStaticBoxSizer("Box 1", labels[0:3])
10.         box2 = self.MakeStaticBoxSizer("Box 2", labels[3:6])
11.         box3 = self.MakeStaticBoxSizer("Box 3", labels[6:9])
12.         sizer = wx.BoxSizer(wx.HORIZONTAL)
13.         sizer.Add(box1, 0, wx.ALL, 10)
14.         sizer.Add(box2, 0, wx.ALL, 10)
15.         sizer.Add(box3, 0, wx.ALL, 10)
16.         self.panel.SetSizer(sizer)
17.         sizer.Fit(self)

18.     def MakeStaticBoxSizer(self, boxlabel, itemlabels):
19.         # first the static box
20.         box = wx.StaticBox(self.panel, -1, boxlabel)
21.         # then the sizer
22.         sizer = wx.StaticBoxSizer(box, wx.VERTICAL)
23.         # then add items to it like normal
24.         for label in itemlabels:
25.             bw = BlockWindow(self.panel, label=label)
26.             sizer.Add(bw, 0, wx.ALL, 2)
27.         return sizer

28. app = wx.App()
29. TestFrame(None,"StaticBoxSizer Test").Show()
30. app.MainLoop()
```

代码的执行效果如图 10-18 所示。

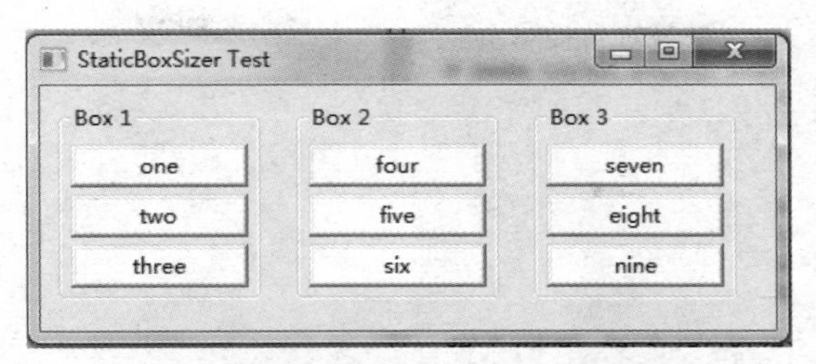

图 10-18 StaticBoxSizer 执行效果

10.3.11 案例制作：用户收件信息录入界面

现在，已经将各种 sizer 讲解完毕，下面来看一下如何在实际的布局中使用。

【例 10-11】用 sizer 来建造一个商业网站录入用户收件信息的界面，如图 10-19 所示。

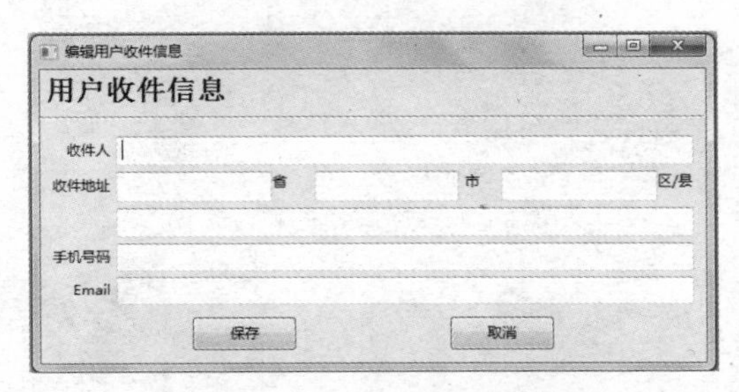

图 10-19 用户收件信息录入窗口

我们来看一下建立图 10-16 所示的用户收件信息录入窗口的代码怎么写。

【例 10-11】(address.py) 代码如下：

```
1.  import wx
2.  class TestFrame(wx.Frame):
3.      def __init__(self):
4.          wx.Frame.__init__(self, None, -1, "编辑用户收件信息")
5.          panel = wx.Panel(self)
6.
7.  #1 First create the controls
8.          topLbl = wx.StaticText(panel, -1, "用户收件信息")#1 创建窗口部件
9.          topLbl.SetFont(wx.Font(18, wx.SWISS, wx.NORMAL, wx.BOLD))
10.
11.         nameLbl = wx.StaticText(panel, -1, "收件人")
12.         name = wx.TextCtrl(panel, -1, "");
13.
14.         phoneLbl = wx.StaticText(panel, -1, "手机号码")
15.         phone = wx.TextCtrl(panel, -1, "");
16.
17.         addrLbl = wx.StaticText(panel, -1, "收件地址")
18.         sheng = wx.TextCtrl(panel, -1, "", size=(120,-1));
19.         shengLbl = wx.StaticText(panel, -1, "省",size = (30,-1))
20.         shi = wx.TextCtrl(panel, -1, "", size=(120,-1));
```

```
21.                 shiLbl = wx.StaticText(panel, -1, "市",size = (30,-1))
22.                 qu = wx.TextCtrl(panel, -1, "", size=(120,-1));
23.                 quLbl = wx.StaticText(panel, -1, "区/县",size = (30,-1))
24.
25.                 emailLbl = wx.StaticText(panel, -1, "Email")
26.                 email = wx.TextCtrl(panel, -1, "");
27.                 saveBtn = wx.Button(panel, -1, "保存")
28.                 cancelBtn = wx.Button(panel, -1, "取消")
29.
30.                 # Now do the layout.
31.
32.                 # mainSizer is the top-level one that manages everything
33.
34.     #2 垂直的sizer
35.                 mainSizer = wx.BoxSizer(wx.VERTICAL)
36.                 mainSizer.Add(topLbl, 0, wx.ALL, 5)
37.                 mainSizer.Add(wx.StaticLine(panel), 0,
38.                                         wx.EXPAND|wx.TOP|wx.BOTTOM, 5)
39.
40.     #3 姓名，地址等采用两列排序FlexGridSizer
41.                 FlexSizer = wx.FlexGridSizer(cols=2, hgap=5, vgap=5)
42.                 FlexSizer.AddGrowableCol(1)
43.                 FlexSizer.Add(nameLbl, 0,
44.                                   wx.ALIGN_RIGHT|wx.ALIGN_CENTER_VERTICAL)
45.                 FlexSizer.Add(name, 0, wx.EXPAND)
46.                 FlexSizer.Add(addrLbl, 0,
47.                                  wx.ALIGN_RIGHT|wx.ALIGN_CENTER_VERTICAL)
48.     #4 省市区信息在嵌套里面采用水平方向排序
49.                 BoxSizer = wx.BoxSizer(wx.HORIZONTAL)
50.                 BoxSizer.Add(sheng, 1)
51.                 BoxSizer.Add(shengLbl, 0)
52.                 BoxSizer.Add(shi, 1, wx.LEFT|wx.RIGHT, 5)
53.                 BoxSizer.Add(shiLbl, 0)
54.                 BoxSizer.Add(qu, 1)
55.                 BoxSizer.Add(quLbl, 0)
56.
57.                 # 在FlexSizer嵌套#4的BoxSizer
58.                 FlexSizer.Add(BoxSizer, 0, wx.EXPAND)
59.
60.           addr = wx.TextCtrl(panel, -1, "");
61.     #5 增加带有空白空间的行用于填写具体的用户地址
62.                 FlexSizer.Add((10,10)) # 采用空白占位符代替
63.                 FlexSizer.Add(addr, 0, wx.EXPAND)
64.
65.     #6 电话和电子邮箱采用两列排序
```

```
66.             FlexSizer.Add(phoneLbl, 0,
67.                     wx.ALIGN_RIGHT|wx.ALIGN_CENTER_VERTICAL)
68.             FlexSizer.Add(phone, 0, wx.EXPAND)
69.             FlexSizer.Add(emailLbl, 0,
70.                     wx.ALIGN_RIGHT|wx.ALIGN_CENTER_VERTICAL)
71.             FlexSizer.Add(email, 0, wx.EXPAND)
72.
73.     #7 添加Flexsizer到主sizer中
74.             mainSizer.Add(FlexSizer, 0, wx.EXPAND|wx.ALL, 10)
75.
76.             # The buttons sizer will put them in a row with resizeable
77.             # gaps between and on either side of the buttons
78      #8 按钮行
79.             BoxSizer = wx.BoxSizer(wx.HORIZONTAL)
80.             BoxSizer.Add((20,20), 1)
81.             BoxSizer.Add(saveBtn)
82.             BoxSizer.Add((20,20), 1)
83.             BoxSizer.Add(cancelBtn)
84.             BoxSizer.Add((20,20), 1)
85.
86.             mainSizer.Add(BoxSizer, 0, wx.EXPAND|wx.BOTTOM, 10)
87.
88.         panel.SetSizer(mainSizer)
89.
90.             # Fit the frame to the needs of the sizer. The frame will
91.             # automatically resize the panel as needed. Also prevent the
92.             # frame from getting smaller than this size.
93.             mainSizer.Fit(self)
94.             mainSizer.SetSizeHints(self)
95.
96.     app = wx.App()
97.     TestFrame().Show()
98.     app.MainLoop()
```

第 7～33 行：代码的第一部分主要是将窗口中需要的控件按顺序创建出来。

第 34～39 行：整个布局主要采用的是垂直排布(wx.VERTICAL)的 BoxSizer，并用 mainSizer 表示。

第 40～47 行：按照图所示将姓名、收件地址按照 FlexGridSizer 采用两列的方式进行排序，用 FlexSizer 表示。

第 48～60 行：省市区部分的填写框采用水平排布(wx.HORIZONTAL)的 BoxSizer，然后将 BoxSizer 添加到 FlexGridSizer。

第 61～64 行：这一行有点不同，因为文字段没有标签文字，代码中采用添加一个（10,10）尺寸的空白块表示，然后再添加 addr 控件。

第 65～72 行：将手机号码和 E-mail 地址添加到 FlexSizer 中。

第 73～77 行：将 FlexSizer 添加到 mainSizer 中。

第 78～86 行：将按钮采用水平排布的 BoxSizer，并用 BoxSizer 表示。按钮与按钮之间添加一些空白元素以分割按钮显示。

总结：通过采用不断嵌套方式可以完成更灵活的布局处理。

10.4 初步了解 tkinter

tkinter 是 Python 的标准 GUI 库。Python 使用 tkinter 可以快速地创建 GUI 应用程序。

由于 tkinter 是内置到 Python 的安装包中，只要安装好 Python 之后就能 import tkinter 库，而且 IDLE 也是用 tkinter 编写而成，对于简单的图形界面 tkinter 还是能应付自如。

tkinter 提供各种控件，如按钮、标签和文本框，目前有 15 种 tkinter 的部件。

【例 10-12】用 tkinter 建立 hello。

【例 10−12】Hello world!(tk_hello.py)代码如下：

```
1.    import tkinter as tk
2.    # 建立tkinter窗口，设置窗口标题
3.    top = tk.Tk()
4.    top.title("Hello World!")
5.    # 在窗口中创建标签
6.    labelHello = tk.Label(top, text = "Hello Tkinter!")
7.    labelHello.pack()
8.    # 运行并显示窗口
9.    top.mainloop()
```

代码的执行效果如图 10−20 所示。

图 10−20　tkinter 的 hello world!

本 章 小 结

本章主要是借用 wxPython 讲解了 Python 的图形用户界面制作的一般方法，包括常见的窗口设计、文本标签、字体设计、菜单栏制作、事件绑定，重点介绍了页面控件布局。

学习图形用户界面制作的方法，首先要先学会模仿，然后是改进，最后才是创造。用户习惯是界面制作中最先要考虑的因素。控件的摆放位置必须先遵循用户的使用习惯。因此，多模仿别人的优秀设计可以更快速地设计出符合用户习惯的产品。

除了 wxPython 外，作为开源软件的 Python，还有很多优秀的图形界面开发库，如 tkinter、PyQt、Pyside 等。各种语言的设计方法基本都是相通的，不同的只是各个语言的语法和一些具体的函数的参数等。

练 习 题

一、选择题

1. 下拉框组件使用下面哪个类？（　　）

A. wx.CheckBox　B.wx.RadioBox　C.wx.ComboBox　D.wx.NoteBook

2. wxPython 使用（　　）标志程序的嵌套关系？

A. 缩进　B.花括弧　C.冒号　D.括弧

二、简答题

1. 在 wxPython 中如何定义子语句块？

2. 在本节中，我们介绍了 wxPython 的一些控件，如：wx.Frame、wx.Panel、wx.StaticText、wx.Menu、wx.TextCtrl，请同学们再举出不少于 4 个的其他常用控件。

3. 除了 wxPython，Python 还有哪些优秀的 GUI 工具包？它们的特点各是什么？主要适用于哪些类型的软件？

实 战 作 业

1. 制作一个小型的编辑器。要求：

（1）使用 wx.TextCtrl 类。

（2）编辑器大小为 800*600，标题为“我的小型编辑器”。

2. 制作一个带有可切换导航的面板。要求：

（1）第一个面板名为面板 1；（2）第二个面板名为面板 2。

3. 制作一个桌面软件：密码箱，用于保存你的应用的用户名和密码。

要求如下：

（1）软件需要一个登录用户名和密码；

（2）可以填写项目名称、用户名、密码和备注说明；

（3）用户可以修改填写的内容；

（4）页面设计尽量美观。

PART11

第11章

面向对象程序设计

引例

前面章节的Python程序设计都基于函数，将功能模块封装到函数中。面向对象程序设计不同于传统的程序设计思想，其中的每一个对象均能够接收数据、处理数据并将数据传达给其他对象。例如，要求在终端输出如下信息：

李明，20岁，男，计算机专业

李明，20岁，男，掌握面向对象编程

李明，20岁，男，精通Python语言

张晨，30岁，男，计算机专业

张晨，30岁，男，精通Python语言

张晨，30岁，男，掌握面向对象编程

传统程序设计思想，定义三个函数，然后调用函数进行输出。示例如下：

```
1.  def major(name,age,gender):
2.      print ("%s,%s岁,%s,计算机专业"%(name,age,gender))
3.  def technique(name,age,gender):
4.      print ("%s,%s岁,%s,掌握面向对象编程"%(name,age,gender))
5.  def language(name,age,gender):
6.      print ("%s,%s岁,%s,精通Python语言"%(name,age,gender))
7.  major("李明",20,"男")
8.  technique("李明",20,"男")
9.  language("李明",20,"男")
10. major("张晨",30,"男")
11. language("张晨",30,"男")
12. technique("张晨",30,"男")
```

上述编程方式需要重复输入李明、张晨的年龄、性别信息，代码冗余。利用面向对象程序设计思想，将“李明”和“张晨”封装成对象，上述的三个函数定义成对象的成员方法，提供给对象调用。示例如下：

```
1.  class Person:
2.      def __init__(self,name,age,gender):
3.          self.name=name
4.          self.age=age
5.          self.gender=gender
6.  def major(self):
7.          print ("%s,%s岁,%s,计算机专业"%(self.name,self.age, self.gender))
8.          def technique(self):
9.          print ("%s,%s岁,%s,掌握面向对象编程"\
              %( self.name, self.age,self.gender))
10.     def language(self):
11.         print ("%s,%s岁,%s,精通Python语言" \
              %(self.name,self.age,self.gender))
12. ming=Person("李明",20,"男")
13. ming.major()
14. ming.technique()
15. ming.language()
16. chen= Person("张晨",30,"男")
17. chen.major()
18. chen.technique()
19. chen.language()
```

面向对象编程（Object Oriented Programming, OOP）是计算机编程技术的一次重大的进步。通过面向对象编程，能创建更加可靠、更容易理解、更容易被复用的程序。虽然Python是解释性语言，但是它是面向对象的，从设计之初就已经是一门面向对象的语言。Python基本上提供了面向对象编程语言的所有元素。

11.1 面向对象程序设计思想

11.1.1 面向对象的基本概念

面向对象是从现实世界中客观存在的事物（即对象）出发来构造软件系统，并在系统构造中尽可能运用人类的自然思维方式，强调直接以问题域（现实世界）中的事物为中心来思考问题，认识问题，并根据这些事物的本质特点，把它们抽象地表示为系统中的对象，作为系统的基本构成单位。这可以使系统直接地映射问题域，保持问题域中事物及其相互关系的本来面貌。

面向对象程序设计强调使用对象、类、继承、封装等基本概念来进行程序设计，是开发者以现实世界中的事物为中心来思考和认识问题，并以人们易于理解的方式表达出来。

1. 对象

对象是现实世界中一个实际存在的事物，它可以是一个物理对象，还可以是某一类概念实体的实例。例如：一辆汽车、一个人、一本书，乃至一种语言、一项计划，都可以作为一个对象。任何实际问题的解决都是由之相互联系的一系列对象相互作用的结果。例如一个病人到某医院就诊，接诊的医生使用体温计为病人测量体温，之后诊断并开具处方，病人凭处方到病房取药。整个就诊过程涉及病人、医院、医生、体温计、药房等对象，就诊问题的解决就是通过这些对象的相互配合，协作而共同完成。

面向对象程序设计的对象，是系统中用来描述客观事物的一个实体，是构成系统的一个基本单元，由一组属性和一组行为构成。对象具有状态，一个对象用数据值来描述它的状态。对象属性是描述对象状态特性的数据项。例如，一名学生的属性包括：学号、姓名、性别、年龄、年级等。对象还有操作，用于改变对象的状态达到特定的功能。一个对象可以具有多个属性和多个操作，对象及其操作就是对象的行为。例如学生的行为包括：注册、选课、考试等。对象实现了数据和操作的结合，使数据和操作封装于对象的统一体中。

2. 类

类是具有相同或相似性质的对象的抽象。通过对具有共性的实物对象进行归类和共性的抽象，人们可以得到与实物对象相对应的对象类的概念描述。James Rumbaugh(詹姆士 ·兰宝)对类的定义：类是具有相似结构、行为和关系的一组对象的描述符，类包括属性和操作。类的属性是对象的状态的抽象，用数据结构来描述类的属性。类的操作是对象的行为的抽象，用操作名和实现该操作的方法来描述。类是具有相同属性和操作的一组对象的集合，它为属于该类的所有对象提供统一的抽象描述。对象的抽象是类，类的具体化就是对象，也可以说类的实例是对象，类实际上就是一种数据类型。如在教学管理系统中，“学生”就是一个类，具有姓名、性别、年龄等属性，而“李明”就是一个对象，是学生类的一个实例。

3. 继承

继承反应客观世界中各类事物之间的一种“一般和特殊”的关系。继承是指类之间有继承关系，子类有条件地继承父类的特征。对象的一个新类可以从现有的类中派生出来，这个过程称为类继承。例如，“教师”和“学生”是“人”的一种，“人”是父类，“教师”和“学生”继承“人”的特性。也就是说，不论“教师”和“学生”都具有“身高”和“体重”等属性，同时他们还可以有自己独有的属性，如“教师”具有“职称”属性来表示教师的任职级别，“学生”具有“学分”属性来表示学生已修学分。类的对象是各自封闭的，如果没继承机制，则类对象中的数据、方法就会出现大量重复。继承不仅支持系统的可重用性，而且还促进系统的可扩充性。

4. 封装

封装就是把对象的属性和基于属性的操作结合成一个不可分割的独立实体，并尽可能隐蔽对象的内部细节，只保留一些对外接口使之与外部发生联系，也是一种信息隐蔽技术。封装的目的在于把对象的设计者和使用分开，使用者不必知晓行为实现的细节，只需用设计者对外提供的接口来访问该对象，如司机没有必要为了开车而去了解以汽油作为动力的内燃机引擎的工作原理。面向对象程序设计中，对象是封装的最基本单位，封装防止了程序的相互依赖而带来的影响。

5. 多态

多态一般指具有多种形态的能力，如水有三态，即固态、液态和气态。对象的多态是指在一般类中定义的属性或操作被特殊类继承后，可以具有不同的数据类型或表现出不同的行为。利用多态性，用户可以发送一个通用的信息，而将所有的实现细节都留给接收消息的对象自行决定，这意味着同一消息可调用不同的方法。例如，Print 消息被发送给一个图或表时调用的打印方法与将同样的 Print 消息发送给一个正文文件而调用的打印方法会完全不同。在面向对象程序设计中，可以在派生类中重定义基类函数来实现多态性。

11.1.2 面向对象设计

面向对象程序设计借助特定的计算机语言实现从现实世界问题域中的实体到计算机世界中的对象的映射表达。使用面向对象的思想解决现实世界的问题时，首先需要将客观存在的实体抽象成概念世界中的抽象数据类型，这个抽象数据类型里面包括实体中与需要解决的问题相关的属性和方法，然后再用面向对象的工具将这个抽象数据类型用计算机逻辑表达出来，即构造计算机能够理解和处理的类；再将类进行实例化就得到了现实世界中的实体在计算机世界中的映射——对象。

面向对象程序设计具有以下特性：程序设计的重点在数据而不是函数；程序由对象组成；对象之间通过相互协作来完成功能；大多数对象的定义以数据为中心；函数与相关的数据紧密结合；数据可以被隐藏；很容易扩充新的数据和函数。

面向对象程序设计的一般步骤包括：分析实际问题，分辨并抽取其中的类和对象；设计相应的类，并根据这些类创建各种对象；协调这些对象完成程序功能（消息）。

面向对象程序设计具有如下优点。

（1）符合人们习惯的思维方法，便于分解大型的复杂多变的问题。由于对象对应于现实世界中的实体，因而可以很自然地按照现实世界中处理实体的方法来处理对象，软件开发者可以很方便地与问题提出者进行沟通和交流。

（2）易于软件的维护和功能的增减。对象的封装性及对象之间的松散组合，都给软件的修改和维护带来了方便。

（3）可重用性好。重复使用一个类（类是对象的定义，对象是类的实例化），可以比较方便地构造出软件系统，加上继承的方式，极大地提高了软件开发的效率。

（4）与可视化技术相结合，改善了工作界面。随着基于图形界面操作系统的流行，面向对象的程序设计方法也将深入人心。它与可视化技术相结合，使人机界面进入 GUI 时代。

11.2 类和对象

对象是对某个具体客观事物的抽象，类是对对象的抽象描述，在计算机语言中是一种抽象的数据类型。类定义了数据类型的数据（属性）和行为（方法）。类与对象的关系是，对象是类的实例，类是对象的模板。如图 11-1 所示，“李明”是具体的对象，“man class”是类。

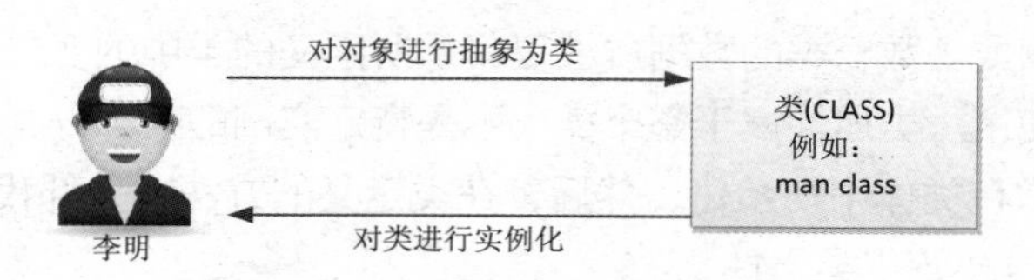

图 11-1 类与对象关系的示意图

11.2.1 创建类

Python 定义一个类使用关键字 class 声明，类的声明格式如下：

```
class className:
类体
```

其中，class 是关键字，className（类名）为有效的标识符，命名规则一般为多个单词组成的名称，除每个单词的首字母大写外，其余字母均小写。注意类名后面有个冒号。在类体中，可以定义属性和方法，由缩进的语句块组成。

【例 11-1】定义类 Person。

```
1.    class Person:    #定义类Person
2.        pass         #类体为空语句
3.    p=Person()       #创建和使用对象
4.    print(p)
```

程序运行结果如下：

```
<__main__.Person object at 0x0000000003461CC0>
```

11.2.2 创建对象

类是抽象的，必须实例化类才能使用类定义的功能，即创建类的对象。如果把类的定义视为数据结构的类型定义，那么实例化就是创建了一个这种类型的变量。

创建类的对象、创建类的实例、实例化类等说法都是等价的，都说明以类为模板生成了一个对象的操作。

对象的创建和调用格式如下：

```
anObject= className()
```

其中，anObject 是对象名，className 是已定义的类名，如【例 11-1】的创建和使用对象中，创建 Person 的一个对象 p，此时也可以通过实例对象 p 来访问 Person 类定义的属性或者方法了。

11.3 属性和数据

类的数据成员是在类中定义的成员变量，用来存储描述类的特征的值，称为属性。属性可以被该类中定义的方法访问，也可以通过类或类的实例进行访问。

11.3.1 类属性

类属性是类的数据或函数，类的数据属性仅仅是所定义的类中的变量，它们可以像任何其他变量一样在类定义后被使用。类属性属于整个类，不是特定实例的一部分，而是所有实例之间共享的一个副本。类属性通常在类体中初始化，然后，在类定义的方法或外部代码中，通过类名访问：

类变量名=初始值#初始化类属性

类名.类变量名=值#修改类属性的值

类名.类变量名　　　　#读取类属性的值

注意：类属性的读、写访问都是通过“类名.”来实现的。

【例 11-2】定义类 Person，访问类属性。

```
1.    class Person:
2.        name='Tim'
3.        age=22
4.    print (Person.name, Person.age)
```

运行结果如下：

```
Tim22
```

上述例子中，定义了一个 Person 类，里面定义了 name 和 age 属性，默认值分别为'Tim'和 22，打印输出通过类名 Person 访问。

11.3.2 实例属性

每个实例对象都有自己的属性，通过“self.”变量名定义，实例属性属于特定的实例。实例变量在类的内部通过“self.”访问，在外部通过对象实例访问。

实例属性初始化：通常在__init__方法中利用“self.”对实例属性进行初始化。

self.实例变量名=初始值

在其他实例函数中，通过“self.”访问：

self.实例变量名=值

或者，利用对象名访问：

```
obj=className()          #创建对象
obj.实例变量名=值          #写入
obj.实例变量名            #读取
```

【例 11-3】定义 Student 类，定义实例属性和方法。

```
1.    class Student:
2.        def __init__(self,name,age,grade):
3.            self.name=name
4.            self.age=age
5.            self.grade=grade
6.        def say_hi(self):
7.            rint('I am a student, my name is ',self.name)
8.    s1=Student('Tom',21,3)
9.    s1.say_hi()
10.   print(s1.grade)
11.   s2= Student('Mike',20,2)
12.   s2.say_hi()
13.   print(s2.grade)
```

运行结果如下：

```
I am a student,my name is Tom
3
I am a student,my name is Mike
2
```

上述例子中，Student 类中定义了实例属性 name、age 和 grade。s1、s2 是 Student 的两个实例，这两个实例分别拥有自己的属性值，有别于其他对象。

实例的属性可以像普通变量一样进行操作，例如：

```
s1.grade = s1.grade + 1
```

11.3.3 类属性与实例属性的联系

类与实例有各自的名字空间。类属性可以通过类或实例访问，当通过实例访问，Python 则先查找实例的名字空间，再找类的名字空间，最后找基类的名字空间；如果在实例空间找到了该属性名，则访问实例的属性，而如果类名字空间也有这个属性，则会被隐藏，直到实例属性被清除。例如

```
>>> class A(object):
        x=1
>>> a=A()
>>> a.x
1
>>> a.x+=0.5
>>> a.x
1.5
>>> A.x
1
>>> del a.x                    #清除实例属性a.x
>>> a.x                        #访问的是类的属性
1
```

如果在实例方法更改某个属性，并且存在同名的类属性，此时若实例对象有该名称的实例属性，则修改的是实例属性，若实例对象没有该名称的实例属性，则会创建一个同名称的实例属性。想要修改类属性，如果在类外，可以通过类对象修改，如果在类里面，只有在类方法中进行修改。

11.3.4 私有属性与公有属性

私有属性指的是只有在类方法中才能访问私有属性，对象不能直接访问私有属性。公有属性可以被对象直接访问。通常，约定两个下画线开头，但是不以两个下画线结束的属性为私有属性，其他的都是公有属性。例如：

```
1.    class A:
2.        __name='class A'#私有属性
3.    def get_name()
4.        print(A._name)        #在类方法中访问私有属性

5.    A.get_name()              #通过方法访问私有属性
6.    A.__name                  #不能直接访问私有属性，会报错
```

【例 11-4】定义 CustomerCounter 类，包括私有属性 privateCount 和公有属性 publicCount，定义方法 count()访问私有属性和公有属性，利用两种方式访问私有属性：对象利用 count 方法访问私有属性；对象直接访问私有属性。

```
1.    class CustomerCounter:
2.        __privateCount = 0      #私有变量
3.        publicCount = 0         #公有变量
4.        def count(self):
5.            self.__privateCount += 1
```

```
6.              self.publicCount += 1
7.              print ("privateCount:", self.__privateCount)

8.      cnt = CustomerCounter()
9.      cnt.count()
10.     cnt.count()
11.     print(cnt.publicCount)
12.     print(cnt.__privateCount)   # 报错，实例不能访问私有变量
```

程序运行结果如下：

```
privateCount: 1
privateCount: 2
2
Traceback (most recent call last):
  File "D:\Python34\test\11-4.py", line 14, in <module>
    print(cnt.__privateCount)   # 报错，实例不能访问私有变量
AttributeError: 'CustomerCounter' object has no attribute '__privateCount'
```

Python 不允许实例直接访问私有数据，但可以使用 object._className__attrName 访问，例如将上述示例中的“cnt.__privateCount”修改为“cnt._CustomerCounter__privateCount”，但是不建议通过这种方式访问私有属性。

11.3.5 自定义属性

Python 中，可以赋予一个对象自定义的属性，即类定义中不存在的属性。对象通过__dict__存储自定义属性。例如：

```
>>> class A:
        pass
>>>a=A()
>>>a.name='Tom'
>>>a.name
'Tom'
>>>a.__dict__
{'name': 'Tom'}
```

通过定义下述方法获取属性的值和设置属性的值。

（1）__getattr__(self,name)：获取属性，访问不存在的属性时调用。

（2）__getattribute__(self，name)：获取属性，访问存在的属性时调用（先调用该方法，查看是否存在该属性，若不存在，接着去调用__getattr__）。

（3）__setattr__(self，name，value)：设置实例对象的一个新的属性时调用。

（4）__delattr__(self，name)：删除一个实例对象的属性时调用。

【例 11-5】自定义属性示例。

```
1.    class CustomAttribute:
2.        def __getattr__(self, name):
3.            print('__getattr__')
4.        def __getattribute__(self, name):
```

```
5.              print('__getattribute__')
6.              return object.__getattribute__(self, name)
7.          def __setattr__(self, name, value):
8.              object.__setattr__(self,name,str.strip(value))
9.              print('__setattr__')
10.         def __delattr__(self, name):
11.             print('__delattr__')

12.     if __name__=='__main__':
13.         o=CustomAttribute()
14.         o.firstname=' Lily '              #定义一个实例o的属性firstname
15.     print(o.firstname)
```

程序运行结果：

```
__setattr__
__getattribute__
Lily
```

o.firstname 没有调用__getattr__，是因为__getattr__方法只在属性没有找到的时候调用。

11.3.6 self 的作用

self 指的是类实例对象，不是类。首先明确的是 self 只有在类的方法中才会有，独立的函数或方法是不必带有 self 的。self 在定义类的方法时是必须有的，虽然在调用时不必传入相应的参数。

```
1.      class Person:
2.          def __init__(self,name):
3.              self.name=name
4.          def sayhello(self):
5.              print ('My name is:', self.name)

6.      p=Person('Bill')
7.      print(p)
```

在上述例子中，self 指向 Person 的实例 p。

11.4 方法

方法是与类相关的函数。方法和函数不同，函数是封装操作的小程序。方法是定义在类内部的函数，并且定义方法与普通函数有所不同。

11.4.1 方法的声明和调用

在类的内部，使用 def 关键字可以为类定义一个方法，与一般函数定义不同，类方法必须包含对象本身的参数，通常为 self，且为第一个参数。

方法的声明格式如下：

```
def 方法名(self, [形参列表])
```

```
    函数体
```

方法的调用格式如下：

```
对象.方法名([实参列表])
```

方法定义时的第一个参数 self 在调用的时候，用户不用给该参数传值，Python 自动把对象实例传递给该参数。

例如，定义类 Student，创建其对象，并调用其方法。

```
1.  class Student:                     #定义类Student
2.      def say_hi(self,name):         #定义方法say_hi
3.          self.name=name             #把参数name赋值给self.name
4.          print('hello, my name is', self.name)
5.  s = Student()                      #创建对象
6.  s.say_hi('Alice')                  #调用对象的方法，不用给self传值
```

运行结果：

```
Hello, my name is Alice
```

11.4.2 实例方法、类方法和静态方法

类的方法主要有三种类型：实例方法、类方法和静态方法，不同的类方法有不同的使用场景和声明调用形式，不同的方法也具有不同的访问限制。实例方法是属于实例的方法，通过实例名.方法名调用，该方法可以访问类属性、实例属性、类方法、实例方法和静态方法。类方法是属于类的方法，可以通过实例名.方法名，也可以通过类名.方法名调用。类方法不能访问实例属性和实例方法。静态方法是同类实例对象无关的方法，调用形式同类方法类似。

1. 实例方法

实例方法是在类中最常定义的成员方法，它至少有一个参数并且必须以实例对象作为其第一个参数，一般以“self”作为第一个参数。在类外，实例方法只能通过实例对象去调用。实例方法的声明格式如下：

```
def 方法名(self, [形参列表]):
    函数体
```

实例方法通过实例对象调用：

对象.方法名([实参列表])

例如：

```
s=Student()         #创建对象
s.say_hi()          #调用对象的方法
```

2. 类方法

类方法不对特定实例进行操作，在类方法中访问实例属性会导致错误。类方法需要用修饰器“@classmethod”来标识其为类方法。对于类方法，第一个参数必须是类对象，一般以“cls”作为第一个参数，类方法可通过实例对象和类对象去访问。类方法的声明格式如下：

```
@ classmethod
def 类方法名(cls, [形参列表]):
    函数体
```

类方法调用格式如下：

类名.类方法名([实参列表])

例如：

```
1.  class People:
2.      country = 'China'
3.      @classmethod                #类方法，用classmethod来进行修饰
4.      def getCountry(cls):
5.          return cls.country
6.  p = People()
7.  print (p.getCountry())          #可以用过实例对象引用
8.  print (People.getCountry())     #可以通过类对象引用
```

类方法还有一个用途就是可以对类属性进行修改。注意：虽然类方法的第一个参数为 cls，但调用时，用户不需要也不能给该参数传值。事实上，Python 自动把类对象传递给该参数。类对象与类的实例对象不同，在 Python 中，类本身也是对象。

3. 静态方法

静态方法是与类的对象实例无关的方法。静态方法不对特定实例进行操作，在静态方法中访问对象实例会导致错误。静态方法需要通过修饰器“@staticmethod”来进行修饰，声明格式如下：

```
@staticmethod
def 静态方法名([形参列表])
    函数体
```

静态方法一般通过类名访问，也可以通过对象实例来调用，其调用格式如下：

```
类名.类方法名([实参列表])
```

从类方法和实例方法以及静态方法的定义形式就可以看出来，类方法的第一个参数是类对象 cls，那么通过 cls 引用的必定是类对象的属性和方法；而实例方法的第一个参数是实例对象 self，那么通过 self 引用的可能是类属性、也有可能是实例属性，不过在存在相同名称的类属性和实例属性的情况下，实例属性优先级更高。静态方法中不需要额外定义参数，因此在静态方法中引用类属性的话，必须通过类对象来引用。

【例 11-6】 类方法示例，摄氏度与华氏温度之间的相互转化。

```
1.  class TemperatureConverter:
2.      @classmethod
3.      def cTof(cls,celsius):
4.          fahrenheit =float(celsius *9/5)+32
5.          return fahrenheit
6.      @classmethod
7.      def fToc(cls,fahrenheit ):
8.          celsius=float(fahrenheit -32) *5/9
9.          return celsius

10. if __name__=='__main__':
11.     print("输入1，摄氏温度转换为华氏温度")
12.     print("输入2，华氏温度转换为摄氏温度")
13.     choice=int(input("请选择转换方式（1或2）:"))
```

```
14.        if choice==1:
15.            celsius=float(input("请输入摄氏温度："))
16.            fahrenheit=TemperatureConverter.cTof(celsius)
17.            print("华氏温度为：{0:2f}".format(fahrenheit))
18.        elif choice==2:
19.            fahrenheit=float(input("请输入华氏温度："))
20.            celsius=TemperatureConverter.fToc(fahrenheit)
21.            print("摄氏温度为：{0:2f}".format(celsius))
22.        else:
23.            print("无此选项，请选择1或2！")
```

程序运行结果：

```
（1）选择1进行摄氏温度转换成华氏温度：
输入1，摄氏温度转换为华氏温度
输入2，华氏温度转换为摄氏温度
请选择转换方式（1或2）:1
请输入摄氏温度：37
华氏温度为：98.600000
（2）选择2进行华氏温度转换成摄氏温度：
输入1，摄氏温度转换为华氏温度
输入2，华氏温度转换为摄氏温度
请选择转换方式（1或2）:2
请输入华氏温度：98.6
摄氏温度为：37.000000
```

11.4.3 绑定方法和非绑定方法

1. 绑定方法

上述的对象方法和类方法都属于绑定方法。实例方法必须通过实例调用，如果直接通过类去访问会抛出异常，这种属于实例绑定方法。类中方法默认都是绑定给对象使用，当对象调用绑定方法时，会自动将对象作为第一个参数传递进去；而通过类来调用，则必须遵循函数参数一一对应的规则，有几个参数，就必须传递几个参数。

```
1.    class People:
2.        def __init__(self, name, weight, height):
3.            self.name = name
4.            self.weight = weight
5.            self.height = height
6.        def bmi(self):    #绑定到对象，需传入对象名
7.            print(self.weight / (self.height ** 2))
8.    f = People('Tom', 70, 1.8)
9.    f.bmi()
10.   People.bmi(f)     #类使用需要传入对象名字
```

程序运行结果：

```
21.604938271604937
21.604938271604937
```

如果一个方法是用了@classmethod 修饰器，那么这个方法绑定到类身上，不管是对象来调用还是类调用，都会将类作为第一个参数传递进去。

```
1.  class People:
2.      def __init__(self,name):
3.          self.name=name
4.      def bar(self):
5.          print('Object name：',self.name)
6.      @classmethod    #将方法绑定给类People
7.      def func(cls):  #传入的值只能是类的名字
8.          print('Class name：',cls)
9.  f=People('Jean')
10. print(People.func)  #绑定给类的方法
11. print(f.bar)    #绑定给对象的方法
12. People.func()  #类调用绑定到类的方法
13. f.func()    #对象调用绑定到类的方法
```

运行结果：

```
<bound method type.func of <class '__main__.People'>>    #绑定到类的方法
<bound method People.bar of <__main__.People object at 0x00000000037F3A90>>#绑定到对象的方法
Class name：<class '__main__.People'>    #类调用返回类名
Class name：<class '__main__.People'>    #对象调用返回类名
```

2. 非绑定方法

非绑定方法不与类或对象绑定，类和对象都可以调用，但是没有自动传值。使用@staticmethod修饰的静态方法属于非绑定方法。它没有常规方法那样的特殊行为（绑定、非绑定、默认的第一个参数规则等）。

没有传值的普通函数并不是非绑定方法，只有被 staticmethod 修饰的才是非绑定方法。

```
1.  class A:
2.      bar = 1
3.      @staticmethod
4.      def static_func():
5.          A.bar=A.bar+1;
6.          print('static_func' )
7.          print( A.bar)
8.          static_func()
9.  b=A()
10. b.static_func()
```

程序运行结果：

```
static_func
2
static_func
3
```

11.4.4 私有方法与公有方法

与私有属性类似，以双下画线开始，但不以双下画线结束的方法为私有方法，其他为公有方法。以双下画线开始和结束的方法为 Python 的方法。不能直接访问私有方法，但可以在其他方法中访问。

【例 11-7】私有方法与公有方法示例。

```
1.  class Book:
2.      def __init__(self,name,author,price):
3.          self.name=name
4.          self.author=author
5.          self.price=price
6.      def __checkName(self):
7.          if self.name=='':
8.              return False
9.          else: return True
10.     def getName(self):
11.         if self.__checkName():
12.             print(self.name,self.author)
13.         else:
14.             print('No value')
15. b=Book('Python基础教程','张晨',1.0)
16. b.getName()
17. b.__checkName()#报错，不能直接访问私有方法
```

程序运行结果如下：

```
Python基础教程张晨
Traceback (most recent call last):
  File "D:/Python34/test/11-7.py", line 16, in <module>
    b.__checkName()
AttributeError: 'Book' object has no attribute '__checkName'
```

11.4.5 构造方法与析构方法

下面介绍两种特殊的方法（函数）：两个构造方法[__init__(),__new__()]和一个析构方法[__del__()]。

1. __init__()方法

__init__()方法是类的构造方法，用于执行类的实例的初始化工作，创建完实例后调用，初始化当前对象的实例，无返回值。默认情况下，Python 自动建立一个没有任何操作的默认的__init__()方法，如果用户建立了自己的__init__()方法，将覆盖默认的__init__()。__init__()方法的示例如下：

```
1.  class Point:
2.      def __init__(self,x=0,y=0):
3.          self.x=x
4.          self.y=y
5.  p1=Point()
6.  print("p1({0},{1})".format(p1.x,p1.y))
```

```
7.    p2=Point(2,2)
8.    print("p2({0},{1})".format(p2.x,p2.y))
```

运行结果如下：

```
p1(0,0)
p2(2,2)
```

2. __new__()方法

__new__()方法是一个类方法，创建对象时调用，返回当前对象的一个实例，一般无需重载该方法。__new__()方法的示例如下：

```
1.    class Test(object):
2.        def __init__(self):
3.            print ('__init__() is called...')
4.        def __new__(cls, *args, **kwargs):
5.            print ('__new__() - {cls}'.format(cls=cls) )
6.            return object.__new__(cls, *args, **kwargs)
7.    t = Test()
```

运行结果如下：

```
    __new__() - <class '__main__.Test'>
__init__() is called...
```

上述示例表明，调用__init__()初始化之前，先调用了__new__()方法。__new__()至少要有一个参数 cls，代表要实例化的类，此参数在实例化时由 Python 解释器自动提供。__new__()必须要有返回值，返回实例化出来的实例。__init__()有一个参数self，就是这个__new__()返回的实例，__init__()在__new__()的基础上可以完成一些其他初始化的动作，__init__()不需要返回值。若__new__()没有正确返回当前类 cls 的实例，那__init__()是不会被调用的。

3. __del__()方法

__del__()析构方法用于实现销毁类的实例所需的操作，如释放占用的非托管资源（如打开的文件、网络链接等）。默认情况下，当对象不再被使用时，__del__()方法运行，Python 解释器实现自动垃圾回收。__del__()方法示例如下：

```
1.    class Test(object):
2.        count=0
3.        def __init__(self):
4.            Test.count+=1
5.            print ('__init__() is called...',Test.count)
6.        def __del__(self):
7.            Test.count-=1
8.            print('__del__() is called...', Test.count)
9.    t = Test()
10.   del t
```

运行结果如下：

```
__init__() is called... 1
__del__() is called... 0
```

11.4.6 特殊方法

Python 对象中包含许多以双下画线开始和结束的方法，称之为特殊方法。特殊方法通常在针对对象的某个操作时自动调用。例如，创建对象实例时自动调用__init__方法，a<b 时，自动调用对象 a 的__lt__方法。特殊方法如表 11-1 所示。

表 11-1 Python 特殊方法

特殊方法	含 义
__lt__(self,other)	对应运算符<
__init__(self,...), __del__(self)	分别在创建和销毁对象时调用
__len__(self)	序列对象使用内置函数 len()函数时调用
__str__(self)	使用 print 语句或是使用 str()的时候调用
__getitem__(self,key)	使用 x[key]索引操作符的时候调用
__cmp__(s, o)	比较
__hash__(s)	对应于内置函数 hash()
_getattr__(s, name)	当属性找不到时调用
__setattr__(s, name, val)	当设置属性值时调用
_delattr__(s, name)	删除属性时调用

11.5 继承

11.5.1 概念

每个类至少有一个父类，这两个类之间的关系可以描述为“父—子”“超类—子类”“基类—派生类”的关系，是一种“is-a”的关系。例如创建 Car 类，Ford 类是 Car 类的一种，存在“is-a”的关系，前者是更特殊的 Car。子类是从父类派生出来的类，父类及所有高层类被认为是基类，子类可以继承父类的任何属性。父类是一个定义好的类，子类会继承父类的所有属性和方法，子类也可以覆盖父类同名的变量和方法。在传统类中，如果子类和父类中有同名的方法或者属性，在查找的时候基本遵循自左到右，深度优先的原则。

11.5.2 单继承

在开发程序过程中，如果我们定义了一个类 A，然后又想建立另一个类 B，但是类 B 的大部分内容与类 A 的相同，我们不可能从头开始写一个类 B，这就用到了类的继承的概念。通过继承的方式新建类 B，让类 B 继承类 A，类 B 会“遗传”类 A 的所有属性（数据属性和函数属性），实现代码重用。Python 支持单继承与多继承，当只有一个基类时为单继承。单继承的声明格式如下：

```
class <类名>(基类名):
 <类体>
```

如果在类定义中没有指定基类，默认其基类为 object。object 是所有对象的根基类，定义了公用方法的默认实现，例如：

```
class Student: pass
```

等同于：

```
class Student(object): pass
```

【例 11-8】单继承示例，子类继承父类的属性和方法。

```
1.   class BaseClass:
2.       def __init__(self):
3.           self.name = 'base'
4.           print ('BaseClass: Constructor called')
5.       def getName(self):
6.           print ('BaseClass: self name is ' , self.name)

7.   class DerivedClass(BaseClass):
8.       pass

9.   class1 = BaseClass()
10.  class1.getName()
11.  class2 = DerivedClass()
12.  class2.getName()
```

运行结果：

```
BaseClass: Constructor called
BaseClass: self name is    base
BaseClass: Constructor called
BaseClass: self name is    base
```

在上述例子中，子类默认无__init__时，则会直接继承基类__init__，那么子类会继承基类的属性。例如上述例子的运行结果，可以看出在定义子类对象 class2 的时候调用的是 BaseClass 的构造函数。

若子类中有定义__init__，子类必须显式地在__init__()函数中再次调用父类中的__init__()函数。调用格式如下：

```
基类名.__init__(self,参数列表)
```

11.5.3 继承与抽象

继承是基于抽象的结果，通过编程语言去实现它，需要先经历抽象过程，才能通过继承的方式去表达出抽象的结果。抽象是程序分析与设计过程的一个动作或者一种技巧，通过抽象可以得到类。

【例 11-9】需要为学生和教师创建一个类，并定义教师和学生的属性与方法。

```
1.   class Student:
2.       def __init__(self, name, age, stu_id):
3.           self.name=name
4.           self.age=age
5.           self.stu_id=stu_id
6.       def say_hi(self):
7.           print('hello, my name is %s, %s years old' %(self.name,self.age))
8.           print('I am a student, my ID is: %s' %(self.stu_id))
```

```
9.    class Teacher:
10.        def __init__(self, name, age, tea_id):
11.            self.name=name
12.            self.age=age
13.            self.tea_id=tea_id
14.        def say_hi(self):
15.            print('hello,my name is %s,%s years old'%(self.name,self.age))
16.            print('I am a teacher, my ID is: %s' %(self.tea_id))
```

Teacher 和 Student 类都有相同的属性 name 和 age，以及相同的方法 say_hi()。对教师类和学生类进行抽象，归类为 Person 类。创建基类 Person，包含 3 个成员属性 name、age、id 和 1 个成员方法 say_hi()。创建派生类 Student 和 Teacher。代码如下：

```
1.    class Person:
2.        def __init__(self, name, age,id):
3.            self.name =name
4.            self.age=age
5.            self.id=id
6.        def say_hi(self):
7.            print('hello,my name is %s,%s years old'%(self.name,self.age))
8.            print('My ID is: %s'%(self.id))
9.    class Student(Person):
10.       pass
11.   class Teacher(Person):
12.       pass

13.   s1=Student('Tom',20,'2017101001')
14.   s1.say_hi()
15.   t1=Teacher('Jane', 40,'11110')
16.   t1.say_hi()
```

运行结果如下：

```
hello,my name is Tom,20 years old
My ID is: 2017101001
hello,my name is Jane,40 years old
My ID is: 11110
```

11.5.4 覆盖方法

通过继承，派生类继承基类中除构造方法之外的所有成员。如果在派生类中重新定义从基类继承的方法，则派生类中定义的方法覆盖从基类继承的方法。覆盖方法的定义格式如下：

```
def 方法名（方法名与父类继承的方法名相同）
```

若是在方法中要调用父类方法，则调用格式如下：

父类名.方法名

例如在【例 11-9】中，Person 中的 say_hi 方法没有能够说明学生或者老师的身份，若要当 Student 类调用 say_hi 方法时，输出“I am a student”这样的语句，需要覆盖 Person 的 say_hi

方法。修改后的代码如下：

```
1.  class Person:
2.      def __init__(self, name, age,id):
3.          self.name =name
4.          self.age=age
5.          self.id=id
6.      def say_hi(self):
7.          print('hello,my name is %s,%s years old'%(self.name,self.age))
8.  class Student(Person):
9.      def say_hi(self):
10.         Person.say_hi(self)#调用父类的say_hi方法
11.         print('I am a student, my ID is: %s'%(self.id))
12. class Teacher(Person):
13.     def say_hi(self):
14.         Person.say_hi(self)#调用父类的say_hi方法
15.         print('I am a Teacher, my ID is: %s'%(self.id))
16. s1=Student('Tom',20,'2017101001')
17. s1.say_hi()
18. t1=Teacher('Jane', 40,'11110')
19. t1.say_hi()
```

运行结果如下：

```
hello,my name is Tom,20 years old
I am a student, my ID is: 2017101001
hello,my name is Jane,40 years old
I am a Teacher, my ID is: 11110
```

11.5.5 多重继承

Python 支持多重继承，当有多个基类时为多重继承，定义格式如下：

```
class 类名(基类1,基类2,....,基类n)
  类体
```

【例 11-10】多重继承示例，子类可继承多个父类的成员和方法。

```
1.  class father1():
2.      father1_var = "this is father1_var"
3.      def father1_def(self):
4.          print("this is father1_def")
5.  class father2():
6.      father2_var = "this is father2_var"
7.      def father2_def(self):
8.          print("this is father2_def")
9.  class son(father1, father2):   # son类同时继承father1类和father2类
10.     def son_def(self):
11.         print("this is son_def")
12. obj = son()
13. print(obj.father1_var)
```

```
14.    print(obj.father2_var)
15.    obj.father1_def()
16.    obj.father2_def()
```

执行结果如下：

```
this is father1_var
this is father2_var
this is father1_def
this is father2_def
```

son 类同时继承 father1 类和 father2 类，可以访问两个父类的属性和方法。多重继承的目的是从两种继承树中分别选择并继承出子类，以便组合功能使用。例如，Python 的网络服务器有 TCPServer、UDPServer、UnixStreamServer、UnixDatagramServer，而服务器运行模式有多进程 ForkingMixin 和多线程 ThreadingMixin 两种。

创建多进程模式的 TCPServer：

```
class MyTCPServer(TCPServer, ForkingMixin):
    pass
```

创建多线程模式的 UDPServer：

```
class MyUDPServer(UDPServer, ThreadingMixin):
    pass
```

如果没有多重继承，要实现上述所有可能的组合需要 4×2=8 个子类。

Python 中的继承具有如下特点。

（1）当派生类中定义了__init__()方法，基类的__init__()方法不会被自动调用，它需要在其派生类的__init__()方法中显式调用。

（2）在派生类中调用基类的方法时，以基类的类名作前缀，并以 self 作为第一个参数。区别于在类中调用普通函数时并不需要带上 self 参数。

（3）Python 总是首先在派生类中查找对应的方法，如果派生类中没有找到对应的方法，它才开始到基类中逐个查找。

11.6 多态和封装

面向对象编程语言包括三大特性：继承、多态和封装。Python 语言作为一门面向对象编程语言也不例外，除去前面介绍的继承特性外，也具有多态和封装特性。多态意味着不同类的对象使用相同的操作。封装意味着对外部隐藏对象的行为。

11.6.1 多态性

多态即多种形态，在运行时确定其状态，在编译阶段无法确定其类型，这就是多态。例如，序列类型有多种形态：字符串、列表、元组。多态性指的是：向不同对象发送同一条消息，不同对象在接收时会产生不同的行为（即方法）。所谓消息，就是调用函数，不同的行为就是指不同的实现，即执行不同的函数。

在继承关系中，派生类覆盖父类的同名方法，当调用同名方法的时候，系统会根据对象来判断执行哪个方法，这就是多态性的体现。

【例 11-11】定义一个父类 Dimension，Circle 和 Rectangle 为 Dimension 的子类，在子类中覆盖父类的 area 方法，利用不同的计算公式计算圆形和长方形的面积。

```
1.  class Dimension:
2.      def __init__(self, x, y):
3.          self.x=x
4.          self.y=y
5.      def area(self):
6.          pass

7.  class Circle(Dimension):
8.      def __init__(self, r):
9.          Dimension.__init__(self,r,0)#调用父类的__init__方法
10.     def area(self):
11.         return 3.14*self.x*self.x

12. class Rectangle(Dimension):
13.     def __init__(self,w,h):
14.         Dimension.__init__(self,w,h)#调用父类的__init__方法
15.     def area(self):
16.         return self.x*self.y
```

定义一个方法 func，func 方法的参数为 obj，func 调用 obj 的 area 方法。对外提供统一的接口，当调用 func 方法时，会根据对象参数的不同而执行不同的 area 方法，从而实现多态。

```
1.  def func(obj):              #obj这个参数没有类型限制，可以传入不同类型的值
2.      return obj.area()       #调用的逻辑都一样，执行的结果却不一样
3.  d1 = Circle(2.0)
4.  d2 = Rectangle(2.0,4.0)
5.  print(func(d1))
6.  print(func(d2))
```

运行结果如下：

```
12.56    8.0
```

多态性的优点如下。

（1）增加了程序的灵活性，使用者都是同一种形式去调用，如 func(Dimension)。

（2）增加了程序的可扩展性，例如上述例子中通过继承 Dimension 类创建了一个新的类，使用者无需更改自己的代码，依然采用 func()去调用。

11.6.2 封装和私有化

封装数据的主要原因是保护隐私。在程序设计中，封装（Encapsulation）是对具体对象的一种抽象，即将某些部分隐藏起来，在程序外部看不到，其含义是其他程序无法调用。要了解封装，离不开“私有化”，就是将类或者函数中的某些属性限制在某个区域之内，外部无法调用。Python 通过在变量名前加双下画线来实现“私有化”。如__privatedata=0，定义私有方法则是在方法名称前加上下画线__。

封装其实分为两个层面，第一个层面的封装：创建类和对象会分别创建二者的名称空间，只能

用“类名.”或者“实例名.”的方式去访问里面的属性和方法，这就是一种封装。

```
1.	print(p1.name) #实例化对象"p1. "
2.	print(motor_vehicle.tag) #类名"motor_vehicle. "
```

对于这一层面的封装（隐藏），“类名.”和“实例名.”就是访问隐藏属性的接口。

第二个层面的封装：类中把某些属性和方法隐藏起来（或者说定义成私有的），只在类的内部使用，外部无法访问，或者留下少量接口（函数）供外部访问。例如：

```
1.	class A:
2.	    __a=0 #私有属性
3.	    def __init__(self):
4.	        self.__a=10
5.	    def __foo(self):
6.	        print('from A')
7.	    def bar(self):
8.	        self.__foo() #只有在类内部才可以通过__foo访问
```

对于这一层面的封装（隐藏），我们需要在类中定义一个函数（接口函数）在类内部访问私有属性，然后外部就可以使用了。

【例 11-12】封装性示例，在继承中，父类如果不想让子类覆盖自己的方法，可以将方法定义为私有的。首先，正常访问情况如下：

```
1.	class A:
2.	    def fm(self):
3.	        print("from A")
4.	    def test(self):
5.	        self.fm ()
6.	class B(A):
7.	    def fm(self):
8.	        print("from B")
9.	b = B()
10.	b.test()
```

输出结果如下：

```
from B
```

接下来，将 fm()定义成私有的，即__fm()，输出结果变成了“from A”，这意味着子类 B 没有覆盖掉父类 A 的__fm()方法。

```
1.	class A:
2.	    def __fm(self):
3.	        print("from A")
4.	    def test(self):
5.	        self.__fm()
6.	class B(A):
7.	    def __fm(self):
```

```
8.              print("from B")
9.      b = B()
10.     b.test()
```

输出结果如下：

```
from A
```

11.7 定制类

在设计类的过程中，若想要类表现出一些特殊行为或者能够响应某些内置函数或操作符，那么就需要构建一些特殊方法。这些特殊方法的标识是方法名以双下画线“__”开头和结尾，例如__str__()，__len__()，在 Python3 中，已经没有__cmp__()方法。

1. __str__()方法

如果要把一个类的实例变成 str 类型，就需要实现特殊方法__str__()。

【例 11-13】__str__()方法示例，将实例转换成 str 类型。

```
1.      class Person(object):
2.          def __init__(self,name,gender):
3.              self.name = name
4.              self.gender = gender
5.          def __str__(self):
6.              return '(Person: %s, %s)' % (self.name, self.gender)
```

现在，在交互命令下利用 print 打印对象的运行结果如下：

```
>>> p = Person('Bob', 'male')
>>> print(p)
(Person: Bob, male)
```

但是，如果直接输出 p，运行结果如下：

```
>>> p
<__main__.Person object at 0x0000000002DE9240>
```

Python 定义了__str__()和__repr__()两种方法，__str__()用于显示给用户，而__repr__()用于显示给开发人员。一般定义__repr__()的快捷办法是：

```
__repr__ = __str__
```

2. __len__()方法

如果一个类表现得像一个 list，要获取多少个元素，就需要自定义特殊方法__len__()，返回元素的个数。

【例 11-14】请编写一个 Fib 类，Fib(10)表示斐波那契数列的前 10 个元素，print(Fib(10))可以打印数列的前 10 个元素，len(Fib(10))可以正确返回数列的个数 10。

```
1.      class Fib(object):
2.          def __init__(self, num):
3.              a, b, L = 0, 1, []
4.              for n in range(num):
5.                  L.append(a)
6.                  a, b = b, a + b
```

```
7.            self.numbers = L
8.        def __str__(self):
9.            return str(self.numbers)
10.       __repr__ = __str__
11.       def __len__(self):
12.           return len(self.numbers)
13.   f = Fib(10)
14.   print (f)
15.   print (len(f))
```

运行结果如下：

```
[0, 1, 1, 2, 3, 5, 8, 13, 21, 34]
10
```

3. __slots__

由于 Python 是动态语言，任何实例在运行期都可以动态地添加属性。如果要限制添加的属性，例如，若 Student 类只允许添加 name、gender 和 score 这 3 个属性，则可以利用 Python 的特殊方法__slots__来实现。

```
1.    class Student(object):
2.        __slots__ = ('name', 'gender', 'score')
3.        def __init__(self, name, gender, score):
4.            self.name = name
5.            self.gender = gender
6.            self.score = score
```

对实例进行如下操作：

```
>>> s = Student('Bob', 'male', 59)
>>> s.name = 'Tim'
>>> s.score = 99
>>> s.grade = 'A'
Traceback (most recent call last):
  File "<pyshell#9>", line 1, in <module>
    s.grade = 'A'
AttributeError: 'Student' object has no attribute 'grade'
```

__slots__的目的是限制当前类所能拥有的属性，如果不需要添加任意动态的属性，使用__slots__也能节省内存。

4. __call__()方法

一个类实例也可以变成一个可调用对象，只需要实现一个特殊方法__call__()。例如，将 Person 类变成一个可调用对象的代码如下：

```
1.    class Person(object):
2.        def __init__(self, name, gender):
3.            self.name = name
4.            self.gender = gender
5.        def __call__(self, friend):
6.            print ('My name is %s...' % self.name)
7.            print ('My friend is %s...' % friend)
```

上述代码实现了__call__()，因此可以对 Person 实例直接调用：

```
>>> p = Person('Bob', 'male')
>>> p('Tim')
My name is Bob...
My friend is Tim...
```

【例 11-15】通过实现__call__()方法，将 Fib 的对象变成可调用对象，请观察其与【例 11-14】的不同。

```
1.  class Fib(object):
2.      def __call__(self,num):
3.          a, b ,L = 0, 1, []
4.          for n in range(num):
5.              L.append(a)
6.              a,b=b,a+b
7.          return L
8.  f = Fib()
9.  print (f(10))
```

运行结果如下：

```
[0, 1, 1, 2, 3, 5, 8, 13, 21, 34]
```

11.8 迭代器

迭代器是一个带状态的对象，能在调用 next()方法的时候返回容器中的下一个值，任何实现了__iter__()和__next__()方法的对象都是迭代器，__iter__()返回迭代器自身，__next__()返回容器中的下一个值，如果容器中无元素，则抛出 StopIteration 异常。迭代器是实现了工厂模式的对象，它在每次询问要下一个值的时候将下一个值返回。例如，itertools 函数返回的都是迭代器对象。

```
>>> from itertools import count
>>> counter = count(start=1)
>>> next(counter)
1
>>> next(counter)
2
```

如果一个类计划被用于 for ... in 循环，类似于 list 或 tuple，就必须实现一个__iter__()方法，该方法返回一个迭代对象。然后，Python 的 for 循环就会不断调用该迭代对象的__next__ ()方法获取循环的下一个值，直到 StopIteration 异常发生。

【例 11-16】利用迭代器输出斐波那契数列：1，1，2，3，5，8，13，21，34，55，89，144，...，从第三项开始，每一项等于前两项之和。

首先，定义 Fib 类，包含两个属性 prev 和 curr，实现__iter__()和__next__()方法，从而 Fib 的对象为可迭代对象。

```
1.  class Fib:
2.      def __init__(self):
3.          self.prev = 0   #初始化两个变量prev和curr
4.          self.curr = 1
```

```
5.        def __iter__(self):
6.            return self       #实例本身就是迭代对象，返回自身
7.        def __next__(self):
8.            if self.curr > 100000:          #退出循环的条件
9.                raise StopIteration();
10.           value = self.curr
11.           self.curr += self.prev
12.           self.prev = value
13.           return value#返回下一个值
```

把 Fib 实例作用于 for 循环的运行结果如下：

```
>>> for n in Fib():
        print (n)

1
1
2
3
5
....
75025
```

11.9 生成器

生成器是一种特殊的迭代器。生成器不会把结果保存在一个系列中，而是保存生成器的状态，在每次进行迭代时返回一个值，直到遇到 StopIteration 异常结束。它不需要定义__iter__()和__next__()方法，只需要 yield 关键字。任何使用 yield 的函数都称之为生成器，例如：

```
1.    def count(n):
2.        while n > 0:
3.            yield n     #生成值：n
4.            n += 1
```

用生成器来实现斐波那契数列的例子：

```
1.    def fib():
2.        prev, curr = 0, 1
3.        while True:
4.            yield curr
5.            prev, curr = curr, curr + prev

>>>from itertools import *
>>> list(islice(fib(), 10))
[1, 1, 2, 3, 5, 8, 13, 21, 34, 55]
```

fib 就是一个普通的 Python 函数，它特殊的地方在于函数体中没有 return 关键字。当执行 f=fib()，返回的是一个生成器对象，此时函数体中的代码并不会执行，只有显示或隐示地调用 next 的时候才会真正执行里面的代码。

生成器在 Python 中是一个非常强大的编程结构，可以用更少的中间变量写流式代码，此外，

相比其他容器对象它更能节省内存和 CPU，当然它可以用更少的代码来实现相似的功能。

11.10 综合示例

1. 要求

按照以下要求定义一个乌龟类和鱼类并尝试编写游戏。

假设游戏场景范围为（x，y），0≤x≤10，0≤y≤10。

（1）游戏生成 1 只乌龟和 10 条鱼；

（2）它们的移动方向均随机；

（3）乌龟的最大移动能力是 2（可以随机移动 1 或 2），鱼的最大移动能力是 1；

（4）当移动到场景边界，自动向反方向移动；

（5）乌龟初始化体力为 100；

（6）乌龟每移动一次，体力消耗 1；

（7）当乌龟和鱼坐标重叠，乌龟吃掉鱼，乌龟体力增加 20；

（8）鱼暂不计算体力；

（9）当乌龟体力值为 0 或者鱼儿的数量为 0，游戏结束。

2. 分析

根据上述要求，此游戏有两类对象，分别是乌龟和鱼，它们分别具有的能力如下。

（1）乌龟：初始化位置（随机），移动（随机 1 或 2，遇到边界向反方向移动），吃鱼（乌龟坐标和鱼坐标重叠，乌龟吃鱼）；

（2）鱼：初始化位置（随机），移动（移动 1，遇到边界向反方向移动）。

以上分析表明，乌龟和鱼类都有“随机初始化位置”和“移动”的方法，为此抽象出它们的父类 GameAnimal，在父类中定义初始化位置和移动的方法。此游戏包括三个类，GameAnimal、乌龟和鱼。

在主程序中，定义 1 个乌龟对象和 10 个鱼对象，然后循环执行如下步骤：

（1）获取乌龟的坐标；

（2）判断所有鱼当中是否有鱼的坐标与乌龟的坐标重叠，如果重叠则删除此鱼对象，乌龟体力增加 20；

（3）若鱼被吃完，退出循环；

（4）若乌龟能量为 0，退出循环。

3. 代码

```
1.    import random as r
2.    range_x = [0, 10]
3.    range_y = [0, 10]
4.    Turtle_move_range=[1, 2, -1, -2]
5.    Fish_move_range=[1, -1]
6.    class GameAnimal:    #定义父类GameAnimal
7.        def __init__(self):
8.            self.x = r.randint(range_x[0], range_x[1])
9.            self.y = r.randint(range_y[0], range_y[1])
10.       def move(self,p):
```

```
11.             # 随机计算方向并移动到新的位置（x, y）
12.             next_x = self.x + r.choice(p)
13.             next_y = self.y + r.choice(p)
14.             # 检查移动后是否超出场景x轴边界
15.             if next_x < range_x[0]:
16.                 self.x = range_x[0] – (next_x – range_x[0])
17.             elif next_x > range_x[1]:
18.                 self.x = range_x[1] – (next_x – range_x[1])
19.             else:
20.                 self.x = next_x
21.             # 检查移动后是否超出场景y轴边界
22.             if next_y < range_y[0]:
23.                 self.y = range_y[0] – (next_y – range_y[0])
24.             elif next_y > range_y[1]:
25.                 self.y = range_y[1] – (next_y – range_y[1])
26.             else:
27.                 self.y = next_y
28.             # 返回移动后的新位置
29.             return (self.x, self.y)

30.     class Turtle(GameAnimal):     #定义乌龟类，继承父类GameAnimal
31.         def __init__(self):
32.             # 初始位置随机
33.             super(Turtle,self).__init__()
34.             # 初始体力
35.             self.energy = 100
36.         def eat(self):
37.             self.energy += 20
38.             if self.energy > 100:
39.                 self.energy = 100

40.     class Fish(GameAnimal):          #定于鱼类，继承父类GameAnimal
41.         def __init__(self):
42.             # 初始位置随机
43.             super(Fish,self).__init__()

44.     turtle = Turtle()
45.     fish = []
46.     for i in range(10):
47.         new_fish = Fish()
48.         fish.append(new_fish)
49.     while True:
50.         if not len(fish):
51.             print("鱼都吃完了，游戏结束！")
52.             break
```

```
53.         if not turtle.energy:
54.             print("乌龟体力耗尽，挂掉了！")
55.             break
56.         pos = turtle.move(Turtle_move_range)
57.         turtle.energy-= 1
58.         for each_fish in fish[:]:
59.             if each_fish.move(Fish_move_range) == pos:
60.                 # 鱼被吃掉了
61.                 turtle.eat()
62.                 fish.remove(each_fish)
63.                 print("有一条鱼被吃掉了...")
```

本章小结

本章介绍了面向对象程序设计方法，通过例子讲解类、对象的创建，以及属性和方法等基本概念。并进一步描述了面向对象的特性：继承、多态和封装。

对象是对某个具体客观事物的抽象。类是对对象的抽象描述，Python 定义一个类使用关键字 class 声明。类的数据成员是在类中定义的成员变量，用来存储描述类的特征的值，称为属性。属性可以被该类中定义的方法访问，也可以通过类或类的实例进行访问。在类的内部，使用 def 关键字可以为类定义一个方法，与一般函数定义不同，类方法必须包含对象本身的参数，通常为 self，且为第一个参数。

每个类至少有一个父类，这两个类之间的关系可以描述为“父—子”“超类—子类”“基类—派生类”的关系，是一种“is-a”的关系。向不同对象发送同一条消息，不同对象在接收时会产生不同的行为。封装是对具体对象的一种抽象，即将某些部分隐藏起来，在程序外部看不到，其含义是其他程序无法调用。

迭代器是一个带状态的对象，能在你调用 next()方法的时候返回容器中的下一个值，任何实现了__iter__和__next__()方法的对象都是迭代器。生成器是一种特殊的迭代器。生成器不会把结果保存在一个系列中，而是保存生成器的状态。

练 习 题

一、选择题

1. Python 中定义类的保留字是（　　）。

A. def　　B. class　　C. object　　D. __init__

2. 在方法定义中，如何访问实例变量 x（　　）。

A. x　　B. self.x　　C. self[x]　　D. self.getX()

3. 下面哪项不是面向对象设计的基本特征（　　）？

A. 集成　　B. 多态　　C. 一般性　　D. 封装

4. 下列 Python 语句运行结果为（　　）。

```
class Account:
```

```
    def __init__(self,id):
        self.id=id;id=888
acc=Account(100);print(acc.id)
```

A. 888　　　　　　B. 100

C. 0　　　　　　　D. 错误，找不到属性 id

二、简答题

1. 什么是类，什么是对象，它们之间的关系是怎样的？

2. 面向对象程序设计的优点有哪些？

3. 怎样创建类？

4. __init__方法的作用是什么？

5. 绑定方法和非绑定方法的区别是什么？

6. self 指的是什么？

7. 什么是继承，什么是多态，请举例说明。

8. 私有属性和公有属性的区别是什么，它们分别如何被调用？

9. 请描述实例方法、类方法、静态方法的区别，以及分别如何定义。

10. 将学生信息封装成一个类 Student，包括姓名、性别、年龄、家庭地址。并在 display()方法中显示这些信息。

11. 设计一个类代表长方体，含有长、宽、高三个对象属性，含有计算体积的公有方法、计算表面积的公有方法。编写主程序，生成一个一般长方体，生成一个正方体。

12. 定义一个类代表三角形，类中含三条边、求周长的函数，求面积的函数。

实 战 作 业

1. 创建一个 Point 类表示二维坐标平面的点，定义实例属性 x 和 y 表示坐标对值，并实现如下方法：

（1）distance(self, pt)，返回此点与 pt 点之间的距离（浮点数）。使用标准的距离公式。

（2）(x_1,y_1)和(x_2,y_2)的距离公式如下：

$$distance=\sqrt{(x_1-x_2)^2+(y_1-y_2)^2}$$

（3）sum(self, pt)，返回新的点，新点为此点与 pt 两点的矢量和，点(x_1,y_1)和点(x_2,y_2)的矢量和的点为（x_1+x_2,y_1+y_2）。

2. 创建一个 Set 类表示集合，Set 类需要包含以下方法。

（1）Set(elements)：创建一个 Set 对象（elements 是初始化列表）。

（2）addElement(x)：将 x 加入到此 Set 对象中。

（3）deleteElement(x)：将 x 从集合中删除（如果集合中存在 x）。如果集合中不存在 x 值，则集合保持不变。

（4）member(x)：根据 x 是否在集合中返回相应 True/False 值。

（5）intersection(set2)：返回一个新的 Set 对象，里面是此集合和 set2 元素的交集。

（6）union(set2)：返回一个新的 Set 对象，里面是此集合和 set2 元素的并集。

PART12

第12章

数据库支持

引例

表12-1为联想计算机半年在各地区的销售情况。

表12-1 联想计算机的销售情况表

地区	联想计算机	成交均价（元）
广州	123333	5655.00
深圳	94564	5700.00
珠海	85677	5645.00
中山	67777	5635.00
佛山	45646	5650.00
北京	96786	5800.00
上海	120078	5810.00
海南	35555	5600.00
成都	23445	5648.00

以上数据该如何保存，可以有以下处理措施。

（1）采用纸质材料记录。

（2）采用电子材料记录。

采用纸质材料记录的弊端明显，例如纸质材料不易保管，纸质材料上的数据不易查找或做其他处理，也不容易实现数据共享。

电子材料指的是利用计算机存储的文件，可以是Excel、TXT、CVS等文件，也可以是存放到Access、MySQL、Oracle等各种关系或者非关系数据管理系统里面的文件。

对于单张数据表，通常采用单独文件，比如Excel、TXT、CVS进行存储或者管理，但是如果对于一个具有一定规模的中大型公司，常涉及非常多的数据表，比如不仅仅要统计销量，还要存储每个销量对象的个体信息，每个月和季度的销量信息等，而且在计算过程中还需要对多张数据表进行关联得到一个中间数据表，此时诸如Excel、TXT、CVS的存储方式就显得力不从心。

因此在这一章我们学习数据库的相关知识，希望通过本章的学习，大家能够通过Python实现对数据库管理系统中数据的各种操作，从而为实现大型应用系统的开发奠定基础。

12.1 数据库概述

数据库（Database）是按照数据结构来组织、存储和管理数据的建立在计算机存储设备上的仓库，用户可以对其中的数据进行新增、查询、更新、删除等操作。随着信息技术和市场的发展，特别是20世纪90年代以后，数据管理不再仅仅是存储和管理数据，而转变成用户所需要的各种数据管理的方式。目前典型的数据库包括关系数据库和非关系数据库，其对应的管理系统称为数据库管理系统，典型关系数据库管理系统以Microsoft SQL Server、MySQL、Oracle为代表，非关系数据库管理系统以Mongodb、Redis、Hbase为代表。

数据库为程序运行的数据提供了安全、可靠、完整的存储方式，因此在程序中实现对数据库的操作尤为重要。本章将重点介绍Python程序中如何操作各种数据库，并重点介绍基于Python的专用模块对SQLlite、MySQL中的数据库操作等方面的内容。

12.2 Python数据库编程接口（DB-API）

12.2.1 DB-API简介与统一操作模式

任何一种数据库管理系统不管是MySQL、SQL Server、PostgreSQL亦或是SQLite都有其内在的数据库操作模式，而且彼此不一样，因此在Python的早期版本中，每一种数据库管理系统都带有自己的Python模块，所有这些模块均以不同的方式工作，并提供不同的函数。因此如果在Python程序中采用某种关系数据库管理系统，那么当需要换一种关系数据库管理系统时，需要对程序进行大量的修改，这不利于程序的维护。

为了提高程序的可维护性，Python数据库编程接口（DB-API）应运而生。DB-API是一个规范，它定义了一系列必需的对象和数据库存取方式，可以为各种不同的数据库管理系统的数据库操作提供一致的访问接口。在DB-API中，所有连接数据库的模块即便是底层网络协议不同，也会使用一个共同的接口，这使得开发人员在不同的数据库之间移植代码成为一件轻松的事情。

DB-API目前版本是2.0，支持的数据库管理系统包括IBM DB2、Firebird、Informix、Ingres、MySQL、Oracle、PostgreSQL、SAP DB、Microsoft SQL Server、Sybase 等。

Python中使用DB-API时，对于不同的数据库管理系统，需要下载不同的DB-API模块，比如说，PyMySQL模块支持MySQL。虽然不同数据库管理系统的DB-API模块不一样，但所有这些DB-API的执行步骤（见图12-1）是一致的：（1）导入DB-API模块；（2）获取与数据库的连接；（3）执行相关操作（SQL语句和存储过程）；（4）关闭与数据库的连接。

在以上的统一的操作模式过程中，主要涉及连接对象、游标对象以及DB-API提供的connect()方法，具体介绍见下面的第12.2.2节内容。

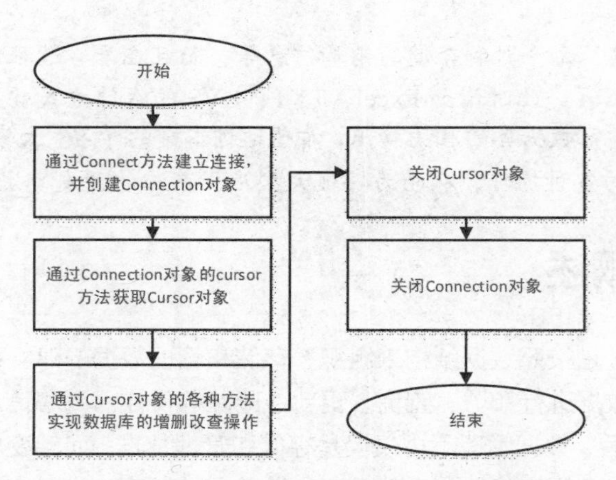

图 12-1 Python DB-API 统一操作流程

12.2.2 模块接口（Module Interface）

DB-API 的模块接口提供了 Connection 对象构造器和必须定义的全局属性，如表 12-2 所示。

表 12-2 模块方法与属性

类 别	名 称	描 述
方法	connect()	连接函数，同时也是 Connection 对象构造函数
全局属性	apilevel	DB-API 的版本号
	threadsafety	线程安全级别
	paramstyle	支持的 SQL 语句参数风格

其中全局属性的意义如下。

apilevel 为字符串常量，表示该 DB-API 所兼容的 DB-API 最高版本号，默认为“1.0”。

threadsafety 为整型常量，表示该 DB-API 所支持的线程安全级别，其可能取值范围如下。

- 0：表示不支持线程安全，多个线程不能共享此模块。
- 1：表示支持初级线程安全，线程可以共享模块，但不能共享连接。
- 2：表示支持中级线程安全，线程可以共享模块和连接，但不能共享游标。
- 3：表示完全线程支持，线程可以共享模块、连接、游标。

paramstyle 为字符串常量，表示该 DP-API 所期望的 SQL 参数风格，其可能取值及意义如表 12-3 所示。

表 12-3 paramstyle 取值意义

参数取值	意 义
qmark	问号风格，比如 WHERE name=?
numeric	数字、位置风格，比如 WHERE name=:1
named	命名参数风格，比如 WHERE name=:name
format	ANSI C 格式化输出风格，比如 WHERE name=%s
pyformat	Python 扩展格式代码风格，比如 WHERE name=%(name)s

connect()是一个用来建立程序与数据库连接的函数，并返回一个 Connection 对象。该函数推荐使用以下参数来建立与数据库的连接，如表 12-4 所示。

表 12-4 connect()方法参数

参数名	参数意义
dsn	数据源
user	用户名
password	用户密码
host	数据库所在主机
database	数据库名称

比如一个典型的连接可能为：

connect(dsn='myhost:MYDB', user='guido', password='234$')

当然，不同的数据库管理系统的接口程序可能有些差异，并非都是严格按照规范实现，例如 MySQLdb 则使用 db 参数而不是规范推荐的 database 参数来表示要访问的数据库，MySQLdb 连接时可用参数有以下几个。

（1）host：数据库主机名，默认是用本地主机。

（2）user：数据库登录名，默认是当前用户。

（3）passwd：数据库登录的密码，默认为空。

（4）db：要使用的数据库名，没有默认值。

（5）port：MySQL 服务使用的 TCP 端口，默认是 3306。

（6）charset：数据库编码。

因此采用 MySQLdb 进行数据库链接时，其 connect 方法写为：

db = MySQLdb.connect (host="localhost", user="python", passwd="123456", db="DemoDB")

12.2.3 Connection 对象

Connection 连接对象搭建了应用程序与数据库之间的桥梁，完成将命令送往服务器，并从服务器接收数据的功能。为了实现管理，Connection 对象主要有表 12-5 所示的方法。

表 12-5 Connection 对象方法

方　法	描　述	备　注
cursor()	方法返回给定连接上建立的游标对象（Cursor Object）	如果数据库没有提供对应的游标对象，那么将由程序来模拟实现游标功能
close()	马上关闭数据连接（而不是当__del__方法被调用的时候），连接应该此后变得不可用，再次访问本连接对象应该触发一个错误（Error 或其子类），同样所有使用本连接对象的游标（cursor）对象，也会导致例外发生	需要注意的是，在关闭连接对象之前，没有首先提交对数据库的改变，将会导致一个隐含的回滚动作（rollback），这将丢弃之前的数据改变操作
commit()	提交任何挂起的事务到数据库中	需要注意的是，如果数据库支持自动提交（auto-commit），必须在初始化时关闭。一般会有一个接口函数关闭此特性
rollback()	此为可选方法，对于支持事务的数据库，调用此方法将导致数据库回滚到事务开始时的状态。关闭数据库连接之前没有明确调用 commit()提交数据更新，将隐含导致 rollback()被执行	

12.2.4 Cursor 游标对象

在与数据库建立连接之后，需要通过游标对象来实现程序与数据库的交互。一个游标对象允许用户执行数据库操作的相关命令以及获取到查询结果。游标对象有以下常见属性和方法，如表 12-6 所示。

表 12-6 cursor 对象方法与属性

类　别	名　称	描　述
属性	connection	创建此游标对象的数据库连接
	arraysize	使用 fetchmany()方法一次取出多少条记录，默认为 1
	lastrowid	返回最后更新 id（可选）
	rowcount	最后一次 execute（ ）操作返回或影响的行数
方法	excute(sql[, args])	执行一个数据库查询或命令
	excutemany(sql, args):	执行多个数据库查询或命令
	fetchone()	得到结果集的下一行
	fetchmany([size = cursor.arraysize])	得到结果集的下几行
	fetchall()	得到结果集中剩下的所有行
	iter()	创建一个迭代器对象
	next()	使用迭代对象得到结果集的下一行
	close()	关闭此游标对象

12.3 MySQL 关系数据库操作

目前 Python 可以支持绝大部分关系数据库管理系统，比如 Sybase、Oracle、MySQL、PostgreSQL、SQLite、GadFly 等，读者可以访问 Python 数据库接口及 API 查看详细的支持数据库列表。对于不同的数据库管理系统，用户需要分别下载不同的 DB-API 模块，例如需要访问 Oracle 数据库和 MySQL 数据库，需要分别下载 Oracle 和 MySQL 数据库 API 模块。由于各种数据库 API 模块都基本符合 DB-API 规范，因此实际上可以采用统一的操作流程实现对各种数据库的操作。

MySQL 是一个关系型数据库管理系统，由瑞典 MySQL AB 公司开发，目前属于 Oracle 旗下产品。MySQL 支持 UNIX、Linux、Mac OS、Windows 等多种操作系统，可以支持多种编程语言开发，如 C++、Java、Python、PHP 等。支持多种编码集，如 UTF-8、GB2312、Unicode 等。由于这些特性，以及开源性、体积小、速度快，目前 MySQL 是最流行的关系数据库管理系统之一。

如前所述，每一种关系数据库都需要一种与之相匹配的 DB API 模块才能实现 Python 对该数据库的操作，在 Python 2.x 中目前使用最为广泛的是 mysqldb，然而在 Python 3. x 中 mysqldb 已经不能使用，替代者是 PyMySQL，PyMySQL 遵循 Python 数据库 API v2.0 规范，并包含了 pure-Python MySQL 客户端库。

此外 MySQL Connector/Python 是 MySQL 官方提供的 Python3.x 连接 MySQL 数据库的驱动程序，其为 MySQL 官方推出的一个 Python 数据库模块。关于 MySQL Connector/Python 的各种详细介绍、安装、API 等文档，请参考官网。

本书主要介绍 PyMySQL 的相关操作。

12.3.1 PyMySQL 下载与安装

这里使用 pip install 命令实现 PyMySQL 安装，如图 12-2 所示。

```
$ pip install PyMySQL
```

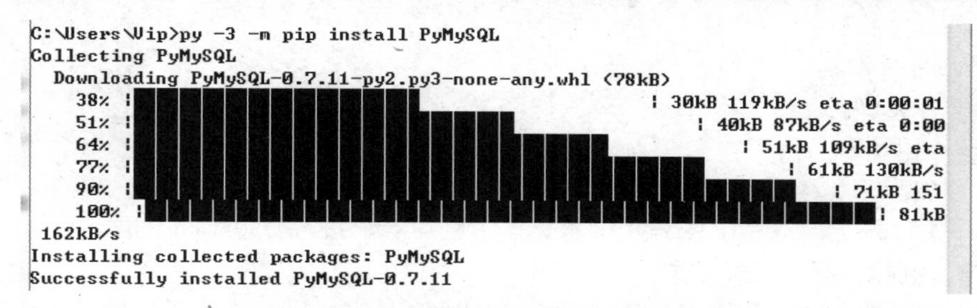

图 12-2　PyMySQL 安装界面

以上命令中 py -3 表示调用的是 Python 3 的 pip 安装命令(此命令适用于系统中同时安装 Python 2 和 Python 3 两个版本情况)。

12.3.2 PyMySQL 基本操作

在进行以下操作之前，请保证系统做好以下基础工作。

- 保证系统已经正确安装 MySQL 数据库。
- 在 MySQL 数据库中建立一个 UserInfo 数据库。
- 设定连接 MySQL 的用户名为“python”，密码为“123456”。

1. 数据库连接操作

PyMySQL 主要是通过 connect ( ) 来建立与数据库的连接，在命令行输入以下内容。(具体源码请参考下载的文件“第 12 章/exam12-1.py”)

```
>>>import pymysql    #导入pymysql包
#利用connect方法建立与MySQL数据库的连接，并返回一个connection对象
>>> connection = pymysql.connect(host="localhost", user="python", passwd="123456" , db="UserInfo", port=3306, )
>>>print(connection.host_info)    #输出当前连接的主机端口信息
>>>connection.close()  #关闭与数据库的连接
```

以上过程执行输出为：

```
socket localhost:3306
```

这表明已经成功连接数据库。

2. 创建数据库表操作

下面代码实现数据库表的建立，在命令行输入以下内容。(具体源码请参考下载的文件“第 12 章/exam12-2.py”)

```
>>>import pymysql
>>>connection   = pymysql.Connect( host='localhost', port=3306, user='python', passwd='123456', db='UserInfo')
#表示通过connection对象的cursor()方法获取游标cursor对象cursor
```

```
>>>cursor = connection.cursor()
#使用 cursor对象的execute() 方法执行 SQL，如果表存在则删除
>>>cursor.execute("DROP TABLE IF EXISTS UserList")
>>>sql = """CREATE TABLE UserList (
         userID     CHAR (32) not NULL,
         userName    CHAR(40) not NULL,
         userPassword   CHAR(20),
         userAge INT
         )""" #一条SQL语句
>>>cursor.execute(sql)
>>>connection.close()
```

以上程序执行完毕，将会在'UserInfo'数据库下创建一个名为 UserList 的表。

3. 新增、删除、更新记录操作

针对 MySQL 数据库的新增、删除、更新记录操作，除了 SQL 语句不一样外，其他操作流程都是一致的，下面通过新增操作予以示例，在命令行输入以下代码。(具体源码请参考下载的文件“第 12 章/exam12-3.py”)

```
>>>import pymysql
>>>connection   = pymysql.Connect( host='localhost', port=3306, user= 'python', passwd='123456',db='UserInfo')
>>>cursor = connection.cursor()
#插入一条SQL语句
>>>insertsql = """INSERT INTO UserList(userID,userName,userPassword,userAge)VALUES ('1','zheng','123',20)"""
>>>try:
#执行SQL语句
>>>     cursor.execute(insertsql)
#提交到数据库执行
>>>     connection.commit()
>>>except Exception as e:
#如果发生错误则回滚
>>>     connection.rollback()
>>>   print(e)
>>>finally:
>>>      connection.close()
```

值得说明的是本程序使用了 Python 中的异常处理机制。与其他语言相同，在 Python 中，try/except 语句主要是用于处理程序执行过程中出现的一些异常情况，如语法错误、数据除零错误、从未定义的变量上取值等，而如果在处理完异常后还需需要执行一些清理工作的场合则可以补充使用 finally。完整的 Python 中 try/except/else/finally 语句的完整格式如下所示。

```
try:
    可能会发生异常语句块
except Exception as e:
    第一种异常类型处理
except Exception as e:
    第二种异常类型处理
```

except:
　　其他的异常类型处理
else:
　　如果没发生任何异常则执行这里
finally:
　　不管是否发生异常，都需要执行这里语句

正常执行的程序在 try 下面的执行语句块中执行，在执行过程中如果发生了异常，则中断当前语句的执行跳转到对应的异常处理块中执行。Python 从第一个 except 处开始查找，如果找到了对应的 exception 类型则进入其提供的异常处理语句中进行处理，如果没有找到则直接进入 except 块处进行处理。except 块是可选项，如果没有提供，该 exception 将会被提交给 Python 进行默认处理，处理方式则是终止应用程序并打印提示信息；如果在 try 下面语句块中执行过程中没有发生任何异常，则会进入 else 执行块中（如果存在的话）执行。无论是否发生了异常，只要提供了 finally 语句，以上 try/except/else/finally 代码块执行的最后一步总是执行 finally 所对应的代码块。

结合本小节的程序，说明当第 7～10 行发生错误时，则会跳转到第 12～14 行执行，并打印出错误类型，而不管是否该 SQL 是否执行成功，最终的 Connection 对象都会在第 15～16 行中的 finally 程序段被关闭。

以上是针对新增一条记录的操作，如果是删除或者修改操作，只需要替换相应的 SQL 语句即可。

比如一条更新操作 SQL 语句可写为：

```
updatesql = "UPDATE UserList SET userAge = userAge + 1 WHERE userName ='zheng'"
```

一条删除 SQL 语句可以写为：

```
deletesql = "DELETE FROM UserList WHERE userName ='zheng'"
```

4. 查询记录操作

相对于新增、修改和删除而言，数据库的查询操作比较复杂，主要体现在对查询结果的处理上，在实际使用过程中可以通过 cursor 的相关属性和方法实现对结果集的获取和处理。请参考下面示例程序。（具体源码请参考下载的文件“第 12 章/exam12-4.py”）

```
1.   import pymysql
2.   connection  = pymysql.Connect( host='localhost', port=3306, user='root', passwd='', db='UserInfo')
3.   cursor = connection.cursor()
4.   selectsql = """SELECT * FROM   UserList"""
5.   try:
6.       cursor.execute(selectsql)
7.       resultSet = cursor.fetchall()
8.       for data in resultSet:
9.           userID = data[0]
10.          userName = data[1]
11.          userPassword = data[2]
12.            userAge = data[3]
13.        print (userID+" "+userName+" "+userPassword+" "+str(userAge))
14.   except Exception as e:
```

```
15.         print(e)
16.     finally:
17.         connection.close()
```

代码说明如下。

这段代码的核心在 try 部分的语句，其中，

第 6 行表示执行 SQL 语句。

第 7 行表示通过 cursor 的 fetchall()方法一次性获取所有的记录，并存入 resultSet 结果集中，此时的结果集可以视作一个二维的表。

第 8 行对结果 resultSet 结果集进行遍历，每一个 data 表示一行记录，不同的字段可以通过下标取得，下标从 0 开始计算。

第 13 行打印数据库记录。

本程序运行结果如下所示（需要预先插入以下数据到数据库中）

```
1 zhu 1456 19
2 zu 556 19
3 zheng 123 18
```

12.4 SQLite 数据库与操作

12.4.1 SQLite 介绍与安装

1. SQLite 介绍

SQLite 是一个软件库，实现了自给自足的、无服务器的、零配置的、事务性的 SQL 数据库引擎，它的数据库就是一个文件，SQLite 直接访问其存储文件。由于 SQLite 本身是用 C 语言编写的，而且体积很小，所以经常被集成到各种应用程序中，甚至在 iOS 和 Android 的 App 中都可以集成。这也成就了 SQLite 目前是当前最广泛部署的 SQL 数据库引擎。

与关系数据库进行交互的标准 SQLite 命令类似于 SQL，包括 CREATE、SELECT、INSERT、UPDATE、DELETE 和 DROP，但是在 SQLite 中，并不完整支持 SQL92 特性，比如 ALTER TABLE 命令，只是支持 RENAME TABLE 和 ALTER TABLE 的 ADD COLUMN variants 命令，不支持 DROP COLUMN、ALTER COLUMN、ADD CONSTRAINT。关于更多的 SQLite 介绍可以到 SQLite 官网查询。

虽然 SQLite 是无服务器的、零配置 SQL 数据库引擎，但是为了使用 SQLite 还是需要做一番预备工作。

2. SQLite 安装

在 SQLite 官网的 download 页面有 SQLite 在不同操作系统中的安装包和过程介绍，此处以 Windows 操作系统为例进行说明，如图 12-3 所示。

（1）进入 SQLite 官网页面下载 sqlite-tools-win32-*.zip 和 sqlite-dll-win32-*.zip 两个压缩文件。

（2）在某个系统盘创建相关文件夹，比如 E:\SQLite，然后将以上两个文件夹解压缩得到 E:\SQLite，如果 sqlite-tools-win32-*.zip 解压缩后存在子文件夹，则将该子文件夹内的文件复制

到 E:\SQLite，这样在 E:\SQLite 将得到 sqlite3.def、sqlite3.dll、sqlite3.exe、sqldiff.exe、sqlite3_analyzer.exe 五个文件。

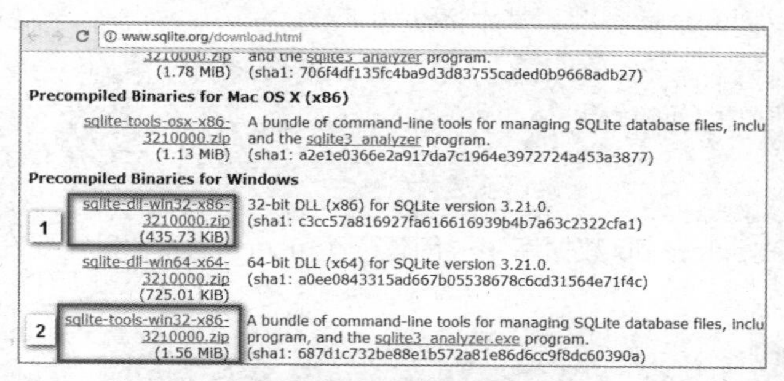

图 12-3　SQLite 官网下载页面

（3）将 E:\SQLite 添加到 PATH 环境变量，最后在命令提示符下，使用 sqlite3 命令，将显示如图 12-4 所示结果，表明 SQLite 安装正确。

```
C:\Windows\system32\cmd.exe - sqlite3
Microsoft Windows [版本 6.1.7601]
版权所有 (c) 2009 Microsoft Corporation。保留所有权利。

C:\Users\Vip>sqlite3
SQLite version 3.21.0 2017-10-24 18:55:49
Enter ".help" for usage hints.
Connected to a transient in-memory database.
Use ".open FILENAME" to reopen on a persistent database.
```

图 12-4　SQLite 安装成功测试页面

3. SQLite 基本操作

SQLitet 提供了丰富的命令行操作，使得用户可以方便地管理数据库数据。可以将 SQLite 提供的命令分为三种，第一种是在 cmd 命令行中执行的命令，比如 sqlite3.exe 命令；第二种是进入 sqlite 环境后的“点命令”，比如.help，该种命令以“.”开始，结尾没有“；”；第三种是对数据进行操作的命令，比如 select，该种命令结尾必须以“；”结束。

（1）创建和打开数据库

创建数据库采用“sqlite3 数据库名”格式，数据库名包含数据库的路径，如图 12-5 所示，采用“sqlite3 e:\sqlite\UserInfo.db”创建了一个名为 demo 的数据库，创建成功后会出现 sqlite>提示框，此时可以采用".database"来参看数据库情况，如图 12-5 所示第二个文本框所示。然后可以采用点命令" .quit"退出该命令环境。

再次输入“sqlite3 e:\sqlite\demo.db”则会进入该已创建的数据库中。

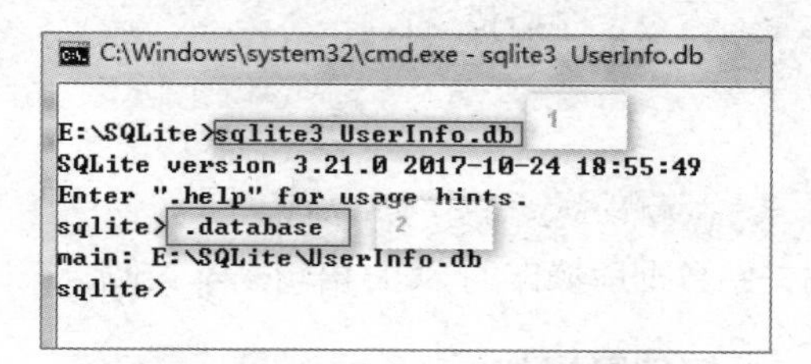

图 12-5　SQLite 创建数据库页面

（2）创建表

SQLite 使用 CREATE TABLE 语句在任何给定的数据库创建一个新表，创建基本表需要涉及命名表、定义列及每一列的数据类型。基本语法如下：

```
CREATE TABLE table_name(
    column1 datatype    PRIMARY KEY(one or more columns),
    column2 datatype,
);
```

实例：在上述的 UserInfo.db 数据库中要创建一个 userlist 表，只需要在 sqlite>操作提示符下输入以下命令：

```
sqlite> CREATE TABLE userlist(
        userID              CHAR(20)      PRIMARY KEY      NOT NULL,
        userNaem            CHAR(20)    NOT NULL,
        userPassword        CHAR(50)    NOT NULL,
        userAge              INT
);
```

然后再用点命令.tables 查看，可以发现 userlist 表已经创建成功，如图 12-6 所示。

```
sqlite> CREATE TABLE userlist(
   ...>             userID            INT     PRIMARY KEY      NOT NULL,
   ...>             userNaem        CHAR(20)  NOT NULL,
   ...>             userPassword     CHAR(50)  NOT NULL,
   ...>             userAge           INT
   ...> );
sqlite> .tables
userlist
```

图 12-6　SQLite 创建数据库表成功页面

（3）表基本操作

新增、查询、删除、更新表数据记录。

在 SQLite 中，表数据记录的基本操作与其他关系数据库的操作差别不大。

新增数据记录语句：

```
INSERT INTO TABLE_NAME [(column1, column2, column3,...columnN)]
VALUES (value1, value2, value3,...valueN);
```

删除数据记录语句：

```
DELETE FROM table_name    WHERE [condition];
```

更新表数据记录语句：

```
UPDATE table_name
SET column1 = value1, column2 = value2...., columnN = valueN
WHERE [condition];
```

查询表数据记录语句：

```
SELECT column1, column2, columnN FROM table_name where [condition];
```

由于以上操作与传统的关系数据库操作的 SQL 语句基本类似，在此不做示例。

12.4.2　SQLite-Python 接口及操作

由于 SQLite 具有轻、快、易用等优点，并且还能适用于不同的平台，使得 SQLite 被广泛使用。

当采用 Python 操作 SQLite 时也需要一个面向 SQLite 的数据库引擎的数据库接口，pysqlite 即为一个面向 Python 编程的 DB-API 接口，它让一切对于 SQLite 的操作都变得异常简单。从 Python2.5 起，pysqlite 便成为了 Python 的一个标准模块，在使用时，它被简称为 sqlite3 模块。sqlite3 模块是由 Gerhard Haring 编写的，它提供了一个与 PEP 249 描述的 DB-API 2.0 规范兼容的 SQL 接口。关于 sqlite3 详细的介绍请参考 Python 官网文档。

与 Python 操作 MySQL 数据库一样，在 Python 中操作 SQLite 数据库过程可划分为 4 步（假设数据库名为 userdb），具体过程说明如下。

（1）用 sqlite3.connect("userdb")创建数据库连接，假设返回的连接对象为 conn。

（2）使用 conn.cursor()方法创建游标对象 cursor。

（3）基于 cursor 对象执行各种操作。如果该数据库操作不需要返回结果，就直接用 cursor.execute(sql)执行 sql 语句，根据数据库事务隔离级别的不同，可能修改数据库需要 cursor.commit；如果需要返回查询结果则用 conn.cursor 创建游标对象 cur，通过 cursor.execute 查询数据库，用 cur.fetchall/cur.fetchone/cur.fetchmany 返回查询结果。

（4）关闭 cursor，conn 对象。

下面我们通过一个示例演示完整的基于 sqlite3 的数据库操作过程。以下代码可以在 Python 的开发平台也可以在命令行中键入。为了保持代码的完整性，采用注释方式来解释关键代码作用。（具体源码请参考下载的文件“第 12 章/exam12-5.py”，在执行该程序的过程中可以采用分段执行，即如果要看某段程序效果，可以先将其他的程序段注释掉）

```
1.    # exam12-5.py
2.    # -- coding: utf-8 --
3.    import   sqlite3
4.    # 打开数据库连接
5.    connection   = sqlite3.connect( "E://SQLite//UserInfo.db")
6.    # 使用 cursor() 方法创建一个游标对象 cursor
7.    cursor = connection.cursor()
8.    创建表操作
9.    """
10. # 使用 execute() 方法执行 SQL，如果表存在则删除
11.   cursor.execute("DROP TABLE IF EXISTS UserList")
12.   # 创建表
13.   sql = """CREATE TABLE userlist (
14.   userID    CHAR(20) PRIMARY KEY   NOT NULL,
15.   userName   CHAR(20) not NULL,
16.   userPassword   CHAR(50),
17.   userAge INT
18.   )"""
19.   #使用cursor的execute方法执行SQL语句
20    cursor.execute(sql)
21.   print("Table was created successfully")
21.   """
23.   新增数据记录
24.   """
```

```
25.     #  插入SQL语句
26.  insertsql = """INSERT INTO UserList(userID,userName,userPassword,userAge)VALUES ('1','zheng','123',18)"""
27.  try:
28.          cursor.execute(insertsql)
29.          # 提交到数据库执行
30.          connection.commit()
31.  except Exception as e:
32.          # 如果发生错误则回滚
33.          connection.rollback()
34.          print(e)
35.  else:
36.          print("Record of Table was inserted successfully")
37.  """
38.  更新数据记录
39.  """
40.          # 更新SQL 语句
41.  updatesql = "UPDATE UserList SET userAge = userAge + 1 WHERE userName ='zheng'"
42.  try:
43.          cursor.execute(updatesql)
44.          connection.commit()
45.  except Exception as e:
46.          connection.rollback()
47.          print(e)
48.  else:
49.          print("Record of Table was updated successfully")
50.  """
51.  删除数据记录
52.  """
53.  #  删除SQL语句
54.  deletesql = "delete from UserList WHERE userName ='zheng'"
55   try:
56.          cursor.execute(deletesql)
57.          connection.commit()
58.  except Exception as e:
59.          connection.rollback()
60.          print(e)
61.  else:
62.          print("Record of Table was deleted successfully")
63.  """
64.  查询数据记录
65.  """
66.  cursor.execute("INSERT    INTO    UserList(userID,userName,userPassword,userAge)VALUES    ('2','guang
yao','123',100)")
67.  # 查询SQL 语句
68.  selectsql = """SELECT * FROM   UserList"""
```

```
69.  # 执行SQL语句
70   try:
71.      cursor.execute(selectsql)
72.      # 获取所有记录列表
73.      resultSet = cursor.fetchall()
74.      for data in resultSet:
75.          userID = data[0]
76.          userName = data[1]
77.          userPassword = data[2]
78.          userAge = data[3]
79.          # 打印结果
80.          print (userID+" "+userName+" "+userPassword+" "+str(userAge))
81.  except Exception as e:
82.      print(e)
83.  finally:
84.      # 关闭数据库连接
85.       connection.close()
```

代码说明如下。

代码第3~7行：完成了sqlite3包的引入，数据库的连接与游标cursor对象的创建过程。

代码第8~22行：完成了在sqlite数据创建一个名为userlist的表工作。

代码第23~37行：完成了在userlist表新增一条记录的工作。

代码第38~52行：完成了修改userlist表记录的工作。

代码第53~64行：完成了删除userlist表记录的工作。

代码第65~87行：完成了从userlist查询数据并显示的工作。

最终代码运行结果为：

```
Table was created successfully
Record of Table was inserted successfully
Record of Table was updated successfully
Record of Table was deleted successfully
2 guangyao 123 100
```

本章小结

数据库(Database)是按照数据结构来组织、存储和管理数据的建立在计算机存储设备上的仓库，用户可以对其中的数据进行新增、查询、更新、删除等操作。

DB-API是一个规范，它定义了一系列必需的对象和数据库存取方式，可以为各种不同的数据库接口程序提供一致的访问接口，使得在不同的数据库之间移植代码成为一件轻松的事情。

游标对象允许用户执行数据库的相关命令以及获取到查询结果。常见的游标的方法有execute()、fetchone()、fetchall()等。

PyMySQL是一个支持Python 3.x操作MySQL数据库的数据库操作包，其基于DB-API规范，用户通过该包可以方便地操作MySQL数据库。

SQLite是一个软件库，实现了自给自足的、无服务器的、零配置的、事务性的SQL数据库引擎，在小型或者嵌入式应用系统上目前被广泛地使用。sqlite3 提供了与 DB-API 2.0 规范兼容的 SQL 接口，目前已经集成在 Python 安装包里面，用户可以直接使用 sqlite3 包实现对 SQLite 数据库的各种操作。

练 习 题

1. 请简述 Python DB-API，并理解 Python DB-API 对于程序开发的好处是什么。
2. 请简述基于 Python DB-API 的数据库操作通用流程。
3. Connection 对象的主要方法有哪些?
4. Cursor 对象获取查询结果的方法有哪些?
5. 请设计一个数据库，存入 MySQL，采用 PyMySQL 对其进行增删改查操作。
6. 请研究 MySQL 官方提供的 MySQL Connector 接口，并使用该接口完成题 5 的操作。
7. 请设计一个与学生成绩管理相关的数据库，存入 SQLite，并采用 sqlite3 模块对其进行增删改查操作。

实 战 作 业

设计家庭中药方剂管理系统

中医是我国劳动人民创造的传统医学为主的医学，是研究人体生理、病理以及疾病诊断和防治的一门学科。中药方剂即中药药方与中药调剂，是古代医家经过长期的医疗实践，将几种药物配合起来，经过煎煮制成汤液，即形成中药方剂。

虽然中医讲究辨证论治，同一人同样的病症不一定采用完全一样的药方，但是中药方剂药物成分和病症之间还是有着规律性的关系。随着保健意识的提高，越来越多的慢性病患者都乐意选择中医治疗、调理，也希望能了解相关知识。如果能设计一个中药方剂治疗管理系统，将患者治病过程中积累的中药方剂和对应的病症进行电子管理，并帮助患者通过历史数据挖掘有价值的信息，无疑可以帮助患者了解自身病情，并更好地和治疗医生沟通。

因此，希望大家以家庭中药方剂管理系统为背景，分析相关功能，设计相关数据库，并通过 Python 编程实现管理，最好要有相关的可视化操作界面。

PART13

第13章 程序开发进阶

引例

21世纪是数据信息大发展的时代，移动互联、社交网络、电子商务等极大拓展了互联网的边界和应用范围，各种数据正在迅速膨胀并变大。

近年来互联网、云计算、移动和物联网的迅猛发展。无所不在的移动设备、RFID、无线传感器每分每秒都在产生数据，数以亿计用户的互联网服务时时刻刻在产生巨量的交互。

互联网（社交、搜索、电商）、移动互联网（微博）、物联网（传感器，智慧地球）、车联网、GPS、医学影像、安全监控、金融（银行、股市、保险）、电信（通话、短信）都在疯狂产生着数据：据网上统计，截至2016年，全球每秒有1.311亿封邮件在移动端发出；每天会有2.88万小时的视频上传到YouTube；每天亚马逊上将产生630万笔订单；每个月网民在Facebook上要花费7千亿分钟；Google上每天需要处理24PB的数据。

根据IDC做出的估测，数据一直都在以每年50%的速度增长，也就是说每两年就增长一倍（大数据摩尔定律），并且大量新数据源的出现则导致了非结构化、半结构化数据爆发式的增长，这意味着人类在最近两年产生的数据量相当于之前产生的全部数据量，预计到2020年，全球将总共拥有35亿GB的数据量，相较于2010年，数据量将增长近30倍。这不是简单的数据增多的问题，而是全新的问题。

大数据时代的到来，使我们要处理的数据量实在是太大、增长太快了，而业务需求和竞争压力对数据处理的实时性、有效性又提出了更高要求，传统的常规技术手段根本无法应付。

大数据的类型可以包括网络日志、音频、视频、图片、地理位置信息等，具有异构性和多样性的特点，没有明显的模式，也没有连贯的语法和句义，多类型的数据对数据的处理能力提出了更高的要求。

大数据价值密度相对较低。如随着物联网的广泛应用，信息感知无处不在，信息海量，但价值密度较低，存在大量不相关信息。因此需要对未来趋势与模式做可预测分析，利用机器学习、人工智能等进行深度复杂分析。而如何通过强大的机器算法更迅速地完成数据的价值提炼，是大数据时代亟待解决的难题。

面对大数据的全新特征，既有的技术架构和路线，已经无法高效地处理如此海量的数据，而对于相关组织来说，如果投入巨大采集的信息无法通过及时处理反馈有效信息，那将是得不偿失的。可以说，大数据时代对人类的数据驾驭能力提出了新的挑战，也为人们获得更为深刻、全面的洞察能力提供了前所未有的空间与潜力。

任何智能的发展，其实都需要一个学习的过程。而近期人工智能之所以能取得突飞猛进的进展，不能不说是因为这些年来大数据长足发展的结果。正是由于各类感应器和数据采集技术的发展，我们才开始拥有以往难以想象的海量数据，同时，也开始在某一领域拥有深度的、细致的数据。而这些，都是训练某一领域“智能”的前提。

如果我们把人工智能看成一个嗷嗷待哺拥有无限潜力的婴儿，某一领域专业的海量的深度的数据就是喂养这个天才的奶粉。奶粉的数量决定了婴儿是否能长大，而奶粉的质量则决定了婴儿后续的智力发育水平。

与以前的众多数据分析技术相比，人工智能技术立足于神经网络，同时发展出多层神经网络，从而可以进行深度机器学习。与以往传统的算法相比，这一算法并无多余的假设前提（比如线性建模需要假设数据之间的线性关系），而是完全利用输入的数据自行模拟和构建相应的模型结构。这一算法特点决定了它是更为灵活的，且可以根据不同的训练数据而拥有自优化的能力。

但这一显著的优点带来的便是显著增加的运算量。在计算机运算能力取得突破以前，这样的算法几乎没有实际应用的价值。大概十几年前，我们尝试用神经网络运算一组并不海量的数据，整整等待三天都不一定会有结果。但今天的情况却大大不同了。高速并行运算、海量数据、更优化的算法共同促成了人工智能发展的突破。

这一突破，如果我们在三十年以后回头来看，将会是不弱于互联网对人类产生深远影响的另一项技术，它所释放的力量将再次彻底改变我们的生活。

下面我们就抛砖引玉，通过讲解一些关于机器学习的人工智能简单算法，让大家详细了解Python程序设计的全过程。

13.1 简介

通过对前序章节（如列表、元组、函数、字典）的学习，我想大家一定对程序开发有了一定的了解。这一章，我们帮大家梳理一下这些数据结构的应用。我们通过对一些大问题的求解，让大家更深入地去学习程序的开发。

13.2 分治算法

前面的章节中已经写过一些小程序，但是这些程序的规模相对较小。随着程序规模越来越大，程序设计变得越来越难。如何让写程序变得简单呢？我们主要采用分治策略，将一些大问题分解成很多的小问题，小问题的解决应该是比较容易了，当这些小问题都得到了解决，那么，大问题也就迎刃而解了。

使用分治策略时，主要采用自顶向下，逐步细化的原则来进行程序设计。自顶向下设计是从顶层开始描述问题的解决方案，把大问题分解成一个个小问题。小问题不需要立刻进行编程或者解决，而是以函数的形式把它们描述出来，等到大问题分解完成之后，再一步步对这些小问题（函数）进行编程。

下面我们给出一个较为复杂的案例，具体介绍分治策略的实现过程。

13.3 鸢尾花的分类

如果说对机器学习或统计学习里最常见的示例数据集进行排序，那么鸢尾花数据集一定排的上号，而且不同于事后诸葛的泰坦尼克生还者数据，这个数据集理论上是可以拿来做预测的。在这里要非常感谢加利福尼亚大学欧文分校，他们在网上提供了一个免费的机器学习资源库，这个资源库包含了 394 个数据集（还在不断增加），涵盖了从字符识别到花朵识别等主题。鸢尾花种类识别就是其中的一个数据集，是由 R.A. Fisher 提供。数据主要由五个维度组成，分别是花萼长度、花萼宽度、花瓣长度、花瓣宽度、鸢尾花的种类。前 4 维主要是鸢尾花的特征项，后一维是鸢尾花的种类项。鸢尾花有三个种类，分别代表山鸢尾（setosa）、变色鸢尾（versicolor）和维吉尼亚鸢尾（virginica）。如图 13-1 所示，肉眼能否辨认得出来？

我们的问题是，能否编写一个机器自动识别程序，只要录入前 4 维的特征项，机器就能根据前 4 维的特征项来判定鸢尾花的种类？

如何实现？在实现之前，先让我们来了解一下实现分类的方法。

山鸢尾（setosa）

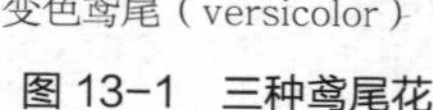
变色鸢尾（versicolor）

维吉尼亚鸢尾（virginica）

图 13-1　三种鸢尾花

13.3.1 KNN（K-NearestNeighbor）算法介绍

KNN 算法，简称邻近算法，它是数据挖掘分类技术中最简单的方法之一。所谓 K 最近邻，就是 K 个最近的邻居的意思，说的是每个样本都可以用它最接近的 K 个邻居来代表。

如图 13-2 所示，圆要被决定赋予哪个类（圆是未知类形），是三角形还是四方形？如果 K=3，也就是在小圆内，由于三角形所占比例为 2/3，圆将被赋予三角形那个类，如果 K=5，也就是在大圆内，由于四方形比例为 3/5，因此圆被赋予四方形类。

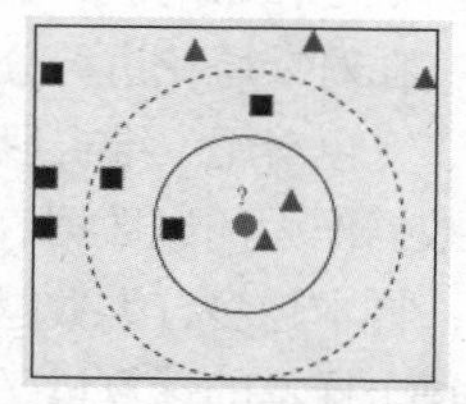
图 13-2　KNN 分类示意图

K 最近邻分类算法思路是：如果一个样本在特征空间中的 K 个最相似（即特征空间中最邻近）的样本中的大多数属于某一个类别，则该样本也属于这个类别。KNN 算法中，所选择的邻居都是已经正确分类的对象。该方法在定类决策上只依据最邻近的一个或者几个样本的类别来决定待分样本所属的类别。KNN 方法虽然从原理上也依赖于极限定理，但在类别决策时，只与极少量的相邻样本有关。由于 KNN 方法主要靠周围有限的邻近的样本，而不是靠判别类域的方法来确定所属类别的，因此对于类域的交叉或重叠较多的待分样本集来说，KNN 方法较其他方法更为适合。

13.3.2 *K* 个最近邻居

从图 13-2 中看到，在内圈中有 3 个邻居，从图中可以看出，有两个三角形与圆距离最近，只有一个四方形距离圆最近。根据少数服从多数的原则，这个未知的圆应该是三角形的形状。从图中很明显可以看出 3 个邻居与圆的距离，可是在现实中却不能靠眼睛观察的，要通过计算得来。也就是说要把所有的邻居与未知圆的距离通通计算一遍，才能确定哪 3 个邻居是距离圆最近。再看 3 个邻居中哪种类型最多，那么这个圆就属于什么类型。

如何计算邻居与未知圆的距离呢，采用的方法有很多，有欧氏距离计算、马氏距离计算、曼哈顿距离计算、切比雪夫距离计算等等，就不一一举例了。在这里，我们选用了一个最简单计算距离的方法—欧氏距离计算，也叫欧几里德度量（euclidean metric），是一个通常采用的距离定义，指在 m 维空间中两个点之间的真实距离，或者向量的自然长度（即该点到原点的距离），如图 13-3 所示。在二维和三维空间中的欧氏距离就是两点之间的实际距离。对于多维空间的欧氏距离可利用以下公式进行计算。

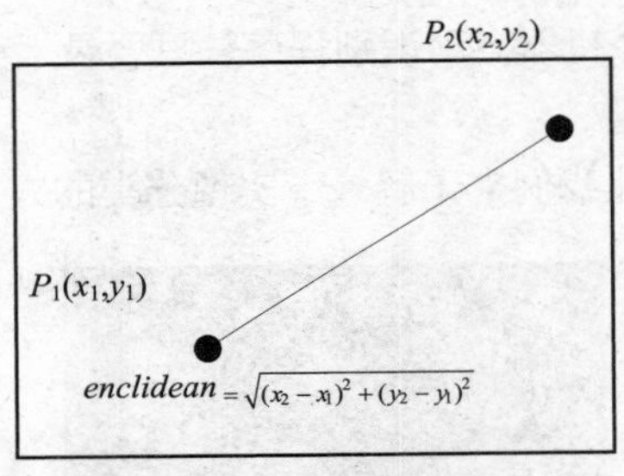

图 13-3 欧几里德距离

$$E(x,y)=\sqrt{\sum_{i=0}^{n}(x_i-y_i)^2}$$

其中，i 表示维数。

K 是可以调节的，一般来说应该是个单数，到底应该是多少呢？一般应该比样本的开方要小。

13.3.3 构造分类样本

从图 13-2 中，可以看出，在对未知圆进行分类的过程中，已经有很多已知邻居了，那么这些邻居是怎么来的呢？当然是事先给定的，这些已知的邻居称之为样本数据。

在对鸢尾花进行分类的时候，应该怎样选择样本呢？鸢尾花数据集共有 150 条数据，其中山鸢尾、变色鸢尾、维吉尼亚鸢尾三种类型的记录各占 50 条。我们选取 2/3 的数据作为样本数据，1/3 的数据作为测试数据。可以通过人工选取的方法来选择样本，也可以随机选取样本。

样本越多，维数越多，计算量就越大，因为每一个测试数据都要与每一个样本进行距离计算，而每个样本的计算量又和样本的维数相关。然后再选取 *K* 个最近的数据，才能确定测试数据的类型。

13.4 设计分类算法

要对完成的任务进行详细描述，看看能否使用自上而下的细化方法。第一步，用自然语言描述算法如下。

（1）从文件中创建训练数据集和测试数据集。

（2）让每个测试数据进行训练，得到预测的类型。

① 计算测试数据与所有训练数据集的距离。

② 获得 K 个最近的邻居，并预测自己的类型。

（3）打印预测类型与实际类型。

（4）用预测的类型与实际数据进行比较，查看分类算法的正确率。

下面的程序就是对算法描述的一个大框架。很多小问题并没有立即求解，而是以函数的形式进行描述，以待进一步开发。

```
1.    def main():
2.        trainingSet=[]    #训练集数据列表
3.        testSet=[]          #测试数据列表
4.        split=0.67        #训练与测试数据集的分段值，意味着2/3为训练数据集，1/3为测试数据集
5.        loadDataset('e:\iris.txt',split,trainingSet,testSet)
6.         print('Train set:'+repr(len(trainingSet)))    #获得训练集的数据
7.         print('Test set:'+repr(len(testSet)))           #获得测试的数据
8.         predictions=[]    #预测数据列表
9.         k=3
10.        for i in range(len(testSet)):     #让每一个测试数据进入分类器进行分类
11.            neighbors=getNeightbors(trainingSet,testSet[i],k)
12.            result=getResponse(neighbors)
13.            predictions.append(result)     #把分类的结果加入预测列表
14.
15.       #把分类的结果与实际结果打印出来
16.       print('>predicted='+repr(result)+',actural='+repr(testSet[i][-1]))
accuracy=getAccuracy(testSet,predictions)
17.       print('Accuracy:'+repr(accuracy)+'%')
```

其中，第 2,3 行：定义两个列表，分别是训练集列表 trainingSet 和测试数据集列表 testSet，用于记录所有的训练数据和测试数据。

第 4 行：定义了一个分段变量 split=0.67，用于对训练与测试数据集的分段，意味着 2/3 为训练数据集，1/3 为测试数据集。

第 5 行：调用函数 loadDataset，参数有四个，第一个参数是要打开的文件；第二参数是分段数 split，loadDataset 根据这个分段数把文件中的数据集分成两部分，一部分作为训练集数据放在第三个参数 trainingSet 列表中，一部分作为测试数据集放在第四个参数 testSet 列表中。

第 6,7 行：打印显示分好的训练数据集与测试数据集的个数，一般比例是 2∶1。

第 9 行：设置一个列表 predictions，用于记录所有的预测结果。

第 12～14 行：使每个测试数据都进行训练，通过 getNeighbors 获得 K 个最近的邻居，通过

getResponse 把 *K* 个邻居分型，得到最多的那个类型，并让自己也成为这个类型，加入到预测列表 predictions 中。

第 17 行：把预测的结果与实际的结果打印出来，查看一下结果。

第 18 行：计算一下预测的准确率。

这只是一个大框架，还不能运行。但是从这个框架中可以看出有哪些细节需要进行处理：

（1）定义了三个列表：trainingSet、testSet、predictions。

（2）定义了四个函数：loadDataset、getNeightbors、getResponse、getAccuracy。

重新整理了一下，我们就得出了所有的函数列表：

```
1.    #打开文件，并把文件的内容加载到数据集之中
2.    def loadDataset(filename,split,trainingSet=[],testSet=[]):
3.    #没有返回结果，通过参数trainingSet和testSet返回结果
4.    #获得训练集中所有实例与测试实例之间的最短距离，选择K个最接近的邻居，加入到neighbors列表中：
5.    def getNeightbors(trainingSet,testInstance,k):
6.        return []
7.    #从k个邻居中找出类型最多的那种，从而确定测试实例属于哪一种类型
8.    def getResponse(neighbors):
9.        return []
10.   #计算KNN正确率
11.   def getAccuracy(testSet,predictions):
12.       return[]
13.   #定义主函数
14.   def main():
```

13.5 详细设计

经过了大框架的设计之后，便要转入细节的设计了。当前任务是对将要使用的数据进行整理，并进一步对各个函数进行细化。

13.5.1 文件格式

让我们来看一下由 R.A. Fisher 提供的文件吧，如表 13-1 所示。

表 13-1 文件格式

维 度	属 性	最大值	最大值	平均值
1	sepal length in cm	4.3	7.9	5.84
2	sepal width in cm	2.0	4.4	3.05
3	petal length in cm	1.0	6.9	3.76
4	petal width in cm	0.1	2.5	1.20
5	Class（分成三种）	Iris setosa、Iris versicolour、Iris virginica		

其中前 4 维分别代表鸢尾花的萼片长、宽，花瓣的长、宽。第 5 维代表的是类型，分别代表山鸢尾（setosa）、变色鸢尾（versicolor）、维吉尼亚鸢尾（virginica）。数据共 150 条，其中一部分如图 13-4 所示，来看一下原始数据的模式吧。

```
5.1,3.5,1.4,0.2,Iris-setosa
4.9,3.0,1.4,0.2,Iris-setosa
4.7,3.2,1.3,0.2,Iris-setosa
……
7.0,3.2,4.7,1.4,Iris-versicolor
6.4,3.2,4.5,1.5,Iris-versicolor
6.9,3.1,4.9,1.5,Iris-versicolor
……
6.3,3.3,6.0,2.5,Iris-virginica
5.8,2.7,5.1,1.9,Iris-virginica
7.1,3.0,5.9,2.1,Iris-virginica
……
```

图 13-4　数据文件的一部分

13.5.2　存储格式

这里数据的存储格式主要有三种方式：列表、元组和字典。由于元组与字典都是在设计细节中出现，暂时就不介绍了。本例主要采用了列表来实现数据的存储。

trainingSet，testSet：通过对文件的读取，把文件中的每一项分别存入训练集列表 trainingSet 和测试集列表 testSet。

neighbors：用于记录与每一条测试数据最近的邻居，其实与训练集的格式是一样的，只是存放的数据是经过计算得来的。

predictions：用于记录所有的预测结果。

13.5.3　loadDataset 函数

先从获取数据开始吧，loadDataset 函数的作用是打开文件，并把鸢尾花的记录通过分拣工作，分别放入 trainingSet 和 testSet 两个数据集中。函数中有四个参数，分别是打开文件、split、trainingSet、testSet。没有返回结果，但是能通过两个列表把结果带出来。

下面是函数的算法思想。

（1）打开文件。在做测试的时候，应该要确保文件是存在的，如果文件名不存在，需要给用户提示。目前，我们假设文件是存在的，出错检查部分在后续的工作中再完善。

（2）把文件中所有的记录均加入 dataset 中。

（3）把文件中的 1～4 的数据进行处理，变成可计算的浮点型。

（4）通过一个随机数进行分拣，分别放入 trainingSet、testSet 中，通常训练集与测试集的数据比例为 2∶1。

以下是代码内容。

```
#打开文件，并把文件的内容加载到数据集之中：
1.	def loadDataset(filename,split,trainingSet=[],testSet=[]):
```

```
2.        dataset=[]
3.        txtfile= open(filename,'r')
4.        for line in txtfile:
5.            line=line.strip()
6.            temp=line.split(',')
7.            dataset.append(temp)
8.        for i in range(len(dataset)):
9.            for j in range(4):
10.               dataset[i][j]=float(dataset[i][j])
11.               if random.random()<split:
12.                   trainingSet.append(dataset[i])
13.               else:
14.                   testSet.append(dataset[i])
```

其中第 3 行：打开一个文件，把文件读入 txtfile。

第 5 行：写入列表前的预处理，把每条记录后面的空白或其他符号（包括'\n', '\r', '\t', ' '）删除。

第 6 行：通过“,”把字符串拆开，并加入到临时列表 temp 中。

第 7 行：把数据加入 dataset 列表中。

第 10 行：通过浮点数转换函数 float，把每一列的前 4 维的数据字符转换成浮点型。

第 11～14 行：通过 split 分拣变量，把记录随机分到 trainingSet 和 testSet 两个列表中。这里用到了一个 random.random()随机函数，这一个机器随机生成 0<=x<1 的随机数。由于是随机产生，所以落在 0 到 1 的概率是相同的。这个函数来自 random 函数库，所以在应用之前，我们都要进行导入。

每当写完一段函数，我们都要进行检测，看一下运行情况。这就需要在主程序中进行调用。

在主程序中输入 print 语句，可以打印 trainingSet 和 testSet 两个列表进行检验。

以下是检测结果：

```
[[5.1, 3.5, 1.4, 0.2, 'Iris-setosa'], [4.9, 3.0, 1.4, 0.2, 'Iris-setosa'], [4.6, 3.1, 1.5, 0.2, 'Iris-setosa'], [5.0, 3.6, 1.4, 0.2, 'Iris-setosa'], [4.6, 3.4, 1.4, 0.3, 'Iris-setosa'], [4.4, 2.9, 1.4, 0.2, 'Iris-setosa'], [4.9, 3.1, 1.5, 0.1, 'Iris-setosa'], [4.8, 3.4, 1.6, 0.2, 'Iris-setosa'], [5.8, 4.0, 1.2, 0.2, 'Iris-setosa'], [5.4, 3.9, 1.3, 0.4, 'Iris-setosa'], [5.1, 3.5, 1.4, 0.3, 'Iris-setosa'], [5.7, 3.8, 1.7, 0.3, 'Iris-setosa'], [5.1, 3.8, 1.5, 0.3, 'Iris-setosa'], [5.4, 3.4, 1.7, 0.2, 'Iris-setosa'], [5.1, 3.7, 1.5, 0.4, 'Iris-setosa'], [5.0, 3.0, 1.6, 0.2, 'Iris-setosa'],……]
```

要想看一下 trainingSet 与 testSet 中各有多少数据可以通过以下两句来实现。

```
print('Train set:'+repr(len(trainingSet)))    #获得训练集的数据
print('Test set:'+repr(len(testSet)))         #获得测试集的数据
```

打印结果如下：

```
Train set:102
Test set:48
```

从结果上来看，基本符合 2:1 分拣的预期。

13.5.4 getNeightbors 函数

getNeightbors 函数是获得训练集中所有实例与测试实例之间的最短距离，并选择 K 个最接近的邻居，加入到 neighbors 列表中。这个函数在整个程序的核心，它的计算量最大，获得最原始的数据。在这个函数中要用到距离计算函数，所以，在讲本函数前，先了解一下欧几里德的计算函数吧。

```
1.    #获取两个实例路径的长度
2.    def euclideanDistance(instance1,instance2,length):
3.        distance=0
4.        for i in range(length):
5.            distance+=pow(instance1[i]-instance2[i],2)
6.        return math.sqrt(distance)
```

euclideanDistance 函数，主要是用于计算两点之间的距离。带有三个参数，分别是 instance1、instance2、length。其中 instance1 和 instance2 分别代表两个实例，length 代表维数。在 13.3.2 节中进行了详细的解释，这里就不做细述了。

再回头来看 getNeightbors 函数，函数的算法如下。

（1）获取一个测试用例，用于以下操作。

① 通过欧几里德函数的计算，得到每一个训练集中实例与测试实例的最短路径。

② 把数据加入 distance 列表中。

（2）对 distance 列表进行排序，得到一个按从小到大的排序列表。

（3）获得 k 个最近邻居实例。

程序代码如下：

```
1.    def getNeightbors(trainingSet,testInstance,k):
2.        distances=[]
3.        length=len(testInstance)-1
4.        for i in range(len(trainingSet)):
5.            dist=euclideanDistance(testInstance,trainingSet[i],length)
6.            distances.append((trainingSet[i],dist))
7.        distances.sort(key=lambda dist:dist[1])
8.        neighbors=[]
9.        for i in range(k):
10.           neighbors.append(distances[i][0])
11.       return neighbors
```

其中第 1 行：该函数设置了三个参数，分别是列表 trainingSet、测试实例 testInstance 和 k 个邻居。因为用到训练集中的所有实例，所以要用整个列表作参数。testInstance 是测试实例，要用它与所有的列表中的实例进行计算。k 是一个设定变量，一般为单数，用于选取多少个最近的邻居。

第 3 行：获取维数，用于计算。因为 Python 默认是从 0 开始的，所以维数要减 1。

第 4～6 行：得用一个 for 循环遍历所有的训练实例，通过欧几里德计算训练实例与测试实例之间的距离。并把训练实例与距离加入 distances 中。在第 6 行中，发现列表 distance 添加的是一个元组。元组里包含了两个数据，一个是训练集实例，一个是这个实例与测试实例之间的距离。为什么要用元组呢，因为得到的这些距离是通过计算得来的，不可以再发生改变了，所以用到元组的不可改变。于是在 distance 列表中获得了所有的邻居和邻居的距离。

第 7 行：对邻居进行排序，按照从小到大距离的长度进行排序。这里用到了一个排序的函数，通过 key 值参数的设置，得到距离从小到大排序的列表。

第 9～10 行：distance 列表中的前 k 个数据加入 neighbors 列表，这就是我们要的数据。要注意的是：加入 neighbors 列表中的数据只有训练集中的实例，并没有把它们与测试实例的距离值加入进来。为什么不加呢？因为已经得到了 k 个最近的邻居了，距离值就可以忽略了。

第 11 行：返回 neighbors 列表，在后续的工作中，将利用 neighbors 列表对测试实例进行分类。

来看一下测试的结果：

```
Train set:103
Test set:47
[[4.8, 3.0, 1.4, 0.1, 'Iris-setosa'], [4.9, 3.1, 1.5, 0.1, 'Iris-setosa'], [4.9, 3.1, 1.5, 0.1, 'Iris-setosa']]
[[4.4, 3.0, 1.3, 0.2, 'Iris-setosa'], [4.6, 3.1, 1.5, 0.2, 'Iris-setosa'], [4.3, 3.0, 1.1, 0.1, 'Iris-setosa']]
[[5.3, 3.7, 1.5, 0.2, 'Iris-setosa'], [5.2, 3.5, 1.5, 0.2, 'Iris-setosa'], [5.5, 3.5, 1.3, 0.2, 'Iris-setosa']]
......
[[6.7, 3.1, 4.4, 1.4, 'Iris-versicolor'], [6.1, 3.0, 4.6, 1.4, 'Iris-versicolor'], [6.4, 2.9, 4.3, 1.3, 'Iris-versicolor']]
[[7.0, 3.2, 4.7, 1.4, 'Iris-versicolor'], [6.8, 2.8, 4.8, 1.4, 'Iris-versicolor'], [6.6, 2.9, 4.6, 1.3, 'Iris-versicolor']]
[[5.5, 2.5, 4.0, 1.3, 'Iris-versicolor'], [5.6, 2.5, 3.9, 1.1, 'Iris-versicolor'], [5.5, 2.6, 4.4, 1.2, 'Iris-versicolor']]
......
[[6.3, 2.8, 5.1, 1.5, 'Iris-virginica'], [5.8, 2.7, 5.1, 1.9, 'Iris-virginica'], [5.8, 2.7, 5.1, 1.9, 'Iris-virginica']]
[[6.7, 3.1, 4.4, 1.4, 'Iris-versicolor'], [6.6, 2.9, 4.6, 1.3, 'Iris-versicolor'], [7.0, 3.2, 4.7, 1.4, 'Iris-versicolor']]
[[6.3, 2.5, 4.9, 1.5, 'Iris-versicolor'], [6.0, 2.2, 4.0, 1.0, 'Iris-versicolor'], [6.5, 2.8, 4.6, 1.5, 'Iris-versicolor']]
......
```

因为设置的 k 是 3，所以，从测试的结果看，每一组都是三个训练集数据，也就是每个测试实例取三个最接近的邻居，与设计的算法是一致的。

13.5.5 getResponse 函数

getResponse 函数是从 K 个邻居中找出类型最多的那种，从而确定测试实例属于哪一种类型。采用的方法是利用字典来记录每种类型的邻居有多少个，比如字典中有如下的数据{ Iris-setosa：1，Iris-versicolor：2}，再对字典的 Key 值进行排序，得到一个按 key 值大小排列的列表[(Iris-versicolor，Iris-setosa)]，那么测试实例就应该 Iris-versicolor 这种类型。

算法如下：

（1）遍历每个 neighbors 中的每一个训练实例。

① 获取每个实例的类型；

② 查看这种类型是否存在于字典中：

a）如在字典中，类型值加 1

b）如不在字典中，类型值为 1

（2）对字典以 value 值进行从大到小排序，获得测试实例的类型。

程序代码如下：

```
1.    def getResponse(neighbors):
2.        classVotes={}
3.        for i in range(len(neighbors)):
4.            response=neighbors[i][-1]
5.            if response in classVotes:
6.                classVotes[response]+=1
7.            else:
8.                classVotes[response]=1
9.        sortedVotes=sorted(classVotes.items(),key=lambda value: value[1], reverse=True)
10.       return sortedVotes[0][0]
```

其中第 1 行：定义 getResponse 函数，有一个参数 neighbors。

第 2 行：设计了一个字典 classVotes，用于添加训练集中不同的类型和值。

第 3 行：遍历每一个邻居。

第 4 行：获得每一个邻居的类型。

第 5～8 行：把邻居的类型作为键，相同邻居的个数作为值加入字典中。

第 9 行：对字典以值为关键字进行从大到小排序，第一个便是测试实例的类型了。

第 10 行：返回测试实例的类型。

在主程序中对每个测试实例都进行一遍类型的预测，把预测的结果全部打印出来，看一下测试的结果：

```
Train set:95
Test set:55
['Iris-setosa', 'Iris-setosa', 'Iris-setosa', 'Iris-setosa', 'Iris-setosa', 'Iris-setosa', 'Iris-setosa', 'Iris-setosa', 'Iris-setosa', 'Iris-setosa', 'Iris-setosa', 'Iris-setosa', 'Iris-setosa', 'Iris-setosa', 'Iris-setosa', 'Iris-setosa', 'Iris-setosa', 'Iris-setosa', 'Iris-setosa', 'Iris-setosa', 'Iris-setosa', 'Iris-versicolor', 'Iris-versicolor', 'Iris-versicolor', 'Iris-versicolor', 'Iris-versicolor', 'Iris-versicolor', 'Iris-versicolor', 'Iris-versicolor', 'Iris-versicolor', 'Iris-versicolor', 'Iris-versicolor', 'Iris-versicolor', 'Iris-versicolor', 'Iris-versicolor', 'Iris-versicolor', 'Iris-virginica', 'Iris-virginica', 'Iris-virginica', 'Iris-virginica', 'Iris-virginica', 'Iris-virginica', 'Iris-versicolor', 'Iris-virginica', 'Iris-virginica', 'Iris-virginica', 'Iris-virginica', 'Iris-virginica', 'Iris-virginica', 'Iris-virginica', 'Iris-virginica', 'Iris-virginica', 'Iris-virginica', 'Iris-virginica']
```

这些全是预测的结果，总共有 55 个测试实例，由于是预测的结果，也不知道和实际的情况对比是怎么样，下面就把预测的结果与实际的做一下比较吧。

13.5.6 getAccuracy 函数

这个函数主要用于计算 KNN 算法的正确率。把预测结果与实际的情况做一下比较，就能确定预测的正确率了。

由于比较简单，就不写算法了。程序代码如下：

```
1.  def getAccuracy(testSet,predictions):
2.      correct=0
3.      for i in range(len(testSet)):
4.      if testSet[i][-1]==predictions[i]:
5.          correct+=1
6.      return (correct/float(len(testSet))) *100.0
```

其中第 1 行：定义 getAccuracy 函数，有两个参数，一个是 testSet 列表，一个是 predictions 列表。要求准确率，所以拿两个列表进行比较。

第 3～5 行：遍历测试集中的实例类型，并与预测类型相比较，获取准确率。

第 6 行：返回正确率。

13.5.7 总体运行

到目前为止，已经编写好了所有的函数，并分别进行了测试，现在需要把代码统一整合起来，完整地运行一下。真正接受考验的时刻到了！

先把完整程序代码列出：

```
1.  import random   #导入随机数
2.  import math     #导入数学公式
```

```
3.  #打开文件，并把文件的内容加载到数据集之中
4.  def loadDataset(filename,split,trainingSet=[],testSet=[]):
5.      dataset=[]
6.      txtfile= open(filename,'r')
7.      for line in txtfile:
8.          line=line.strip()
9.          temp=line.split(',')
10.         dataset.append(temp)
11.     for i in range(len(dataset)):
12.         for j in range(4):
13.             dataset[i][j]=float(dataset[i][j])
14.         if random.random()<split:
15.             trainingSet.append(dataset[i])
16.         else:
17.             testSet.append(dataset[i])
```

#获取两个实例路径的长度

```
1.  def euclideanDistance(instance1,instance2,length):
2.      distance=0
3.      for i in range(length):
4.          distance+=pow(instance1[i]-instance2[i],2)
5.      return math.sqrt(distance)
```

#获得训练集中所有实例与测试实例之间的最短距离，选择 K 个最接近的邻居，加入到 neighbors 列表中：

```
1.  def getNeightbors(trainingSet,testInstance,k):
2.      distances=[]
3.      length=len(testInstance)-1
4.      for i in range(len(trainingSet)):
5.          dist=euclideanDistance(testInstance,trainingSet[i],length)
6.          distances.append((trainingSet[i],dist))
7.      distances.sort(key=lambda dist:dist[1])
8.      neighbors=[]
9.      for i in range(k):
10.         neighbors.append(distances[i][0])
11.     return neighbors
```

#从 K 个邻居中找出类型最多的哪种，从而确定测试实例属于哪一种类型

```
1.  def getResponse(neighbors):
2.      classVotes={}
3.      for i in range(len(neighbors)):
4.          response=neighbors[i][-1]
5.          if response in classVotes:
6.              classVotes[response]+=1
7.          else:
8.              classVotes[response]=1
```

```
9.         sortedVotes=sorted(classVotes.items(),key=lambda asd: asd[1], reverse=True)
10.        return sortedVotes[0][0]
```

#计算 KNN 正确率：

```
1.    def getAccuracy(testSet,predictions):
2.        correct=0
3.        for i in range(len(testSet)):
4.            if testSet[i][-1]==predictions[i]:
5.                correct+=1
6.        return (correct/float(len(testSet))) *100.0
7.    def main():
8.        trainingSet=[]    #训练集数据
9.        testSet=[]          #测试数据列表
10.       split=0.67
11.       loadDataset(r'e:\iris.txt',split,trainingSet,testSet)
12.       print('Train set:'+repr(len(trainingSet)))     #获得训练集的数据
13.       print('Test set:'+repr(len(testSet)))          #获得测试集的数据

14.       predictions=[]    #预测数据列表
15.       k=3
16.       for i in range(len(testSet)):      #让每一个测试数据进入分类器进行分类
17.           neighbors=getNeightbors(trainingSet,testSet[i],k)
18.           result=getResponse(neighbors)
19.           predictions.append(result)      #把分类的结果加入到预测列表
20.           #把分类的结果与实际结果打印出来
21.           print('>predicted='+repr(result)+',actural='+repr(testSet[i][-1]))
accuracy=getAccuracy(testSet,predictions)
22.       print('Accuracy:'+repr(accuracy)+'%')

23.   main()
```

运行结果如下：

```
Train set:92
Test set:58
>predicted='Iris-setosa',actural='Iris-setosa'
>predicted='Iris-setosa',actural='Iris-setosa'
>predicted='Iris-setosa',actural='Iris-setosa'
>predicted='Iris-setosa',actural='Iris-setosa'
......
>predicted='Iris-versicolor',actural='Iris-versicolor'
>predicted='Iris-versicolor',actural='Iris-versicolor'
>predicted='Iris-versicolor',actural='Iris-versicolor'
>predicted='Iris-virginica',actural='Iris-versicolor'
......
Accuracy:98.27586206896551%
```

经过运行，程序可以完整地跑起来。得到的准确率是 98.28%。从这些测试的过程中，大家可能会有一个疑问：为什么测试中训练集实例与测试集实例是经常变化的，而且准确率也经常发生变动呢？这主要与分拣函数有关，分拣函数是一个随机函数。因此，每次运行，trainingSet 列表与 testSet 列表中的数据都是动态分布的，数量也有差别，但是大致总会保持 2∶1 的比例。

13.5.8　不足之处

k 值的选择，这是一个难点，不知道应该选多少，虽然还是有一定的规则，但是选多选少是会影响到准确率的。这与 KNN 算法的局限性有关。回到 13.3.1 节中，当 *k*=3 时，未知圆应该归于三角形这一类；当 *k*=5 时，未知圆却要归于四方形这一类了。显示，*k* 值的不同会很大影响到测试类型。

如何改进呢?

可以采用权值的方法（和该样本距离小的邻居权值大）来改进，从图 13-2 中，可以看出，由于未知圆在距离三角形最近（距离小的权值大），所以不管 *k* 值为多少也改变不了未知圆的类型。

13.6　其他有趣的算法问题

还有一些算法，在这里不可能全部都给出完整的解决方案，但都提供了背景资料，读者可以根据之前的算法思想与程序方法解决问题。

13.6.1　乳腺癌分类问题

在加利福尼亚大学欧文分校网上提供的一个免费的机器学习资源库中，有一个乳腺癌患者身上切除肿瘤的数据集。该数据集由威斯康星大学麦迪逊分校医院的 William H. Wolberg 博士提供。每个患者都有一个肿瘤活检切片（把小针插入肿瘤中提取的一些组织）。肿瘤学家（治疗癌症的专科医生）仔细研究切片组织，并描述组织的各种特征。活检将决定肿瘤是良性还是恶性。恶性意味着癌症将蔓延，而良性意味着癌症仅存在于肿瘤中，对女性的威胁要小得多。

Wolberg 博士提供的数据包括了 699 个患者的信息，其中包含了 9 个肿瘤属性和患者是否最终被诊断为良性或恶性癌症的结论。诊断结果包含在数据集中，每个患者记录有 13 个值，即患者 ID，9 个肿瘤的属性值和最终诊断。

先来看一下数据格式，见表 13-2。

表 13-2　肿瘤属性表

#	属性	域
1	序号	id number
2	肿块厚度	1 ~ 10
3	细胞大小的均匀性	1 ~ 10
4	细胞形状的均匀性	1 ~ 10
5	边缘部分的黏着度	1 ~ 10
6	单一的上皮细胞的大小	1 ~ 10
7	裸露细胞核	1 ~ 10
8	染色质	1 ~ 10
9	正常的细胞核	1 ~ 10
10	有丝分裂	1 ~ 10
11	类型	（2 表示良性，4 表示恶性）

具体数据如下：

1000025,5,1,1,1,2,1,3,1,1,2
1002945,5,4,4,5,7,10,3,2,1,2
1015425,3,1,1,1,2,2,3,1,1,2
1016277,6,8,8,1,3,4,3,7,1,2
1017023,4,1,1,3,2,1,3,1,1,2
1017122,8,10,10,8,7,10,9,7,1,4
1018099,1,1,1,1,2,10,3,1,1,2
1200847,6,10,10,10,8,10,10,10,7,4
1200892,8,6,5,4,3,10,6,1,1,4
1200952,5,8,7,7,10,10,5,7,1,4
1201834,2,1,1,1,2,1,3,1,1,2
1201936,5,10,10,3,8,1,5,10,3,4
……

从数据中可以看出，前2~10项分别是9个肿瘤属性，第11项是诊断结果。其中有良性的，也有恶性的。

通过研究这些属性，能否找到一种肿瘤的预测模式，根据肿瘤属性来判定肿瘤性质呢？

要解决这个问题，可以利用机器学习中的分类器来实现。创建一个分类器，即预测模型，输入一个新的样本，根据已有的样本来确定新样本的属性。

关键是如何创建分类器。这里所谓的分类器，其实是一个简单的算法模型，用它来实现新样本的类别预测。经过验证，它的测试成功率能达到90%以上。

下面就来说一下构造分类器的方法。

2~10项中每一项代表一个肿瘤属性，属性值从1~10。值越大，说明恶性的概率越大。例如，第一个属性是肿瘤厚度，值的范围是1~10。厚度值越大的肿瘤，为恶性肿瘤的概率越大，当数据中的厚度值大于5.0135，就达到恶性肿瘤的条件了。最后，评估每个属性得到判定的结果，分类结果遵循少数服从多数的原则。假如9个属性值，有5个属性是恶性的，4个是良性的，那么这个肿瘤是应该是恶性肿瘤了。

如何判断每个属性值的阈值呢？并不是每个属性值都按1~10的平均值来计算的。例如第2项的阈值是5.0135，而第3项细胞大小的均匀性（Uniformity of Cell Size）的阈值却只是3.6857。

对每个肿瘤属性，设置两个平均值。第一个平均值是女性训练数据中良性肿瘤患者的平均值，另一个平均值是女性训练数据中恶性肿瘤患者的平均值。经过计算后，可得到9个良性肿瘤平均值和9个恶性肿瘤平均值。对每个属性的平均值，找到良性平均值与恶性平均值的中值，那么这个中值就是阈值。把2~10项的分数值组合成一个列表，这个列表就是所谓的分类器了。选出一个新的样本，如果新样本中的某个属性值低于该属性的阈值，预测结果就为良性；如果在新样本中该属性值大于阈值，则预测结果为恶性。

在分类器中有9个阈值，对于每个新样本来说，要对每个属性值进行比较。根据属性是否大于阈值进行标记。大于该属性阈值的，是恶性；小于该属性阈值的，是良性。对于患者的最后诊断，采用少数服从多数的原则。在9个属性中，占主导地位的类别即为患者的最终判定结果。

图13-5所示为分类方法概览图。

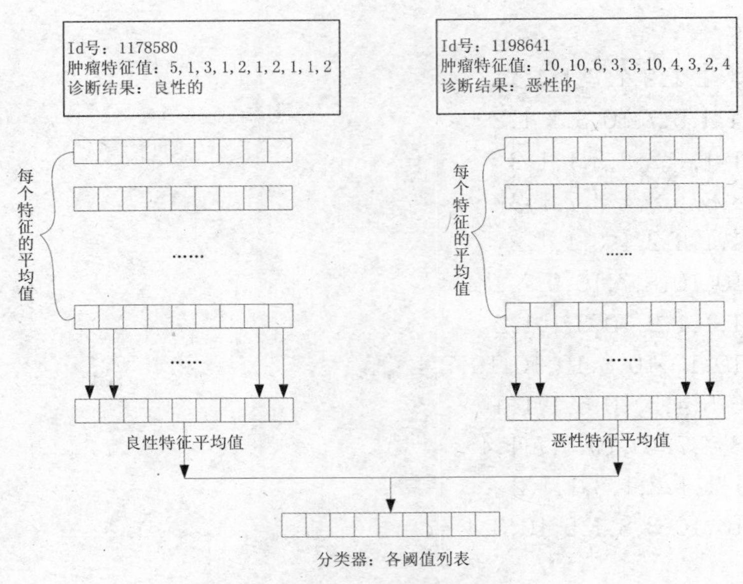

图 13-5　分类方法概览图

13.6.2　葡萄酒品质分类

在电视上经常看到有一些品酒师，只要品一品手中的葡萄酒便能对酒的产地、品质如何做出评价，真是很神奇。那么，能不能利用机器学习的方法也实现对葡萄酒质量的评判呢？今天讲一个例子，只要输入一些数据，计算机也能预测葡萄酒的质量。

葡萄酒的品质是一个很主观的评判，国内还没看到针对酒的品质具体量化定义，相反，国外有研究机构特别针对葡萄酒的生产过程做了大量研究，将葡萄酒生产过程中的影响因素以及酒的品质做了量化定义。本实验采用米尼奥大学（University of Minho，Guimar）提供的 Wine Quality 数据集作为学习样本（该数据集由 UCI 机器学习网站收录）。该数据集是基于 Portuguese“Vinho Verde”提供的酿酒参数，分为红葡萄酒和白葡萄酒两类数据。表 13-3 所示是葡萄酒数据集的字段属性。

表 13-3　数据集字段属性

输入参数，基于物理化学测试信息	
1	fixed　acidity　（非挥发性酸）
2	volatile　acidity　（挥发性酸）
3	citric　acid　（柠檬酸）
4	residual　sugar　（天然残留糖分）
5	chlorides　（氯）
6	free　sulfur　dioxide　（游离二氧化硫）
7	total　sulfur　dioxide　（总二氧化硫）
8	Density　（密度）
9	pH　（酸碱度）
10	sulphates　（硫酸盐）
11	Alcohol　（酒精含量）
输出参数　（基于感官数据）	
1	quality　（分值从 0 到 10，10 最高）

Wine Quality 数据集分为 Red Wine 和 White Wine 两种，其中 Red Wine 有 1599 个实例，White Wine 有 4898 个实例。

以下是数据集样本：

7.4;0.7;0;1.9;0.076;11;34;0.9978;3.51;0.56;9.4;5

7.8;0.88;0;2.6;0.098;25;67;0.9968;3.2;0.68;9.8;5

7.8;0.76;0.04;2.3;0.092;15;54;0.997;3.26;0.65;9.8;5

11.2;0.28;0.56;1.9;0.075;17;60;0.998;3.16;0.58;9.8;6

7.4;0.36;0.3;1.8;0.074;17;24;0.99419;3.24;0.7;11.4;8

……

从样本中看出，1~11 项都是描述项，后一项是结论项。

这个例子与鸢尾花的分类也是类似的，也可以使用 KNN 算法来实现对葡萄酒品质的划分。下面就对算法做一个描述，具体的程序留待读者们自己完成。

算法如下：

（1）加载样本数据 TrainingSet，加载需预测的数据 testSet；

（2）设置 K；

（3）使用 KNN 算法计算预测值，根据 KNN 算法定义，包括以下步骤。

a. 计算需预测数据与所有 TrainingSet 中数据的距离。

b. 找出 k 个距离最短的点。

c. 由这 k 个点决定该预测数据的预测值是多少，由这 k 个点投票表决，看这 k 个点中哪个结果出现的次数最多，那就是它的预测值。

本章小结

本章展示了 Python 如何应用于多个领域，特别是机器学习方面。我们主要仔细分析了鸢尾花的分类算法问题，并对其他问题也做出解决方案的概述。通过对本章的学习，应该能够帮助你解决一些实际问题。

练习题

修改 loadDataSet 中文件的打开方式。使用选择路径的方式打开文件，而不是以固定模式打开文件。

实战作业

1. 以下是电影分类数据集（电影名称与分类来自于优酷网；镜头数量则纯属虚构）。

序号	电影名称	搞笑镜头	拥抱镜头	打斗镜头	电影类型
1.	宝贝当家	45	2	9	喜剧片
2.	美人鱼	21	17	5	喜剧片
3.	澳门风云 3	54	9	11	喜剧片
4.	功夫熊猫 3	39	0	31	喜剧片

续表

序号	电影名称	搞笑镜头	拥抱镜头	打斗镜头	电影类型
5.	谍影重重	5	2	57	动作片
6.	叶问 3	3	2	65	动作片
7.	伦敦陷落	2	3	55	动作片
8.	我的特工爷爷	6	4	21	动作片
9.	奔爱	7	46	4	爱情片
10.	夜孔雀	9	39	8	爱情片
11.	代理情人	9	38	2	爱情片
12.	新步步惊心	8	34	17	爱情片
13.	唐人街探案	23	3	17	?

上面数据集中序号 1~12 为已知的电影分类，分为喜剧片、动作片、爱情片三个种类，使用的特征值分别为搞笑镜头、打斗镜头、拥抱镜头的数量。那么来了一部新电影《唐人街探案》，它属于上述 3 个电影分类中的哪个类型？用 KNN 是怎么做的呢？

2. 汽车评估。

一个关于汽车测评的数据集，类别变量为汽车的测评，包括 unacc、acc，good、vgood（分别代表不可接受，可接受，好，非常好），6 个属性变量分别为买入价、维护费，车门数、可容纳人数、后备箱大小、安全性，均为有序类别变量，如可容纳人数值可为（2、4、more），安全性值可为（low，med，high），属性值见下表。

属　　性	
buying	vhigh，high，med，low.
maint	vhigh，high，med，low
doors	2，3，4，5more
persons	2，4，more
lug_boot	small，med，big
safety	low，med，high
测评结果	unacc，acc，good，vgood

部分数据如下：

vhigh,vhigh,2,2,small,low,unacc
vhigh,vhigh,2,2,small,med,unacc
vhigh,vhigh,2,2,small,high,unacc
……
low,low,5more,more,med,high,vgood
low,low,5more,more,big,low,unacc
low,low,5more,more,big,med,good
low,low,5more,more,big,high,vgood
……

利用 KNN 算法，实现对车型评测的分类。